计算机维护与维修

（第2版）

主　编◎余　毅
副主编◎丁强华　曾　波

清华大学出版社
北　京

内容简介

本书具有4个岗位情景，共20个学习项目。岗位情景包括计算机系统部件导购、计算机系统安装、计算机软件维护及计算机硬件维修。学习项目包括：了解计算机系统的硬件配置，CPU选购，主板选购，内存选购，硬盘选购，光驱选购，彩色显示器与显卡选购，其他部件选购，计算机的硬件安装，操作系统安装，计算机BIOS系统设置，计算机系统测试及其优化，计算机病毒防治，计算机维护与维修基本技能，主板、硬盘、光驱、显示系统、打印机、计算机输入设备的维护与维修。本书收集了最新的硬件、BIOS设置和硬盘分区资料，总结了大量的维修经验和方法，内容浅显易懂，实用性强。

本书可作为高职高专工科学校、中等职业技术学校相关专业计算机维护与维修课程的教材，亦可作为计算机维修人员的参考用书。

图书在版编目（CIP）数据

计算机维护与维修/余毅主编．—2版．—北京：清华大学出版社，2021.8
ISBN 978-7-302-58852-8

I．①计… II．①余… III．①计算机维护 IV．①TP307

中国版本图书馆CIP数据核字（2021）第158276号

责任编辑： 邓　艳
封面设计： 刘　超
版式设计： 文森时代
责任校对： 马军令
责任印制： 沈　露

出版发行： 清华大学出版社
网　　址： http://www.tup.com.cn，http://www.wqbook.com
地　　址： 北京清华大学学研大厦A座　　**邮　　编：** 100084
社 总 机： 010-62770175　　**邮　　购：** 010-62786544
投稿与读者服务： 010-62776969，c-service@tup.tsinghua.edu.cn
质量反馈： 010-62772015，zhiliang@tup.tsinghua.edu.cn
印 装 者： 三河市铭诚印务有限公司
经　　销： 全国新华书店
开　　本： 185mm×260mm　　**印　　张：** 15.75　　**字　　数：** 377千字
版　　次： 2014年9月第1版　　2021年9月第2版　　**印　　次：** 2021年9月第1次印刷
定　　价： 58.00元

产品编号：089367-01

前　言

目前，计算机的应用已非常普遍，它在人们生活中的作用也越来越大。然而，计算机在使用过程中，难免会出现各种故障，轻则影响工作，重则造成重大损失。做好计算机的日常维护工作，并及时排除故障，对于保证计算机正常运行、预防计算机故障及延长计算机使用寿命是至关重要的。对于高职高专的学生来说，熟练使用计算机已不在话下，而掌握一些计算机维护与维修的知识也是十分必要的。

根据计算机销售工程师、计算机系统安装工程师、计算机系统维护工程师等岗位需要，确定教材的整体目标如下。

（1）认识计算机各部件，掌握计算机的基本组成，会选购计算机部件。

（2）掌握计算机的硬件安装、硬盘分区和格式化、操作系统和应用软件安装。

（3）会进行计算机的 BIOS 设置，掌握计算机优化方法，会进行计算机的病毒和木马防治。

（4）掌握计算机硬件故障的现象、检查方法、判断方法和处理方法。

本教材在第一版的基础上进行了大刀阔斧的改编，主要涉及以下几个方面。

（1）精简内容。删除老 CPU、芯片组、内存等内容，删除计算机系统安装的图片，删除网络和笔记本方面的内容，删除芯片级维修的内容。

（2）增加最新的硬件内容。力争体现最新上市和即将出现的计算机部件，如酷睿十一代 CPU、AMD 第四代和第五代锐龙 CPU、DDR5 内存、Intel 400 系列芯片组、AMD 500 系列芯片组和固态硬盘等。

（3）增加最新的软件内容。收入 UEFI BIOS 设置和 GUID 分区表等最新内容。

本教材是“计算机维护与维修”国家级精品课程和国家级资源共享课程的配套教材，全书分为 4 个岗位情景和 20 个学习项目，共 70 个学习任务。岗位情景 1 介绍计算机系统各部件的基本知识、性能、参数、编号和选购方法；岗位情景 2 介绍计算机硬件和软件系统的安装及驱动方法；岗位情景 3 介绍计算机 BIOS 系统的基本知识、设置方法，计算机系统测试及其优化方法，计算机病毒防治方法；岗位情景 4 介绍计算机维护与维修基本技能，主板的故障检测和处理方法，硬盘的结构原理、数据的保护方法和常见故障处理，光驱的基本结构原理和维护与维修方法，液晶显示器和显卡的基本原理与常见故障的维修方法，打印机的基本结构原理和维护与维修方法，输入设备的维修方法。

若选用本教材，建议安排 60～80 课时，并在课程结束后，安排为期一周的计算机维护与维修强化训练。

参加本教材编写的专家和老师有：萍乡新浪潮电脑有限公司曾波（岗位情景 1 中的项目 6～8），江西工业工程职业技术学院余毅（岗位情景 1 中的项目 1～4）和彭武斌（岗位情景 1 中的项目 5），江西工业工程职业技术学院丁强华（岗位情景 2、岗位情景 3、岗位情景 4）。本教材由余毅任主编并统稿，丁强华、曾波任副主编，丁强华任主审。

本教材在编写过程中得到江西工业工程职业技术学院、萍乡新浪潮电脑有限公司领导的亲切关怀和大力支持，在此表示衷心感谢！

由于编者水平有限，教材中难免有疏漏和不足之处，恳请读者批评指正。

编　者

目　　录

岗位情景 1　计算机系统部件导购

岗位情景 2　计算机系统安装

岗位情景 3　计算机软件维护

岗位情景 4　计算机硬件维修

岗位情景 1　计算机系统部件导购

岗位情景分析

本岗位情景是如何当好计算机销售工程师。首先要对计算机组成有一个深入的了解，熟知计算机各硬件的结构、性能、用途、特点、型号和参数；其次，掌握计算机硬件市场的销售及发展情况；最后，了解计算机各硬件的配置要求，能根据客户的要求配置出性能良好的计算机硬件系统，并激发客户的购买欲望。销售工程师的能力也代表公司的技术水平。

计算机系统由硬件系统和软件系统两大部分组成。硬件系统包括中央处理器、存储器和输入/输出设备等。中央处理器负责指令的执行，存储器负责存放数据，输入/输出设备负责信息的采集、转换和输出。软件系统由系统软件和应用软件组成。

计算机选型原则：够用为度，留有余地；部件匹配，相互兼容；质量优先。

① 够用为度，留有余地。由于计算机硬件和软件的发展速度很快，新部件层出不穷，使用者是赶不上计算机的更新速度的，因此选购计算机时应遵循够用为度的原则。此外，还要考虑到计算机两三年内不至于落伍太多，所以选购时应选择配置略高的设备，即留有余地。

② 部件匹配，相互兼容。部件的匹配性和兼容性是相当重要的，匹配性是要求各部件相互连接的接口的电气性能应一致，保证能互相连接；兼容性是要求各部件连接后应能正常运行。

③ 质量优先。购买的计算机首先要保证能够长久地正常使用，所以选购计算机硬件时应优先考虑产品质量。

项目 1

了解计算机系统的硬件配置

项目分析

本项目是通过计算机实物让计算机销售工程师了解一台多媒体计算机是由哪些部件组成的，并看清楚各硬件的形状、它们之间的位置关系和连接情况，了解各硬件的名称及作用。

自 1946 年第一台电子管计算机诞生以来，计算机的微处理器经历了电子管、晶体管、集成电路、超大规模集成电路的发展，目前一个微处理器内部含有上百亿个晶体管。计算机的运算速度也越来越快，巨型计算机的浮点运算速度达到每秒 1 万亿多次。

目前硅技术越来越近其物理极限（如蚀刻尺寸已达到 7 nm），为此，研究人员正在加紧研究开发新型计算机，如量子计算机、光子计算机、生物计算机等。

（1）量子计算机是基于量子效应开发的，它利用一种链状分子聚合物的特性来表示开与关的状态，利用激光脉冲来改变分子的状态，使信息沿着聚合物移动，从而进行运算。

（2）光子计算机以光子代替电子，光互连代替导线互连，光硬件代替计算机中的电子硬件，光运算代替电运算。

（3）生物计算机的运算过程就是蛋白质分子与周围物理化学介质的相互作用过程。计算机的转换开关由酶来充当，而程序则在酶合成系统本身和蛋白质的结构中表示出来。

目前计算机上几乎可以连接任何电子设备，用户可以根据实际需要来配置计算机硬件系统。从外观上来看，计算机硬件系统包括主机、显示器、键盘、鼠标和音箱等。

任务 1.1　认 识 主 机

任务提出

一台计算机主机内部是什么样的？其中都有哪些部件？各有什么作用？它们的形状和位置是什么样的？各部件是如何连接起来的？

任务实施要求

小组成员对照教材的相关内容，打开计算机主机的外盖，观察主机内部各硬件的形状、位置和连接情况，并简单了解各硬件的基本信息。

任务相关知识

主机由主板、微处理器（简称 CPU）、内部存储器（简称内存）、外设接口卡及机箱和电源五大部分构成。

1. 主板

主板（Mother Board）是连接各部件的基本通道，控制着各部件之间的指令流和数据流，它可以根据系统进程和线程的需要，有机地调度计算机的各个子系统，所以主板是计算机硬件系统的核心部件，直接影响计算机的运行速度，其性能取决于芯片组。

主板上装有 CPU 插座、内存插槽、硬盘和光驱插口、扩展 I/O 总线插槽、键盘和鼠标接口及 USB 接口等，其外观如图 1.1 所示。

2. 微处理器

微处理器（Central Processing Unit，CPU）也称为中央处理器，如图 1.2 所示。CPU 由运算器、控制器和寄存器等组成，是计算机系统中的核心器件，决定了计算机的档次和性能。

图 1.1　主板

图 1.2　CPU

运算器主要进行定点或浮点算术运算和逻辑操作。控制器主要负责指令译码，并且发出为完成每条指令所要执行的各个操作的控制信号。寄存器用来存放当前正在使用的程序和数据。

3. 内部存储器

内部存储器（Memory）也称为内存，如图 1.3 所示。程序和数据只有装入内存才能被 CPU 调用，同时内存又将处理结果记录下来，在需要时可以从中取出。存储器容量的大小，已成为衡量计算机系统性能的一项重要指标。存储器容量越大，虚拟内存（占用硬盘空间）使用量就越小，计算机的执行速度相对就越快。

图 1.3　内存

4. 外设接口卡

目前主板都集成了声卡、有线或无线网卡、显卡，因此主板上存在一些标准设备的接口，如键盘、鼠标、网络、音响、显示器等接口。为了更好地使用外部设备，如显示器，就需配置独立显卡。图 1.4 所示为独立显卡。

5. 机箱和电源

机箱作为计算机配件中的一部分，它起的主要作用是放置和固定各个计算机配件，起到一个承托和保护作用。此外，计算机机箱还具有屏蔽电磁辐射的重要作用。

电源是主机的供电设备，其质量直接影响计算机的正常工作。计算机机箱和电源的外观如图 1.5 所示。

图 1.4　独立显卡

图 1.5　机箱和电源

任务 1.2　认识外部设备

任务提出

外部设备是指与主机连接的输入/输出设备。一台多媒体计算机由哪些外部设备组成？形状如何？有什么用途？它们是如何和主机连接的？

任务实施要求

小组成员对照教材的相关内容，查看一台多媒体计算机连接了哪些外部设备，观察其连接方法和位置，并观察各外部设备的结构和形状，了解外部设备的用途和基本使用方法。

任务相关知识

1. 必需的外部设备

（1）键盘。

键盘是计算机必备的标准输入设备，其外观如图 1.6 所示，通过键盘可以向计算机输入各种操作命令。键盘由一组排列成阵列的按键组成，其键位分为标准字符区、功能键区、编辑键区和小键盘区。常用的键盘有 101 键（标准键盘）、104 键、107 键和多功能键盘。

（2）鼠标。

鼠标能方便地将光标定位，以完成各种图形化操作，它是计算机视窗操作中不可缺少的输入设备。目前常用的是三键带滚轮鼠标等。带轨迹球的鼠标外观如图 1.7 所示。

图 1.6　键盘

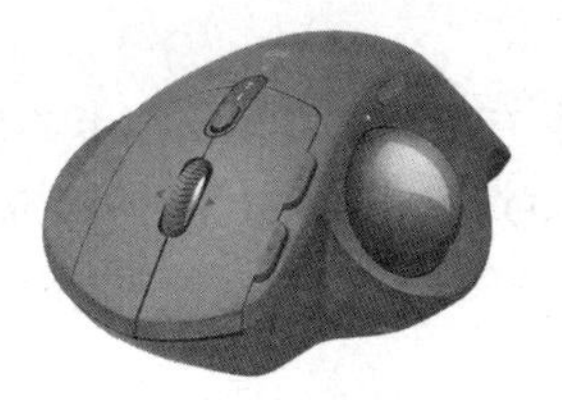

图 1.7　带轨迹球的鼠标

（3）显示器。

显示器又称为监视器（Monitor），是计算机重要的输出设备之一，其作用是显示输入的命令和数据或显示程序运行后输出的字符、图形和图像。目前主要使用的是液晶显示器，如图 1.8 所示。

图 1.8　液晶显示器

（4）硬盘驱动器。

硬盘驱动器简称硬盘，是计算机系统中必不可少的外部存储器。目前主要有机械硬盘（HDD，见图 1.9）和固态硬盘（SSD，见图 1.10）。机械硬盘采用磁介质存储数据，而固态硬盘则使用内存颗粒来存储数据，其容量都已达 TB 级。固态硬盘具有防震、读取速度快、省电、无噪声的优点，固态硬盘一般用来安装操作系统，以取得较快的启动和运行速度。

图 1.9　机械硬盘

图 1.10　固态硬盘

2. 可选的外部设备

（1）光盘驱动器。

光盘驱动器简称光驱，如图 1.11 所示，也是计算机的外部存储器，是用于读取光盘信息的装置。最初光驱是作为多媒体设备进入计算机系统的，但目前已成为计算机的标准配置之一。存储媒介有只读光盘、一次刻录光盘和反复刻录光盘。

（2）音箱。

计算机中的声卡还需要外接音箱才能发声。常用音箱有无源音箱和有源音箱，其外观如图 1.12 所示。

（3）移动存储器。

常见移动存储器有移动硬盘、USB 闪存盘（简称 U 盘）和存储卡等。

移动硬盘是以硬盘为存储介质，可与计算机进行大容量数据交换且携带方便的存储设备，如图 1.13 所示。移动硬盘具有容量大、体积小、传输速度高及携带方便等特点。

U 盘采用 FLASH ROM 存储器，如图 1.14 所示。其具有体积小、容量大、性能可靠等特点。

存储卡有 CF 卡、MMC 卡、SD 卡、T-Flash 卡（简称 TF 卡）和 MS 卡等。目前使用较多的是 SD 卡和 TF 卡，另外，TF 卡插入 SD 卡套中即可当 SD 卡使用。SD 卡和 TF 卡如图 1.15 所示。

图 1.11　光驱

图 1.12　音箱

图 1.13　移动硬盘

图 1.14　U 盘

图 1.15　SD 卡（左）和 TF 卡（右）

（4）摄像头。

摄像头是一种视频输入设备，被广泛地运用于视频会议、远程医疗和实时监控等方面。人们也可以通过摄像头在网络上进行有影像、有声音的交谈和沟通。摄像头采用 USB 接口与计算机连接，如图 1.16 所示。

（5）手写板。

手写板也是一种输入设备，可输入文字绘画，还可提供光标定位功能，能够同时替代键盘与鼠标。手写板外观如图 1.17 所示。

图 1.16　摄像头

图 1.17　手写板

（6）打印机。

打印机是计算机系统中常用的输出设备，如图 1.18 所示，可实现信息的文稿或图形输出，并能长久保存。打印机的种类很多，常用的有针式打印机、喷墨打印机、激光打印机和热敏打印机等。

（7）扫描仪。

扫描仪可以扫描文稿、图片和实物，是继键盘和鼠标后的又一种输入设备，如图 1.19 所示。当扫描英汉文稿后，可用汉字识别（OCR）软件将其转换成可编辑的文稿文件，极大地方便了对文字的输入和处理。

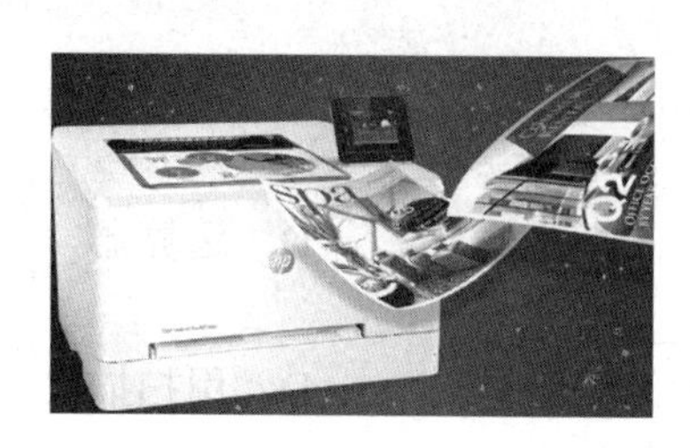

图 1.18　打印机

图 1.19　扫描仪

习　题　1

一、填空题

1．计算机系统由________和________两大部分组成。

2．计算机硬件系统由________和________两部分组成。

3．计算机的主机内部由________、________、________、________、________等组成。

4．从外观上看，计算机的基本硬件系统包括________、________、________、________和________等。

5．计算机的软件系统包括________和________两大类。

6．显示器为输入/输出设备中的________设备。

7．________设备和________设备合称为计算机的外部设备。

8．装在机箱中的外部存储器有________和________。

9．最常见的移动存储器有________、________和________。

10．打印机是输入/输出设备中的________设备。

二、选择题

1．目前我们所使用的计算机是______。

A．模拟计算机　　B．数字计算机　　C．混合计算机　　D．特殊计算机

2．计算机硬件系统由______、存储器、输入设备和输出设备等部件构成。

A．硬盘　　B．软盘　　C．键盘　　D．中央处理器

3．硬件选型的步骤是______。

A．主板→CPU→硬盘　　B．CPU→主板→内存

C．CPU→主板→硬盘　　D．主板→CPU→内存

4．硬盘是______设备。
A．输入 B．输出 C．I/O D．存储
5．______是计算机最基本的输出设备。
A．键盘 B．显示器 C．鼠标 D．音箱
6．______是计算机必不可少的输入设备。
A．鼠标 B．扫描仪 C．键盘 D．手写板
7．打印机是一种______。
A．输出设备 B．输入设备 C．存储器 D．运算器
8．操作者向计算机输入信息常用的方法是______。
A．用文字 B．用键盘 C．用语言 D．用扫描仪
9．计算机向使用者传递计算和处理结果的设备称为______。
A．输入设备 B．输出设备 C．存储器 D．微处理器
10．光盘连同光盘驱动器是一种______。
A．数据库管理系统 B．外存储器 C．内存储器 D．数据库

三、判断题（正确的在括号中打“√”，错误的打“×”）

1．计算机的性能与系统配置有很大关系。（ ）
2．裸机是指不含外围设备的主机。（ ）
3．外部设备是介于用户和计算机主机之间的装置。（ ）
4．常见的输入设备有键盘、鼠标、打印机及读卡机等。（ ）
5．计算机的存储器可以分为主存储器和外存储器两种。（ ）
6．外存储器上的信息可直接进入CPU处理。（ ）
7．外存储器用以存放暂不处理的数据。（ ）
8．因光驱位于机箱内，故属于主机，而光盘属于外部设备。（ ）
9．键盘和显示器都是I/O设备，键盘是输入设备，显示器是输出设备。（ ）
10．计算机可以利用各种输入设备输入数据。（ ）

四、简答题

1．基本的计算机系统是由哪些部分组成的？
2．计算机有哪些基本外部设备？
3．一台多媒体计算机应由哪些配件组成？
4．计算机外部设备是如何和主机相连的？
5．硬盘和光驱为什么被称为外部存储器？

实践1 计算机部件认识

目的：认识计算机系统的基本硬件。

步骤：

（1）观察一台多媒体计算机系统是由哪些部件组成的，各部件是如何连接的，拆下各部件后重新连接起来；

（2）观察一台多媒体计算机系统的主机是由哪些部件组成的，各部件的位置是怎样的，以及它们之间是如何连接的；

（3）启动计算机，观察计算机的启动过程，启动后查看计算机上安装了哪些软件。

项目2

CPU 选购

项目分析

本项目通过 CPU 实物让计算机销售工程师了解 CPU 外形和封装方式，了解 CPU 的发展史，了解 CPU 的型号和参数，以及型号和参数的含义，并根据客户的要求进行 CPU 选购。

CPU 即中央处理器，是整个计算机系统的核心，它能够进行各种运算和指令分析，并产生相应的操作和控制信息。CPU 的性能代表计算机的档次和水平。

任务 2.1　了解 CPU 类型及主要参数

任务提出

CPU 的作用是什么？形状是什么样的？为什么要进行封装？有什么样的引脚？CPU 的主要参数有哪些？它们的含义各是什么？

任务实施要求

小组成员对照教材的相关内容，查看各种 CPU 的结构和形状，了解封装方式和特点，并通过 CPU 上的标注了解 CPU 参数。

任务相关知识

1. CPU 的核心和封装方式

（1）CPU 的核心。

CPU 是一块矩形或正方形的超大规模集成电路，如图 2.1 所示，它通过密密麻麻的针脚与主板的 CPU 插座相连。其核心是一片面积约 3.2 cm^2 的薄薄的硅单晶片。在这块硅片上，密布着几十亿个晶体管组成的复杂电路，其中包括运算器、寄存器、控制器和总线等。CPU 所有的计算、接受/

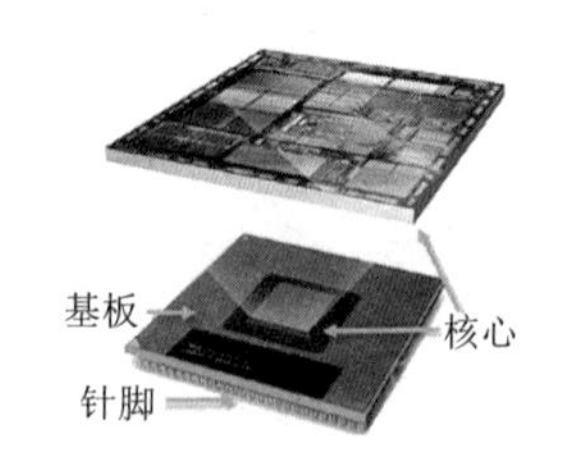

图 2.1　CPU 的物理构成示意图

存储命令、处理数据都由该核心执行。

CPU 制造的关键技术就是蚀刻尺寸（简称制造工艺或工艺），是制造设备在一个硅片上所能蚀刻的最小尺寸，目前已降至 8 nm 以下。减小蚀刻尺寸可以降低成本和芯片功耗，提高 CPU 的频率。

（2）CPU 的封装。

CPU 的封装就相当于给 CPU 内核穿上一层保护外衣，由于有封装的保护，使处理器核心与外界隔绝，防止氧化以及污染物的侵蚀。此外，良好的封装设计还有助于芯片散热。

目前 CPU 均采用倒装芯片方式，即把基板上的芯片翻转 180°，散热器直接接触芯片，以更好地散热。为了更好地保护 CPU 核心，在芯片上加了一个顶盖，同时增大了接触面积，增强了散热的效果。

图 2.2　针栅阵列和触点格栅阵列

① PGA（Pin Grid Array，针脚网格阵列）封装，如图 2.2、图 2.3 所示。在 CPU 基板上排列方阵形触针，形成针脚格栅阵列。CPU 通过零拔插力插座与主板连接。目前 AMD CPU 均采用这种封装方式。

② LGA（Land Grid Array，平面网格阵列）封装，如图 2.2、图 2.4 所示。由于使用了细小的点式接口，所以 LGA 封装的体积更小、信号传输损失更少和生产成本更低，并可有效提升处理器的信号强度和频率。目前 Inter CPU 均采用这种封装方式。

CPU 触点通过与 CPU 插座对应的触针相接触而获得信号，触针非常柔软和纤薄，如果在安装时用力不当就非常容易造成触针的损坏。

图 2.3　PGA 封装的 CPU（AM4）

图 2.4　LGA 封装的 CPU（LGA1200）

2. CPU 主要参数

（1）主频、外频和倍频。

CPU 的主频指的是 CPU 的内部时钟频率，即 CPU 的工作频率。主频越高，单位时间内完成的指令就越多，CPU 的速度也就越快。CPU 外频指的是系统总线的时钟频率，也称总线频率，即主板上芯片组对 CPU 和内存的运行时钟频率。外频越高，CPU 与外部 Cache 和内存之间交换数据的速度就越快。倍频则是指 CPU 主频与外频之间的相对比例关系。三者的关系是：主频=外频×倍频。当增大外频或倍频时，CPU 将超过标准频率工作，称为超频。

（2）前端总线频率（FSB）。

前端总线频率直接影响 CPU 与内存数据交换的速度。前端总线频率=（外频×数据位宽）/8。例如，支持 64 bit 的 CPU，外频是 200 MHz，按照公式得 FSB=1600 MB/s。

外频与前端总线频率的区别：前端总线的速度指的是数据传输的速度，外频指的是 CPU

与主板之间同步运行的速度。

（3）高速缓冲存储器（Cache）。

目前的CPU都内置了L1 Cache、L2 Cache和L3 Cache，它们可以大大提高CPU的运行效率。不过高速缓冲存储器均由静态RAM组成，结构较复杂，因此在CPU芯片面积不能太大的情况下，Cache容量也不可能做得太大。

L1 Cache是CPU第一层高速缓存。L1 Cache的容量对CPU的运行影响较大，其容量通常为64～512 KB，L1 Cache容量越大，CPU与L2 Cache直接交换的数据就越少。

L2 Cache是CPU第二层高速缓存，二级缓存比一级缓存速度慢，主要用来临时存放一级缓存和内存之间的数据。L2 Cache的容量也会影响CPU的运行，且容量越大越好，有的L2 Cache容量高达12 MB。

在计算大数据时，L3 Cache可进一步提升处理器的运行性能。有的L3 Cache达到20 MB。

（4）工作电压。

工作电压指的是CPU正常工作时所需的电压。随着CPU的制造工艺与主频的提高，近年来CPU的工作电压已降至1.2 V以下，以解决发热过高的问题。

（5）地址总线宽度。

地址总线宽度决定了CPU可访问的物理地址空间，即CPU到底能够使用多大容量的内存。地址总线宽度为32 bit，可以访问的地址空间为4 GB，现在的地址总线宽度已达到64 bit。

（6）数据总线宽度。

数据总线宽度指的是CPU可以同时传输的数据位数，分为内部数据总线宽度和外部数据总线宽度。位数越多，可以同时传送的字节越多，速度也越快。现在的内外部数据总线宽度已达到64 bit。

（7）多核心。

多核心是指单芯片多处理器，各个处理器并行执行不同的进程，可以有效提升CPU性能。

（8）多线程。

每个正在系统上运行的程序都是一个进程，每个进程包含一到多个线程，线程是一组指令的集合。其实增加核心数目就是为了增加线程数，因为操作系统是通过线程来执行任务的，一般情况下它们是1∶1对应关系，也就是说，四核CPU一般拥有4个线程。但Intel引入超线程技术后，使核心数与线程数形成1∶2的关系，如10核的Core i9 10900支持20线程。

任务2.2 了解CPU的发展

任务提出

CPU是如何发展的？最新的CPU有哪些？都有什么性能和特点？你的计算机中的CPU属于哪一档？

任务实施要求

小组成员对照教材和网络的相关内容，了解Intel、AMD和国产CPU的发展历程，并了解最新CPU的性能和特点，为CPU的选购打下基础。

任务相关知识

1. Intel CPU

（1）Intel CPU演绎。

1971—2008年，Intel公司生产了4004、8088、286、386、486、586、586MMX、Pentium（奔腾）、Pentium 2、Celeron（赛扬）、Pentium 3、图拉丁、Pentium 4、Pentium D、Core、Core 2。

2009年发布了Core i 1代，2011年发布了Core i 2代，2012年发布了Core i 3代，2013年发布了Core i 4代，2014年发布了Core i 5代。后面几代的情况如表2.1所示。

表2.1　最新Intel CPU基本情况

架构/代号	酷睿/代	年代/年	工艺/nm	接　口	内　存	PCI E	GPU
/Lunar Lake-s	14				DDR5	5.0	
/Meteor Lake-s	13	2023	7	LGA1700	DDR5	5.0	
Golden Cove/Alder Lake-s	12	2022	10	LGA1700	DDR5	5.0	
Willow Cove/Tiger Lake-s	11	2021	10	LGA1200	DDR4/2933	4.0	Gen12(Xe)
Skylake-X/Comet Lake-s	10	2019—2020	14	LGA1200	DDR4/2666	3.0	Gen 9.5
Skylake-X/Coffee Lake-Refresh	9	2018—2019	14	LGA1151	DDR4/2666	3.0	Gen 9.5
Coffee Lake	8	2017—2018	14	LGA1151	DDR4/2666	3.0	Gen 9.5
Kaby Lake	7	2016	14	LGA1151	DDR4/2400	3.0	Gen 9.5
Skylake	6	2015	14	LGA1151	DDR4/2133	3.0	Gen 9.0

注：空格为参数未知，以后发布了参数后，读者可自行填入数据。本教材后面有此情况可同等处理。

（2）Core i系列。

Core i系列主要有i3、i5、i7、i9，其代表了不同的档次。

① Core i3。它集成了GPU（图形处理器，见图2.5），主要面对入门级的市场，为用户带来了全新的智能化的性能体验，同时低功耗、低温度以及出色的性能表现，都可以让它面对主流应用游刃有余。

图2.5　带GPU芯片的CPU

② Core i5。它有集成GPU和非GPU的版本，是针对主流市场而推出的高性能产品，它的睿频智能加速技术，可以在各种应用中提升CPU性能，尤其适合大型的图形图像处理。

③ Core i7。它是针对高端的发烧友以及游戏玩家而推出的产品，面向高端市场。任何苛刻的应用以及游戏，Core i7 系列都可以轻松地应对。

④ Core i9。Core i9 CPU 最多包含 18 个内核，主要面向游戏玩家和高性能需求者，性能高于 i7，有可能取代志强 Xeon CPU，作为服务器的 CPU。

（3）Core i 11 代。

Intel Core i 11 代 CPU 的基本情况如表 2.2 所示。

表 2.2　Intel Core i 11 代 CPU 基本情况

CPU	内核数	线程数	高速缓存/MB	主频/GHz	内　存	GPU	GPU EU
i7-1185G7	4	8	12	3.0	DDR4-3200；LPDDR4X-4266	锐炬 X	96
i7-1165G7	4	8	12	2.8	DDR4-3200；LPDDR4X-4266	锐炬 X	96
i5-1135G7	4	8	8	2.4	DDR4-3200；LPDDR4X-4266	锐炬 X	80
i3-1125G7	4	8	8	2.0	DDR4-3200；LPDDR4X-3733	超核心	48
i3-1115G7	2	4	6	3.0	DDR4-3200；LPDDR4X-3733	超核心	48
i7-1160G7	4	8	12	1.2	LPDDR4X-4266	锐炬 X	96
i5-1130G7	4	8	8	1.1	LPDDR4X-4266	锐炬 X	80
i3-1120G7	4	8	8	1.1	LPDDR4X-4266	超核心	48
i3-1110G7	2	4	6	1.8	LPDDR4X-4266	超核心	48

2．AMD（美国超微半导体公司）

（1）AMD CPU 演绎。

1996—2001 年，AMD 生产了 K5、K6、K6-2/3Dnow、K6-3、Athlon（速龙）、Duron（毒龙）、Thunderbird（雷鸟）、Athlon XP、Athlon 64、Turion（炫龙）64、Athlon X2 64、Opteron（皓龙）、Sempron（闪龙）64、Phenom（羿龙）等。后面几代的情况如表 2.3 所示。

表 2.3　最新 AMD CPU 基本情况

架构/代号	类　别	年代/年	工艺/nm	接　口	内　存	PCI E	GPU
Zen 5	七代锐龙	2023	5		DDR5	5.0	
Zen 4/Raphael	六代锐龙	2022	5		DDR5	5.0	
Zen 3+/Warhol	五代锐龙	2021	7+	AM4	DDR4	4.0	Navi2
Zen 3/Vermeer	四代锐龙	2021	7+	AM4	DDR4	4.0	Navi2
Zen 2/Matisse	三代锐龙	2019	7	AM4	DDR4	4.0	Navi
Zen+	二代锐龙	2018	12	AM4	DDR4	3.0	Vega
Zen	一代锐龙	2017	14	AM4	DDR4	3.0	无

（2）AMD APU。

APU（Accelerated Processing Unit，加速处理器）是 AMD“融聚未来”理念的产品，它将 CPU 和高性能独显核心做在一个晶片上，同时具有高性能处理器和最新独立显卡的处理性能，支持 DX11 游戏和最新应用的“加速运算”，大幅度提升了电脑运行效率。它主要用于笔记本计算机。如锐龙 4700G APU 为 8 核心 16 线程，主频为 3.6～4.4 GHz，二级缓存为 4 MB，三级缓存为 8 MB，集成 Vega 8 GPU，512 个流处理器，频率达 2.1 GHz，内存支持双通道 DDR4-3200，功耗仅为 65 W。

（3）AMD 锐龙 6000 系列。

锐龙 6000 APU 预计 2022 年出产品，5 nm 工艺，支持 DDR5-5200 内存、20 条 PCI E 4.0 及 2 个 USB4 接口，速率为 40 Gbit/s。

3. 国产 CPU

（1）龙芯——血统纯正的国产 CPU。

龙芯（2002 年起）不是最早的国产 CPU，也不是最成功的，但它偏偏知名度最高，中科院出身，所以成为国产 CPU 的代表产品。龙芯有龙芯 1 号、龙芯 2 号、龙芯 2E、龙芯 3 号等。

2019 年发布的龙芯 3A4000/3B4000（见图 2.6），28 nm 工艺，4 核 4 线程，主频为 1.8～2.0 GHz，支持 DDR4 内存，四路服务器最高内存容量可达 1 TB。龙芯 3A5000 为 12 nm 工艺，主频为 2.5 GHz，4 核。龙芯 3C5000 则为 16 核。

图 2.6　龙心 3 号 CPU

（2）申威/飞腾——有军方背景。

申威和飞腾都有军方背景，承担国产军工 CPU 的制造任务。

申威专注超算领域，旗下的神威 • 太湖之光打破“天河二号”的六连冠，问鼎世界超算第一，神威采用旗下生产的 CPU SW26010（见图 2.7），260 核心，Alpha 64 位架构，性能几乎是天河 2 号的 3 倍，但总功耗反而更低了。

2020 年发布的申威 SW 3232 是 32 核服务器 CPU，主频为 2.2～2.5 GHz，面向大数据、云计算等领域，支持四路直连，单芯片最大支持主存容量达到 2 TB。申威计划在 2022 年完成第五代申威核心与申威 433 的研发，申威 433 的主频达 2.8～3.0 GHz。

2019 年发布的飞腾 CPU FT-2000（见图 2.8）为 4 核，16 nm 工艺，主频为 2.6～3.0 GHz，4MB L2 Cache，4MB L3 Cache，支持 DDR4-3200，最多支持 6 个 PCI E 3.0，2 个千兆以太网接口，功耗 10 W，FCBGA 封装，引脚个数为 1144 个，尺寸为 35 mm×35 mm。

图 2.7　申威 CPU

图 2.8　飞腾 CPU

（3）兆芯/海光——政策驱动下的后起新秀。

上述的国产 CPU 都不支持 Windows，想要商用 CPU，还是要走 X86 路线，但 Intel 不可能授权。为此国产厂商与中国台湾 VIA 合作，因 VIA 以前生产过 CPU，有 X86 专利。兆芯公司是 2013 年由联和投资与 VIA 成立的，联和负责资金供给，VIA 负责技术更新。

AMD 于 2017 年 6 月上市的 Zen 微架构 CPU 技术授权于海光，并容许以 Hygon 名义生产及推出市场。由此，AMD 换来 2.93 亿美元资金。海光于 2020 年 2 月正式推出 C86 系列 CPU C86-3185（见图 2.9）和 C86-7185。C86-3185 等于第一代 Ryzen 7 处理器，14 nm 工艺，AM4 封装，8 核心 16 线程，主频为 3.2 GHz 起跳，只兼容 UEFI 的 AM4 主板。C86-7185 等于第一代 EPYC 7500 系列 CPU，14 nm 工艺，32 核心 64 线程，主频为 2.0 GHz 起跳。

图 2.9　海光 CPU

（4）海思——民营芯片企业的佼佼者。

华为的海思 CPU 在生活中很常用，如麒麟（Kirin）CPU，华为 P20 手机就用的是麒麟 970 CPU。麒麟 970 CPU 采用了台积电 10 nm 工艺，是全球首款内置独立 NPU（神经网络单元）的智能手机 AI 计算平台。

任务 2.3　掌握 CPU 的型号和编号

任务提出

CPU 的型号和参数显示在 CPU 的哪个部位？型号和参数中的字母和数字各代表什么意思？如何辨别 CPU 的型号？

任务实施要求

小组成员对照教材和网络的相关内容，针对 CPU 实物，掌握 Intel、AMD 的 CPU 型号和编号的含义，并能给客户提供参考。

任务相关知识

CPU 的编号显示了该 CPU 的主要性能指标，如产品系列、主频、缓存容量、使用电压、封装方式、产地和生产日期等。

1. Intel CPU

目前，Intel 公司在市场上销售的 CPU 采用了统一编号，其格式一般分为 4 行，如图 2.10 所示。

第 1 行为 CPU 品牌及型号，图 2.10 中 CPU 编号的第 1 行 INTEL®为 LOGO，之后 CORE™ i9 为酷睿 i9 系列。

图 2.10　i9-10900K 编号图

第 2 行为 CPU 型号，如 i9-10900K。

① i3/i5/i7/i9 是 CPU 的等级。

② CPU 等级后为 4～5 个数，后面 3 位数代表 Intel SKU 型号，数字越大，型号就越

新，性能也就越好。

③ 前 1～2 个数字代表着代数，图 2.10 CPU 为 10 代。

④ 最后一位为普通 CPU，其他字母含义如下。

❖ B：焊接在主板上的 CPU，采用整合封装。
❖ C：五代酷睿上出现的短命一代，如 i7-5775C，表示有最强的核显 Iris Pro 6200。
❖ G：合作产品，Intel 提供 CPU 核心，AMD 提供 GPU 核心，通常叫 Kaby Lake G。
❖ H：移动版 CPU，支持超线程。
❖ HK：移动版 CPU 才有，在 H 的基础上，增加超频。
❖ HQ：笔记本七代酷睿才有，4 核 8 线程。
❖ K：支持超频。
❖ M：酷睿五代后就没有了，表示标压双核移动版 CPU，笔记本常见。
❖ R：移动版处理器，和 C 后缀一样，封装不同。
❖ T：低功耗版台式 CPU，频率和睿频都降低。
❖ U：低电压版的笔记本 CPU，轻薄且常见。
❖ X：发烧级台式处理器，属于 X99、X299 平台。
❖ XE：高端的发烧级。
❖ Y：超低电压版本，平板电脑常用，省电效果很明显，但性能较差。

第 3 行为 CPU 的 S-Spec 编码和主频。在 Intel 官方产品页面输入 S-Spec 编号，就可以很快定位到此型号 CPU 的产品资料页面，也就是说，这组编号相当于 CPU 的型号代码。

第 4 行表示该 CPU 的唯一编号。Intel 可以根据这组编号查到任何一个处理器是卖给零售商还是整机制造商，Intel CPU 卖给整机制造商的价格远远低于市场价。

这组编号另一个功能就是可以查询该 CPU 是不是原装盒包装。在 CPU 及包装盒以及风扇上都有此编号，这 3 处编号完全一致才能证明该处理器是原装盒包装。

2. AMD CPU

① 锐龙 CPU 有不同的系列，包括 Ryzen 锐龙（见图 2.11）、Ryzen Pro 锐龙、Ryzen Threadripper 锐龙线程撕裂者、EPYC 霄龙。

Ryzen 是最常见的，也是最多人买的。Ryzen Pro 是针对商业使用的，其安全性能较高。而 Ryzen Threadripper 核心超多，价格很高。

② 锐龙也有 3、5、7、9 的等级划分。

图 2.11　Ryzen 9 5900X 编号图

③ CPU 等级后为 4 个数，后面 3 位数代表 SKU 型号，而数字越大，性能也就越好。3 位数的第一位又代表等级，图 2.11 CPU 为 9 等级。第一个数字代表着代数，图 2.11 CPU 为 5 代。

④ 后缀含义。

❖ X：支持 XFR 技术，自适应动态扩频，散热器散热越强，频率越高。
❖ G：有核心显卡，也就是 APU。

- U：用于笔记本，集成核心显卡，一般用在轻薄本上。

⑤ 下面几行表示。

- BG：公元。
- 2035：2020年，第35周生产。
- SU：中国苏州（SuzhoU）生产。PG代表马来西亚槟城州（PenanG）生产。
- S：萨拉托加（Saratoga）的晶圆产地。T代表得克萨斯州（Texas）。
- 9JE2222U00077：产品编号。
- DIFFUSED IN USA：为核心采用的12 nm I/O控制器由美国GlobalFoundries生产。
- DIFFUSED IN TAIWAN：为7 nm Zen2 CPU芯片由中国台湾的台积电（台湾积体电路制造股份有限公司）代工。
- MADE IN CHINA：这两个芯片在中国进行组合封装。

任务2.4 掌握CPU的选购要点

任务提出

CPU应根据什么要求进行选择？选购时应注意什么问题？如要使用Canopus Edius视频编辑软件应选择什么样的CPU？

任务实施要求

小组成员根据前面所学的CPU知识，结合客户的要求，提供几个CPU的选购方案，并进行相应的解释，激发客户的购买欲望。

任务相关知识

1. 根据需要定位

不同用户对CPU的要求是不同的，选购时，应注意选择适合自己需求的CPU。以平面设计、计算机美术应用、3D设计及视频编辑为主的用户经常要用到Adobe Photoshop、CorelDRAW、3ds Max、AutoCAD和视频编辑等大型软件，同时在执行渲染、滤镜、函数建模等操作中，需要一块高性能的CPU。

CPU一定要选用高性能的散热器，如图2.12所示，否则会因散热不良而使计算机性能下降或死机。CPU风扇建议选用3线或4线的，这样可以根据CPU的发热量大小，自动控制风扇的转速。

（a）用于针栅阵列CPU插座

（b）用于LGA CPU插座

图2.12 CPU散热器

2. 选购指南

首先要进行性能与价格的比较分析，使性价比达到最高。其次应尽量购买成熟的产品，因为无论从技术上还是质量上，成熟产品还是较为可靠的。

对于Intel的产品，可以采用核对CPU塑料外壳和包装盒编号是否一致的方法来检查该产品是否为正品，一旦这两者不相符，则该CPU必为水货或散片自加包装的产品。正品Intel CPU塑封纸上的Intel字迹应清晰可辨，而且最重要的是无论正面还是反面，所有水印字都应工整。另外，芯片表面有激光蚀刻的内容，正品字迹清晰，而非正品字迹模糊。此外，也可从外包装盒上进行辨别。

习 题 2

一、填空题

1. CPU的主频=________×________。
2. CPU的总线是指其芯片与外部的连线，包括________、________和________。
3. CPU内部有________、________、________和________等。
4. 目前CPU主要采用________的接插方式。
5. PC机使用的CPU主要有________和________两个品牌的产品。
6. 按CPU与插座的接触方式分为________和________两种。
7. 按照CPU处理信息的字长，可以把它分为________和________微处理器。
8. CPU的主频可以看成CPU正常工作时在一个单位时钟周期内完成的指令数多少。从理论上讲，主频越高，运算速度就越________。
9. CPU的内核工作电压越低，说明CPU的制造工艺越________，这样CPU电功耗就越________。

二、选择题

1. CPU的中文意思是________。
   A. 计算机系统　　B. 不间断电源
   C. 逻辑部件　　D. 中央处理器
2. CPU的主要功能是________。
   A. 存储数据　　B. 运算与控制　　C. 运算　　D. 控制
3. 某CPU的倍频是4.5，外频是100 MHz，那么它的工作频率是________。
   A. 450 MHz　　B. 45 000 MHz
   C. 4.5 MHz　　D. 0.45 MHz
4. 某一CPU型号中的1.7 GHz指的是CPU的________。
   A. 工作频率　　B. 倍频
   C. 外频　　D. 运行速度

5．当前的CPU市场上，知名的生产厂家是________和________。

A．Intel公司　　B．IBM公司

C．AMD公司　　D．VIA公司

6．CPU 的主频由外频与倍频决定，在外频一定的情况下，通过________提高 CPU 的运行速度，称之为超频。

A．外频　　B．速度

C．主频　　D．倍频

7．在以下存储设备中，________存取速度最快。

A．硬盘　　B．虚拟内存

C．内存　　D．CPU缓存

8．AMD CPU的接口为________接口。

A．针脚式　　B．引脚式

C．卡式　　D．触点式

9．CPU的接口种类很多，现在Intei CPU的接口为________接口。

A．针脚式　　B．引脚式

C．卡式　　D．触点式

三、判断题（正确的在括号中打“√”，错误的打“×”）

1．BUS（总线）是CPU与各部件之间传递各种信息的公共通道。（　　）

2．目前CPU为了提高速度采用了大容量的Cache。（　　）

3．AM4插座属于零插拔力（ZIF）插座。（　　）

4．CPU是执行程序指令、完成各种运算和控制功能的大规模集成电路芯片。（　　）

5．CPU外部的高速缓存称为L1 Cache，CPU内部的高速缓存称为L2 Cache。（　　）

6．计算机指令是指挥CPU进行操作的命令。（　　）

7．CPU的主频越高，其性能就越强。（　　）

8．字长是人们衡量一台计算机CPU档次高低的主要依据，字长越长，CPU档次就越高。（　　）

9．超线程技术是在一个CPU内同时执行多个程序而共同分享一个CPU的资源，像两个CPU一样在同一时间执行两个线程。（　　）

四、简答题

1．什么叫超频？

2．什么是前端总线频率？它与外频有何关系？

3．CPU中的高速缓存有什么作用？

4．CPU的封装方式主要有哪些？

5．选购CPU时应注意哪些问题？

实践 2 CPU 导购

目的：掌握 CPU 知识和导购要求。

步骤：

（1）观察各种 CPU 的外形和特点，并查看它们采用的封装方式及引脚数量；

（2）观察 CPU 的型号和编号，并对其进行解释；

（3）根据客户的要求，提供相应的 CPU 产品。

项目 3 主板选购

项目分析

本项目是通过一些主板实物让计算机销售工程师了解一块主板是由哪些部分组成的，各有什么作用，采用了什么样的芯片组，主板上有什么样的接口，并了解它们的形状，掌握它们的用途及连接方法。

主板是计算机最基本的也是最重要的部件之一，主板的性能影响着整个计算机系统的性能，主板的类型和档次决定着整个计算机系统的类型和档次。

任务 3.1　了解主板结构

任务提出

主板的作用是什么？形状是什么样的？都有什么类型？主板主要由哪几部分组成？主板上有些什么样的接口？各接口都有什么作用？

任务实施要求

小组成员对照教材的相关内容，查看各种主板的结构和形状，了解各组成部分及其作用，特别是主板上各种接口的名称、形状、位置和作用。

任务相关知识

主板为矩形多层印制电路板，上面安装了组成计算机的主要电路系统，一般有 CPU 插座、控制芯片组、内存插槽、扩展插槽和 BIOS 等。通过扩展插槽或插口，可以连接外存储器或各种控制卡，实现各种功能。主板结构如图 3.1 所示。

1. 控制芯片组

CPU 通过芯片组与内存、高速缓存、显卡和硬盘等设备进行通信。芯片组一般由 1～2 个集成电路组成，用于接收 CPU 的指令及控制内存、总线和接口等。芯片组通常分为北桥芯片（负责 CPU 的总线，即系统总线管理）和南桥芯片（负责其他总线的管理）。北桥芯片连接 CPU、内存和显卡等，南桥芯片连接其他部分。

现在的主板上已经没有南北桥芯片之分了，大部分只有一个南桥芯片，如图 3.2 所示，而有的南桥芯片也取消了，其功能电路已被集成到 CPU 中。

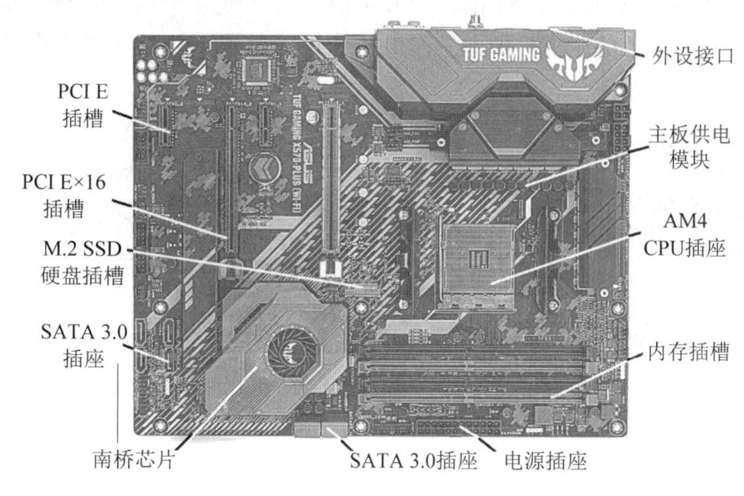

图 3.1　主板结构

图 3.2　南桥芯片

2. CPU 插座

CPU 通过接口与主板连接。CPU 常用的接口有针脚式和触点式。

AMD 公司采用称为 Socket 的零插拔力（Zero Insert Force，ZIF）的 CPU 插座，只要将拉杆扳起，就可以轻松地取下或装上 CPU。如 Socket AM4，AM4 接口采用 uOPGA 样式，1331 个针脚，如图 3.3 所示。

Inter 公司 Core i 系列 CPU 的插座为触点式。酷睿 10 代为 LGA 1200 插座（见图 3.4），与 LGA 115x 相比，针脚布局发生改变，但接口整体尺寸、安装孔位都没变，已有的 LGA 115x 系列散热器可以继续使用。酷睿 12 代则为 LGA 1700 插座，插座尺寸为 45 mm×37.5 mm，以前的散热器无法使用。

图 3.3　Socket AM4 插座

图 3.4　LGA 1200 插座

3. 主板供电电路

在 CPU 电源插座和 CPU 插座附近有一些大容量电解电容、大功率管、滤波线圈和稳压集成块等，组成了主板的供电电路，如图 3.5 所示。其性能好坏直接影响主板工作的稳定性。

4. 内存插槽

目前主板上用来固定内存条的插槽为 DIMM 槽。一般主板上有 2 或 4 个内存插槽，常用内存有 DDR3、DDR4 和 DDR5，它们的金手指、工作电压和性能都不一样，所以内存插槽也不同。内存插槽外观如图 3.6 所示。

图 3.5 主板供电电路

图 3.6 内存插槽

5. PCI E 插槽

独立显卡是插在主板上靠近 CPU 插座的 PCI E（PCI Express）插槽中，拥有高速频宽特点，通过专用的总线直接与 CPU 相连。

目前 PCI E 插槽（见图 3.7）主要是 PCI E 3.0 和 PCI E 4.0。PCI E 3.0 数据传输率为 8 GT/s（1GT/s 相当于每秒 10 亿次传输，8 GT/s 那就是每秒 80 亿次传输），十六信道（×16）双向带宽可达 32 GB/s。PCI E 4.0 传输速率达到 16 GT/s，×16 模式下可提供高达 64 GB/s 的带宽。PCI E 5.0 或将翻番到 32 GT/s。

6. 硬盘光驱插座

硬盘的 SATA 接口用 4 根针完成所有的工作，第 1 针发出，第 2 针接收，第 3 针供电，第 4 针地线，如图 3.8 所示。SATA 传输率为 150 MB/s（编码时将 8 位编为 10 位，故为 1.5 Gb/s）。SATA 2 传输率为 300 MB/s，3 Gb/s。Serial 3 传输率为 600 MB/s，6 Gb/s。

图 3.7 PCI E 插槽

图 3.8 SATA 插座

7. 集成显卡

由于目前的 CPU 都集成了 GPU，所以 GPU 和内存共同组成了集成显卡。显然，如果使用集成显卡需要大量占用内存的空间，对整个系统的影响会更明显。此外，系统内存的频率通常比独立显卡的显存低很多，因此集成显卡的性能比独立显卡要逊色不少。

8. 板载声卡、网卡和无线网卡

（1）板载声卡。

由于信号干扰，声卡控制芯片不可能完全集成在南桥芯片内，在南桥芯片内仅集成了数字音频信号处理器（DSP）和音频信号的数/模转换，声音输出/输入还得依靠声卡控制芯片来完成，如图 3.9 所示。

（2）板载网卡。

板载网卡不仅具有良好的兼容性和稳定性，还可以降低成本，所以现在板载千兆网卡的主板越来越多，如图 3.10 所示。

（3）板载无线网卡。

板载无线网卡是一个独立的模块，焊接在主板上，通过天线插口连天线，如图 3.11 所示。有些板载无线网卡还有蓝牙功能。

图 3.9　板载声卡芯片

图 3.10　板载网卡芯片

图 3.11　板载 Wi-Fi 模块

9. 接口

主板上还有 24 针 ATX 电源接口，4 针和 8 针 CPU 供电插座，4 针 FAN 插座，2 个 USB 2.0 接口为 9 针，2 个 USB 3.2 接口为 19 针等。有些主板上还有用于维护的跳线、指示灯，主板故障显示灯（集成了检测卡）、启动开关和复位开关等。

机箱后部还有键盘和鼠标的 PS/2 接口、USB 3.2 接口、显示器接口（DP、HDMI 等）、RJ-45 接口、Wi-Fi 天线接口，另外还有话筒、线路、喇叭等接口。这些接口如图 3.12 所示。

还有连接机箱面板上的硬盘灯 HD LED 接口为 2 针，电源灯 P LED 接口为 3 针或 2 针，复位 Reset SW 接口为 2 针，喇叭 Speaker 的接口为 4 针或 2 针，ATX 开关 Power SW 的接口为 2 针，如图 3.13 所示。

图 3.12　外设接口

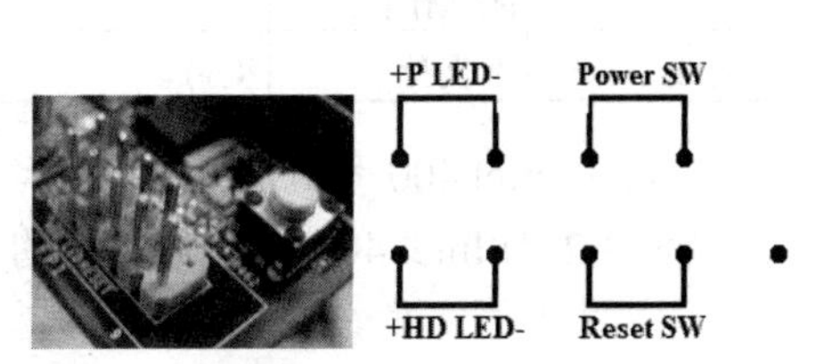

图 3.13　其他接口

任务 3.2 了解芯片组

任务提出

芯片组的作用是什么？形状是什么样的？在主板的什么位置？都有什么种类？性能如何？与 CPU 的关系怎样？

任务实施要求

小组成员对照教材的相关内容，查看各种主板中芯片组的结构和形状，了解芯片组的组成和在主板上的位置，掌握芯片组与 CPU 的配合关系。

任务相关知识

芯片组是主板的核心，直接影响主板的性能。芯片组由控制器、缓冲器和总线电路组成，控制 RAM、Cache 总线状态及转换、复位和数据传送等，还控制软硬盘驱动器，负责处理中断请求（IRQ）和直接内存访问。目前的主流芯片组是 Intel 和 AMD。

1. Intel 芯片组

（1）Intel 最新芯片组。

表 3.1 为 Intel 200、300、400、500、600 系列芯片组的主要参数。

表 3.1 Intel 最新芯片组主要参数

芯片组	200	300	400	500	600
启动日期	2017 年	2018 年	2020 年		
CPU	酷睿 7 代	酷睿 8、9 代	酷睿 10 代	酷睿 11 代	酷睿 12 代
支持最大核心数	4	8	10		
CPU 接口	LGA 1151	LGA 1151	LGA 1200		LGA 1700
内存	DDR4 最大 64 GB	DDR4 最大 128 GB	DDR4 最大 128 GB		DDR5
PCI E	3.0	3.0	3.0	4.0	4.0
CPU PCI E	16 个	16 个	16 个	20 个	
PCH PCI E	24 个	24 个	24 个	24 个（3.0）	
总线支持	3.0	3.0	3.0	3.0	
显示接口	DP 1.2、HDMI 1.4	DP 1.2、HDMI 1.4	DP 1.4、HDMI 2.0a	DP 1.4a、HDMI 2.0b	
无线 Wi-Fi	不支持	支持	支持	支持	支持

（2）Intel 400 系列芯片组详解。

表 3.2 为 Intel 400 系列芯片组的主要参数。

表 3.2 Intel 400 系列芯片组主要参数

芯 片 组	H410	B460	H470	Z490	Q490
工艺/nm	22	22	14	14	14
支 持 系 统	支持 Windows 10 操作系统				
定 位	经济型家用及商用	商用	家用	性能级	高端商用
支持的 CPU	Celeron：G5000 Series				
	Pentiun Gold：G6000 Series				
	i3：10100；10100T；10120；10120T；10130；10130T；10320；10320T；10350K				
	i5：10400；10400T；10500；10500T；10500TE；10600；10600K；10600T				
	i7：10700；10700K；10700T				
	i9：10900；10900K；10900T				
内 存 支 持	DDR4				
接 口	LGA1200				
总 线 支 持	DMI 2.0	DMI 3.0			
总 线 带 宽	5.0 GT/s	8.0 GT/s			
PCH PCI E	6 个 PCI E 3.0	20 个 PCI E 3.0		24 个 PCI E 3.0	
CPU PCI E	16 个 PCI E 3.0				
SATA3	4	6			
USB 3.1 G1	4	8	8	10	
USB 3.1 G2	0		4	6	
M.2 接口	4 个 2.0	4 个 3.0			
无线 Wi-Fi	支持				

2. AMD 芯片组

表 3.3 为 AMD 最新芯片组的主要参数。

表 3.3 AMD 最新芯片组主要参数

芯片组	X470	A520	B550	X570	600 系列
启动日期	2018 年	2019 年	2019 年	2020 年	
CPU	锐龙 3000	锐龙 3000～4000	锐龙 3000～4000	锐龙 3000～5000	锐龙 5000 以上
CPU 接口	AM4	AM4	AM4	AM4	
内存	DDR4	DDR4	DDR4	DDR4	DDR5
图形支持	PCI E 3.0	PCI E 3.0 ×16	PCI E 4.0 ×16	PCI E 4.0 ×16	PCI E 4.0 ×16
CPU PCI E	3.0	3.0	4.0	4.0	4.0
支持多屏显示	No	No	Yes	Yes	
SATA 3	6 个	4	6	12	
USB	2 个 USB 3.1 Gen2 6 个 USB 3.1 Gen1	1 个 USB 3.2 Gen2 8 个 USB 3.2 Gen1	6 个 USB 3.2 Gen2 12 个 USB 3.2 Gen1	8 个 USB 3.2 Gen2 4 个 USB 3.2 Gen1	

任务 3.3　了解主板相关技术

任务提出

主板采用了哪些技术？各技术都有什么样的特点？

任务实施要求

小组成员对照教材的相关内容，查看主板各种技术在实物中的展示，了解它们的结构和用途及在主板上的相对位置。

任务相关知识

1. 扩展槽技术

（1）PCI E（PCI Express）总线技术。

PCI E 总线技术的优势就是数据传输速率高，目前最高可达到 10 Gb/s 以上，而且还有相当大的发展潜力。PCI E 也有多种规格，从 PCI E 1.0 到 PCI E 4.0，根据总线位宽的不同又分为×1、×4、×8、×16 和×32，能同时满足低速设备和高速设备的需求。表 3.4 为 PCI E ×1、×4、×8 和×16 的结构参数。

表 3.4　PCI E ×1、×4、×8 和×16 的结构参数

传输通道数	脚 Pin 总数	主接口区 Pin 数	总长度/mm	主接口区长度/mm
×1	36	14	25	7.65
×4	64	42	39	21.65
×8	98	76	56	38.65
×16	164	142	89	71.65

PCI E 3.0 接口传输速率为 8 GT/s，×16 图形接口带宽值可以达到 32 GB/s（双工）。PCI E 4.0 接口具有 16 GT/s 的数据速率。

（2）USB（Universal Serial BUS）通用串行总线技术。

USB 允许热拔插，支持即插即用。USB 可以串接 127 个设备，但要使用 USB HUB。

USB 标准有 USB 1.0（1.5 Mb/s）、USB 1.1（12 Mb/s）、USB 2.0（480 Mb/s）、USB 3.0（5 Gb/s）和 USB 3.1（10 Gb/s）、USB 3.2（20 Gb/s）。USB 2.0 和 USB 1.1 完全兼容，即 USB 2.0 设备可以插在 USB 1.1 接口上使用，而 USB 1.1 设备也能够插在 USB 2.0 接口上使用，但 USB 3.0 与 USB 1.0 和 USB 2.0 均不兼容。USB 3.0 接口分别如图 3.14 和图 3.15 所示。USB 3.2 数据传输速度为 20 Gb/s，接口为 USB 3.1 已启用的 Type-C，如图 3.16 所示。2019 年底推出了 USB 4，最高速度达 40 Gb/s，接口也为 Type-C。

图 3.14 USB 2.0 插头

图 3.15 USB 3.0 接口

图 3.16 Type-C 接口

2. 中断处理方式

当 CPU 在运行程序期间，一旦外部设备交换数据准备就绪，就会向 CPU 提出服务请求，CPU 如果响应该请求，便暂时停止当前程序，执行与该请求对应的服务程序，完成后再继续执行原来被中断的程序。中断处理方式不但为 CPU 省去了查询外设状态和等待外设就绪的时间，提高了 CPU 的工作效率，还满足了外设的实时要求。但是需要为每个设备分配一个中断号和相应的中断服务程序，此外，还需要一个中断控制器（I/O 接口芯片）来管理 I/O 设备提出的中断请求，如设置中断屏蔽、中断请求优先级等。

3. DMA（Direct Memory Access，直接存储器存取）传送方式

DMA 采用一个专门的 DMA 控制器控制内存与外设之间的数据交换，无须 CPU 介入，从而大大提高了 CPU 的工作效率。在进行 DMA 数据传送之前，DMA 控制器会向 CPU 申请总线控制权，如果 CPU 允许，则将控制权交出。因此在数据交换时，总线控制权由 DMA 控制器掌握，在传输结束后，DMA 控制器将总线控制权交还给 CPU。

任务 3.4 掌握主板的选购要点

任务提出

主板应根据什么要求进行选择？选购时应注意什么问题？CPU 和芯片组有什么关系？

任务实施要求

小组成员根据前面所学的主板知识，根据客户对 CPU 性能的要求，提供几个主板的选型方案，并进行相应的解释，激发客户的购买欲望。

任务相关知识

1. 选择主板必须关注的因素

（1）与 CPU 配套。

不同架构的 CPU 应该配备不同类型的主板，只有主板类型与 CPU 性能相匹配，才能保证 CPU 的工作效率。

（2）兼容性与计算机升级能力。

兼容性也是在选购主板时应该注意的问题之一。兼容性是指系统在使用不同配件、运行不同软件时能否稳定运行。兼容性好的主板有利于升级。

例如，CPU 的更新换代速度较快，但是主板相对稳定，因此应该选购一块能够支持未来 CPU 技术的主板，这样，在今后对 CPU 进行升级时就不必再更换主板。

（3）功能和可扩展性。

购买主板时一定要注意主板的功能。除了常用功能、技术参数、价格及售后服务等项目，对其他一些特色功能也要留意，尽可能地发挥其特性，以免造成资源的浪费。

2. 技术角度的考虑

（1）芯片组。

应根据 CPU 确定芯片组。一般来说，Intel 的芯片组与其 CPU 系列是最佳组合，而 AMD 的 CPU 则可以与 AMD 芯片组配合使用。

采用同样芯片组的主板功能都差不多，所以选主板就是选择芯片组，应选购主流芯片组。

（2）主板运行速度。

主板的运行速度在一定程度上决定了整个系统的运行速度，而当今越来越多的用户需要处理大量的数据，因此，在选购主板时，不要忽视主板的运行速度。

（3）主板的稳定性。

影响主板稳定性的主要因素有整体电路设计水平及用料和做工。主板上的焊接点要均匀圆滑，蛇形走线转弯角度应大于 135°；CPU 旁的滤波电容容量应尽量大；在芯片组上最好有散热片或散热风扇以加强散热效果。

习题 3

一、填空题

1．主板上必须装入的部件为________和________。

2．USB 2.0 的最大传输速率是________，最多可以串接________个设备。

3．主板外部接口是用来连接________、________、________、________、________等外部设备的。

4．主板芯片组按照在主板上排列位置的不同，分为________芯片和________芯片。
5．目前主板的扩展槽技术主要是________。
6．选购主板时，需要从其________和________两方面考虑。
7．在计算机系统中，CPU 起主导作用，而在主板中起重要作用的则是________。

二、选择题

1．以下与主板选型无关的是________。
A．CPU 插座　　B．内存插槽
C．寻道时间　　D．芯片组性能
2．主板的核心和灵魂是________。
A．CPU 插座　　B．扩展槽
C．芯片组　　D．BIOS 和 CMOS 芯片
3．在众多总线接口标准中，属于目前主流接口的是________。
A．AGP 和 ATA　　B．AGP 和 SATA
C．PCI E 和 IDE　　D．PCI E 和 SATA
4．下列________不属于北桥芯片管理的范围之列。
A．CPU　　B．内存
C．PCI E 接口　　D．IDE 接口
5．不能直接插在主板上的是________。
A．CPU　　B．内存
C．硬盘　　D．显卡
6．主板上最大的芯片是________。
A．北桥芯片　　B．南桥芯片
C．BIOS 芯片　　D．Cache
7．几乎所有的计算机部件都是直接或间接连接到________上。
A．主板　　B．显示器
C．硬盘　　D．电源
8．SATA 3 接口的数据传输率是________。
A．133 Mb/s　　B．150 MB/s
C．300 MB/s　　D．600 MB/s

三、判断题（正确的在括号中打“√”，错误的打“×”）

1．配置一台高性价比的 PC，首先要求选购一块好的主板。（　　）
2．主板性能的好坏与级别的高低主要由 CPU 来决定。（　　）
3．在选购主板的时候，一定要注意与 CPU 对应，否则可能无法使用。（　　）
4．内存与主板连接是通过其上端的“金手指”来实现的。（　　）
5．USB 接口的数据传输率是传统串口的 10 倍。（　　）
6．通常 USB 接口的移动硬盘无须外接电源就可以即插即用。（　　）

7．USB 2.0 的数据传输率可达 400 Mb/s。 （ ）

四、简答题

1．主板主要由哪几部分构成？
2．主板选型时主要考虑哪几方面因素？
3．目前主板上常用的插槽有哪些？
4．目前主板上外部设备的接口有哪些？

实践3 主板导购

目的：掌握主板知识和导购要求。
步骤：
（1）观察各种主板的形状及其特点；
（2）观察主板各部分的组成；
（3）观察主板采用了何种芯片组；
（4）观察主板上有哪些接口，各有什么用；
（5）根据已选的 CPU 性能，选购相匹配的主板。

项目 4

内存选购

项目分析

本项目是通过一些内存实物让计算机销售工程师了解一条内存是由哪些部分组成的，有哪些类型，采用了什么样的芯片，掌握内存上参数的含义，掌握内存选购方法。

内部存储器（Memory）简称内存，是计算机中重要的部件之一，其作用是用于暂存CPU中的运算数据及与硬盘等外部存储器交换的数据。当计算机运行时，CPU就会把需要运算的数据从外存调到内存，然后进行运算，运算完成后，CPU再将结果传给内存。所以，内存的大小和性能的好坏将直接影响计算机的性能。

任务 4.1　了解内存类型和参数

任务提出

内存的作用是什么？形状是什么样的？有什么类型？型号的含义是什么？

任务实施要求

小组成员对照教材的相关内容，查看各种内存的结构和形状，掌握型号的含义。

任务相关知识

早期计算机使用的内存有DDR（Dual Date Rate SDRAM，双倍速率同步动态随机存储器）、DDR2和DDR3内存。目前主要使用的是DDR4和DDR5。显存已使用了GDDR6。

1. 内存类型

（1）DDR3 SDRAM（见图4.1）。

DDR3 SDRAM采用45 nm工艺，8 bit预取机制，64 bit位宽，最低工作电压为1.35 V，最高主频为2000 MHz，最大带宽为16 000 MB/s，单条最大容量为16 GB。台式机为240线，笔记本为204线。

图 4.1　DDR3 内存

（2）DDR4 SDRAM（见图 4.2）。

DDR4 SDRAM 采用 30 nm 生产工艺，4 通道，16 bit 预取机制，64 bit 位宽，最低工作电压为 1.2 V，最高主频为 4000 MHz，最大带宽为 32 000 MB/s，单条最大容量为 128 GB。台式机为 288 线，笔记本为 260 线。台式机 DDR4 为金手指中间稍突出、边缘收矮的形状，这样便于拔插，防呆缺口比 DDR3 更靠近中心。LPDDR4X 为低功耗（Low Power）DDR4。

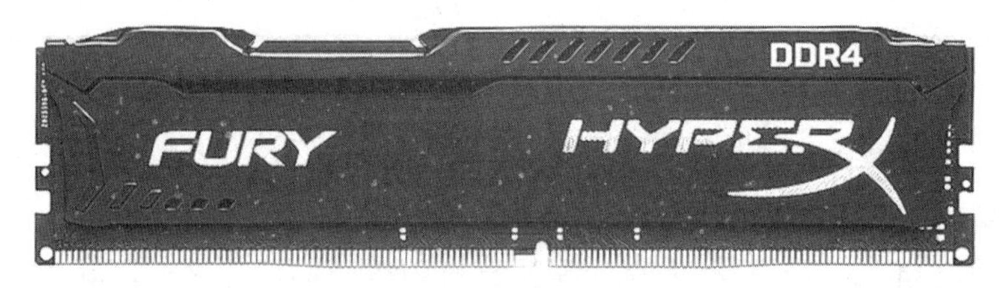

图 4.2　DDR4 内存

（3）DDR5 SDRAM（见图 4.3）。

2020 年 7 月，JEDEC 协会正式公布了 DDR5 标准，起步 4800 MHz，可达 6400 MHz。与 DDR4 相比，带宽提高了 36%，单片芯片密度超过 16 Gb，工作电压降至 1.1 V，引脚数与 DDR4 相同。同年 10 月，存储巨头 SK 海力士宣布，正式发布全球第一款 DDR5 内存。

图 4.3　DDR5 内存

（4）DDR6 和 GDDR6、GDDR6X。

由于 DDR5 内存刚刚出来，所以 DDR6 仅仅是一个概念，但 Hynix 已着手 DDR6 的研发，预计将在 2022 年研发上市。预期速率将达到 12 Gb/s，即 12 000 MHz。

但用于显存的 GDDR6 已在显卡中得到了应用。GDDR6 显存采用双通道读写设计，工作电压为 1.25 V，10 nm 工艺，频率可达 6 GHz，单颗容量高达 32 Gb，速度高达 16 Gb/s。GDDR6X 的频率至少从 16 Gb/s（GDDR6 目前的极限）起跳，且显存带宽达到 768 GB/s。

2. 内存参数

内存参数体现在一张标签纸上，说明内存的基本情况，如图 4.4 所示。

如 16GB 2R×8 PC4-2400T-SE1-11，其中各部分含义如下。

图 4.4　某内存标签

- 16GB：内存容量，16 GB。
- 2R×8：内存颗粒安装位置和每面数量，每面 8 颗，两面共 16 颗。
- PC4：DDR4。PC 3 代表 DDR3，PC 5 代表 DDR5。
- 2400：DDR4、DDR5 中表示工作频率 2400 MHz。DDR3 中表示带宽，单位兆字节每秒（MB/s）。
- 其他字母或数字的含义对于一般使用者意义不大。

另外，内存颗粒上有编号，说明了单颗内存颗粒的基本情况，这些编号的含义读者可参考网络上的解释。

任务 4.2　掌握内存的选购要点

任务提出

内存应根据什么要求进行选择？选购时应注意什么问题？内存容量与哪些因素有关？

任务实施要求

小组成员根据前面所学的内存知识，结合客户所选的 CPU 和主板性能，提供几个内存的选型方案，并进行相应的解释，激发客户的购买欲望。

任务相关知识

1. 内存容量

在其他配置相同的条件下，内存越大，计算机运行速度也就越快，因为内存越大，虚拟内存（使用硬盘的存储空间）使用得越少。目前计算机内存一般都在 2 GB 以上。

但因受硬件和软件的限制，内存也不能无限扩大。对于主板而言，都有一个最大内存容量的限制，这个可在主板的说明书中查到。对于软件而言，32 位 Windows 理论上最大只能管理 4 GB 内存。64 位 Windows 因版本而有所不同，例如，Windows 7 Home Basic 64 位最大仅支持 8 GB 内存，Home Premium 最大可支持 192 GB。

2. 内存速度和带宽

内存可以看作是与 CPU 之间的桥梁或仓库。显然，内存的容量决定“仓库”的大小，而内存的带宽决定“桥梁”的宽窄，两者缺一不可。内存速度是以每次 CPU 与内存进行数据处理耗费的时间来计算，以纳秒（ns）为单位。内存选配的一般要求是内存的总线频率应大于或等于 CPU 的前端总线频率，且内存带宽也应大于或等于 CPU 的带宽。

3. 内存条数

主板上能插的内存条数取决于主板是否支持多通道内存技术。多通道就是在北桥芯片里设计多个内存控制器，这样，多个内存控制器可相互独立工作，每个控制器控制一个内存通道。

（1）对称双通道模式。

对称双通道模式要求两个通道的内存容量相等，但是没有严格要求内存容量的绝对对称。例如，可以 A 通道为两条 512 MB 的内存，而 B 通道为一条 1 GB 的内存，只要 A 和 B 通道各自的总容量相等就可以了。

（2）非对称双通道模式。

在非对称双通道模式下，两个通道的内存容量可以不相等，而组成双通道的内存容量大小取决于容量较小的那个通道。例如，A 通道有 512 MB 内存，而 B 通道有 1 GB 内存，则 A 通道中的 512 MB 和 B 通道中的 512 MB 组成双通道，B 通道剩下的 512 MB 内存仍工作于单通道模式下。两条 512 MB 的内存构成双通道效果会比一条 1 GB 的内存效果好，因为一条内存无法构成双通道，且一般尽量使用容量大的内存条。需要注意的是，两条内存必须插在相同颜色的插槽中，如图 4.5 所示。

图 4.5　双通道内存插槽

4. 产品做工要精良

内存的做工水平会直接影响到性能、稳定性及超频。内存颗粒的好坏将直接影响到内存的性能，所以在购买时，尽量选择大厂生产的内存颗粒。编号参数要印字清晰。

内存电路板的作用是连接内存芯片引脚与主板信号线，因此，其做工好坏直接关系着系统的稳定性。目前主流内存电路板层数一般是 6 层，这类电路板具有良好的电气性能，可以有效屏蔽信号干扰。而高规格内存往往配备 8 层电路板，以发挥更好的效能。

习　题　4

一、填空题

1．内存数据带宽的计算公式：数据带宽=________×________。

2．台式计算机用的 DDR3 为________线的内存。

3．台式计算机用的 DDR4 和 DDR5 为________线的内存。

4．常见的内存储器有________和 ROM。
5．关掉电源后，内存储器中内容不会丢失的是________存储器。
6．计算机程序必须位于________内，计算机才可以执行其中的指令。
7．________可以用来存储已经输入计算机的程序和数据及中间的处理结果等。
8．原则上计算机系统的内存容量应越________越好。

二、选择题

1．________是用来存储程序及数据的装置。
A．输入设备　　B．存储器
C．控制器　　D．输出设备
2．内存是由________存储器芯片组成的。
A．DRAM　　B．SRAM
C．ROM　　D．CMOS RAM
3．通常衡量内存速度的单位是________。
A．纳秒　　B．秒
C．十分之一秒　　D．百分之一秒
4．计算机主存中，能用于存取信息的部件是________。
A．硬盘　　B．软盘
C．只读存储器　　D．RAM
5．内存的大部分是由 RAM 组成的，其中存储的数据在断电后________丢失。
A．不会　　B．部分
C．完全　　D．不一定

三、判断题（正确的在括号中打“√”，错误的打“×”）

1．常用内存芯片的速度为零点几纳秒到几纳秒，此数值越大，速度越快。（　　）
2．RAM 存储器与 ROM 不同，它只能读不能写。（　　）
3．主存储器大部分是由电子元件构成的，所以易受静电破坏。（　　）
4．计算机程序必须位于主存储器内才能执行。（　　）
5．计算机的存储器可以分为主存储器和外存储器两种。（　　）
6．外存储器上的信息可直接进入 CPU 处理。（　　）

四、简答题

1．在计算机中，内存的主要作用是什么？
2．不同规格的内存是否可以混用？
3．要在原有基础上扩充内存容量应注意哪些问题？
4．选购内存时要注意哪几方面的问题？

实践4 内 存 导 购

目的：掌握内存知识和导购要求。

步骤：

（1）观察各种内存的形状和特点；

（2）观察内存各部分的组成；

（3）了解内存芯片上编号的含义；

（4）根据已选的CPU和主板性能，选购相匹配的内存。

项目5 硬盘选购

项目分析

本项目让计算机销售工程师了解硬盘是由哪些部分组成的，各有什么作用，采用了什么样的技术，硬盘采用了什么样的接口，掌握硬盘编号的含义及主要参数，掌握硬盘的选购方法。

硬盘全称为硬盘驱动器，是计算机主要的外存储器，存取速度比内存慢，但比光盘快，其特点是容量大、转速高、存取速度较快及寿命长。

任务 5.1　了解硬盘结构与接口

任务提出

硬盘的作用是什么？有哪些结构特点？什么叫温切斯特技术？硬盘的接口有哪些？

任务实施要求

小组成员对照教材的相关内容，查看各种硬盘的结构和形状，了解硬盘的接口。

任务相关知识

1. 机械硬盘（HDD）

机械硬盘（见图 5.1）的使用寿命较长，因为采用了温切斯特技术，该技术是由 IBM 公司位于美国加州坎贝尔市温切斯特大街的研究所研制的。首先采用非接触式读写技术，当磁盘高速旋转后，磁头会自动飞离盘面 0.1～0.3 μm。因此为了防止灰尘进入此间隙，采用了全密封结构，将磁盘、磁头、电动机（对于伺服类电动机习惯简称为电机）和前置放大器等密封在净化腔中。为了提高记录密度，使用连续的金属薄膜磁盘（盘基为铝或玻璃），并采用 GMR 或 TMR 磁头。CPP-GMR 磁头可达 400 Gb/in^2。TMR 磁头记录密度更高，达到 602 Gb/in^2，线记录密度为 1517 kB/in，轨道密度为 397 kT/in。

图 5.1　机械硬盘结构

2. 固态硬盘（SSD）

固态硬盘（Solid State Disk 或 Solid State Drive，SSD）具有读写速度快、无噪声、发热少、体积小、防震等特点。其由控制、缓存和存储 3 个单元组成（见图 5.2）。

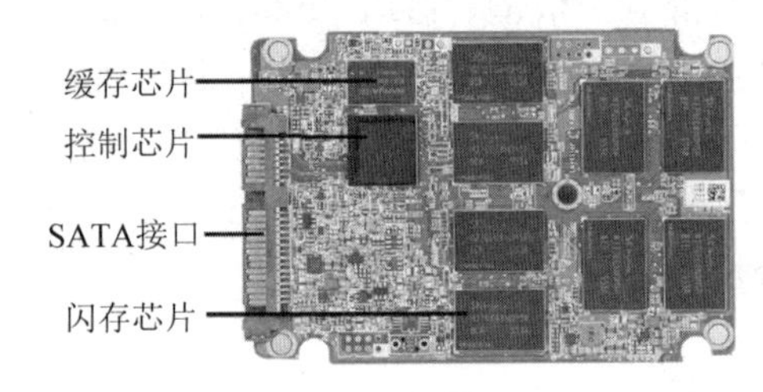

图 5.2　固态硬盘结构

① 控制单元也叫主控芯片，主控芯片具备 CPU 级别的运算能力，主要是合理调配数据在各个闪存芯片上的负荷，防止个别闪存芯片存储次数过多而提前损坏。同时，还负责 SSD 内部各项指令的完成。主控芯片的好坏直接决定了 SSD 的读写和使用寿命。

② 缓存芯片负责承担整个数据中转，连接闪存芯片和外部接口。

③ 存储单元采用 Flash 芯片（闪存），无电的情况下数据依旧保存，类似 U 盘。SSD 常用 NAND 闪存，因 NAND 闪存具有功耗更低、价格更低、性能更佳和存储容量大等优点。NAND 闪存又分为 SLC（Single-Level Cell，单层存储单元，1 bit）、MLC（Multi-Level Cell，双层存储单元，2 bit）以及 TLC（Trinary-Level Cell，三层存储单元，3 bit）和 3D NAND（多层存储，可达 176 层，*n* bit。如为 8 层，一个存储单元就是一个字节），单颗芯片容量可达到 16 TB，甚至 32 TB。但随着层数的增加，其写入性能、可靠性、寿命会有所降低。

3. 硬盘接口

（1）SATA（Serial ATA）接口。

SATA 接口的硬盘又称为串口硬盘。SATA 第 1 针发出、第 2 针接收、第 3 针供电、第 4 针地线。

SATA1 传输率为 150 MB/s，1.5 Gb/s（编码时将 8 位编为 10 位，故为 1.5 Gb/s）。

SATA2 传输率为 300 MB/s，3 Gb/s。

SATA3 传输率为 600 MB/s，6 Gb/s。

图 5.3 为主板上的 SATA 接口，图 5.4 为 SATA 的电源插头和数据插头。

图 5.3　主板上的 SATA 接口

图 5.4　SATA 的电源插头（左）和数据插头（右）

（2）mSATA 接口（见图 5.5）。

mSATA 接口小于 SATA 接口，插在主板上专门的 mSATA 接口上，mSATA 接口的 SSD 有 50 mm×30 mm 和 30 mm×30 mm 两种规格。接口性能与 SATA 一样。

图 5.5　mSATA 接口

（3）M.2 接口（见图 5.6）。

M.2 接口是为了取代 mSATA 而产生的。M.2 接口的 SSD 宽度为 22 mm，长度为 42 mm、60 mm、80 mm 三种。M.2 接口有两种，分别是 B key（短边 6 针）和 M key（短边 5 针）。两者所走的总线不同，SSD 的传输速率不同。B key 接口如果不支持 PCI E 总线，则以 SATA 3.0 速度传输数据 0.6 GB/s。如支持 PCI E 总线，则最高以 PCI E 3.0 × 2 的速度传输数据，传输率不超过 1 GB/s。M key 支持 PCI E 3.0 × 4 总线模式的传输率可达 1.5 GB/s，在 PCI E 3.0 × 4 总线并支持 NVMe 协议时，传输率可超 2 GB/s，最高可达 3.2 GB/s，M key 向下兼容 B key 接口。双缺口的 SSD 两种插口都可以用。

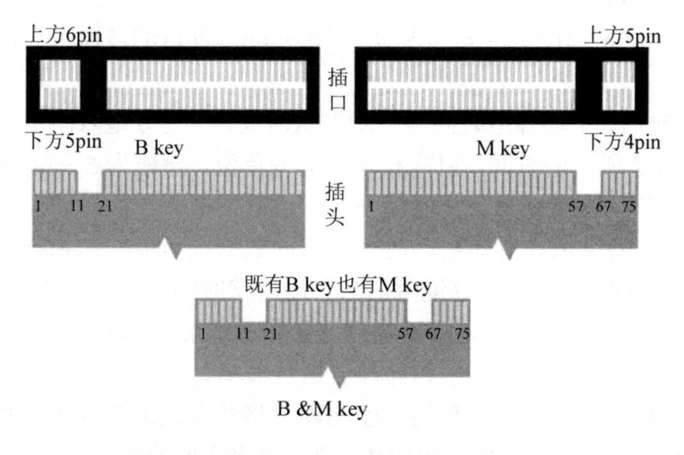

图 5.6　M.2 的 B key、M key 插口和插头

（4）PCI E 接口（见图 5.7）。

此接口的 SSD 与显卡外形差不多，使用 PCI E 总线，因此插在 PCI E 插槽里。这种接口的固态硬盘存储速度快，数据直接通过总线与 CPU 直连，接近最大的传输速度和最大的数据量，省去了内存调用硬盘的过程。

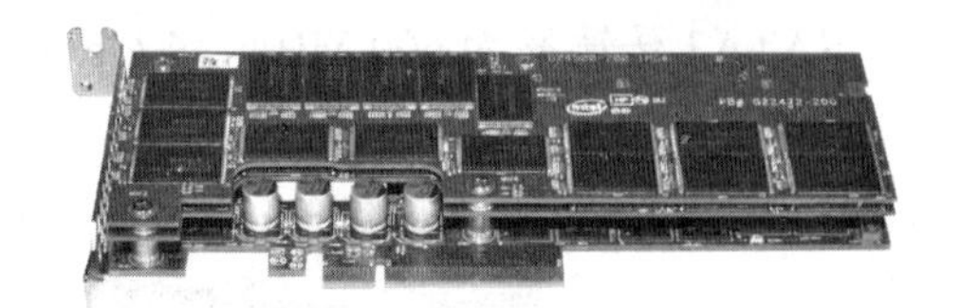

图 5.7 PCIE 接口

任务 5.2 掌握硬盘的主要参数

任务提出

硬盘的主要参数有哪些？各代表什么含义？这些参数对选购和设置有什么作用？

任务实施要求

小组成员对照教材的相关内容，查看各种硬盘的主要参数，掌握各参数的含义。

任务相关知识

1. 硬盘容量

硬盘容量即硬盘所能存储的最大数据量，是硬盘最主要的参数。硬盘容量以吉字节（GB）或太字节（TB）为单位，1 TB=1024 GB。但硬盘厂商在标注硬盘容量时通常取 1 TB=1000 GB，因此在 BIOS 中或在格式化硬盘时看到的容量会比厂家标注的容量要小。

2. HDD 硬盘主要参数

（1）硬盘速度。

影响硬盘速度的技术指标主要有转速、磁头形式、数据传输率、寻道时间和缓冲容量等。

① 硬盘的转速，也就是硬盘主轴电机的转速。转速是决定硬盘内部传输率的关键因素之一，较高的转速可缩短硬盘的平均寻道时间和实际读/写时间。常见的硬盘转速有 5400 r/min、7200 r/min、10 000 r/min 和 15 000 r/min。硬盘的转速越大，与空气摩擦的发热量就越大。

② 平均访问时间、平均寻道时间与平均潜伏时间。平均寻道时间是指硬盘在盘面上移动读/写头至指定磁道所用的时间，以毫秒（ms）为单位，一般为 5～14 ms。当单碟容量增大时，磁头寻道的移动距离减少，从而使平均寻道时间减少，加快硬盘速度。平均潜伏时间是指当磁头移动到数据所在磁道后，等待所需的数据块继续转动到磁头下的时间，一般为 2～6 ms。平均访问时间是平均寻道时间与平均潜伏时间的总和。

③ 数据传输率。数据传输率是指硬盘读写数据的速度，单位为兆字节每秒（MB/s）。硬盘数据传输率包括内部数据传输率和外部数据传输率。

计算机通过接口将数据交给硬盘的速度比硬盘将数据记录在盘片上的速度要快很多，前者是外部数据传输率，后者是内部数据传输率，两者之间有一块缓冲区以缓减速度差距，如希捷 ST4000DX000 硬盘的外部传输率可达 600 MB/s，而内部传输率为 190 MB/s。所以，应选用内部传输率大的硬盘。

④ 单碟容量。单碟容量是指硬盘单盘片的容量。单碟容量越大，成本越低，磁盘的存储密度越大，也可提高硬盘的整体容量，并可简化硬盘内部的机械组件，降低故障率和噪声，缩短平均访问时间。如希捷 ST4000DX000 硬盘单碟容量为 800 GB。

⑤ 高速缓存 Cache。硬盘缓存是为了解决硬盘系统前后级读写速度不匹配的问题，以提高硬盘的读写速度。缓存的大小与速度直接关系到硬盘的传输速度，高速缓存的容量越大越好。如希捷 ST4000DX000 硬盘高速缓存为 64 MB。

（2）磁盘介质。

磁盘介质指的是盘片的材料，有铝盘片和玻璃盘片。玻璃盘片具有质地坚硬、表面平滑、对温度变化不敏感的特点，用它替代铝基盘片可以提高硬盘的总体性能。

（3）其他参数。

在 BIOS 设置中，需对硬盘的磁头数、柱面数、扇区数、写补偿、着陆区和间隔因子等参数进行设置，以保证硬盘能正常工作。

① 磁头数（Heads）。每一片硬盘盘片需要两个磁头，盘片的片数决定磁头的个数，而 BIOS 设置中的磁头数为逻辑磁头，其值远多于实际磁头。

② 柱面数（Cylinders）。各盘片具有相同半径的磁道形成的一个圆柱，称为磁盘的柱面。最外圈为 0 柱面，而 BIOS 设置中的柱面数为逻辑柱面数，不等于实际柱面数。

③ 扇区数（Sector）。将硬盘上的每个磁道等分为若干弧段，每个弧段便是一个扇区。在磁盘上读取和写入数据时，以扇区为单位，每个扇区容量为 512 B，而 BIOS 设置中的硬盘扇区数一般为 63 个。

通常只要知道了硬盘的磁头数、柱面数和扇区数，即可确定硬盘的容量，硬盘的容量=柱面数×磁头数×扇区数×512 B。

④ 写电流补偿柱面数（Wpcom）。硬盘越靠近轴心的柱面线密度越高，在对硬盘写入数据时，相邻数据的磁信号就会产生相互影响。若信号极性相同就会出现相互排斥现象，使两个数据位间的距离增大，反之，使两个数据位间的距离缩短。越靠近轴心（大编号柱面），这种影响越大。为了消除这种影响，就需要对靠近轴心的一些柱面设置写电流补偿。

⑤ 着陆区（Landing Zone，LZ）。硬盘的盘片不转或转速较慢时，磁头与盘片表面有轻微接触；当转速达到额定值时，磁头以一定的高度浮于盘片表面。着陆区就是指磁头起飞和着陆的区域，如图 5.8 所示。着陆区的线速度较慢，盘片启动与停转时磁头与盘片之间的摩擦并不剧烈，加之该区内不记录数据，即使盘片表面被擦伤，也不影响正常使用。有些硬盘的着陆区在盘片外，如图 5.9 所示。

图 5.8　盘内着陆区

图 5.9　盘外着陆区

⑥ 间隔因子（Interleave）。间隔因子又称为交错因子，如图 5.10 所示。磁头读完一个扇区的信息后，需将此信息传出，而传出是需要时间的，在传出的过程中，硬盘已旋转了一个角度，若此角度符合间隔因子的要求，则磁头刚好在需读数据的扇区的起点，所以使用一个特定的间隔因子来给扇区编号，从而有助于获取最佳的数据传输率。在硬盘低级格式化时，间隔因子是需要给定的一个重要参数，其取值范围为 1～8。

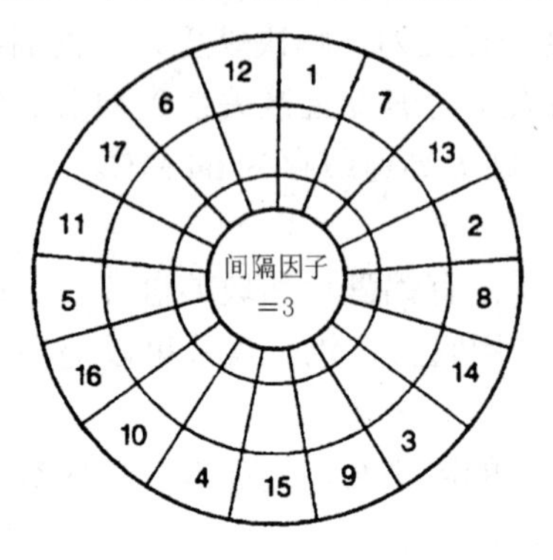

图 5.10 间隔因子

3. SSD 硬盘主要参数

（1）读写速度。

数据传输时间是指从存储单元中读出数据再将数据传输到接口或从接口将数据写到存储单元中的时间。数据传输时间也分为内部数据传输时间和外部数据传输时间。内部数据传输时间是从缓存到存储单元，外部数据传输时间是从缓存到接口。HDD 的内部数据传输时间是小于外部数据传输时间的，原因是磁头是一位一位读写数据的，并且受到磁盘转动的影响。但 SSD 可通过片选、行列地址能很快定位到存储单元，再层选到需读写的层，进行读写，所以可以一次将一个字节（8 bit）一次性读写完，所以 SSD 的内部数据传输时间反而大于外部数据传输时间，因此 SSD 的读写速度取决于接口的传输速度。SSD 接口与速度如表 5.1 所示。

表 5.1 SSD 接口与速度

接 口	总 线	协 议	最大速度/（GB/s）
SATA	SATA	AHCI	0.6
M.2	SATA	AHCI	0.6
M.2	PCI E ×4	不支持 NVMe	1.5
M.2	PCI E ×4	NVMe	3.2
PCI E	PCI E ×4	NVMe	3.2

（2）使用寿命。

闪存芯片不同，使用寿命也不一样（即擦写次数不一样）。

SLC 约 10 万次擦写寿命（读无限制），MLC 约 3000～10 000 次擦写寿命，TLC 约 1000 次擦写寿命，QJC（4 层）则更短。

如你买了块 100 G 的硬盘，如是 MLC 允许循环写入 100 G×1 万次=1 PB 的数据，假设每天写入 100 G 的文件也能用上 1 万天，约等于 27.4 年。如是 TLC，则只能用 3 年。

为了防止存储单元被反复擦写而过早损坏，SSD 采用了平衡写入算法，即如这个存储单元被擦写，下一次这个存储单元就不会被擦写，直到其他存储单元都被擦写一次后，才会被擦写。

任务 5.3　掌握硬盘的型号编码

任务提出

硬盘的型号编码由哪几部分组成？各代表什么含义？如何识别硬盘的类型、容量和速度等基本参数？

任务实施要求

小组成员对照教材的相关内容，查看各种硬盘的型号编码，掌握各编号代表的含义。

任务相关知识

市场上的 HDD 大多是希捷（Seagate）、西部数据（Western Digital）、三星（SAMSUNG）、日立（HITACHI）等厂商的产品。通过解读硬盘编码，就可以得知硬盘的容量、转速、接口类型、缓存等各项性能指标。另外，也要了解 SSD 产品的基本信息。

1. HDD 产品信息

（1）希捷（Seagate）。

希捷硬盘型号编码为 STA0000BCDE，如图 5.11 所示。

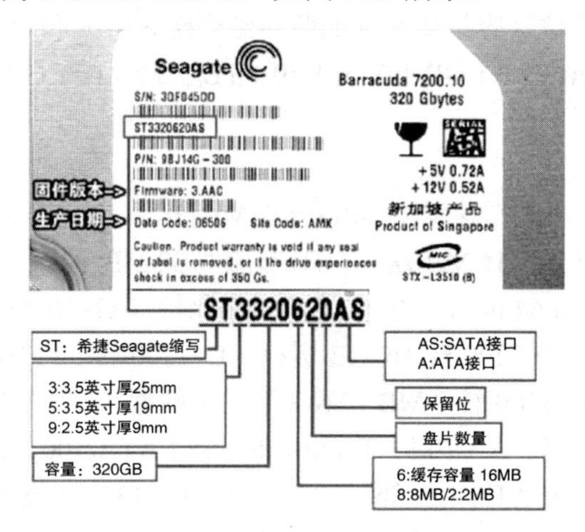

图 5.11　某希捷硬盘型号

- ST：代表 Seagate，每一款希捷硬盘型号都以 ST 开头。
- A：表示外形参数，即硬盘的外形大小。3 表示 3.5 英寸厚 25 mm，5 表示 3.5 英寸厚 19 mm，9 表示 2.5 英寸厚 9 mm。

❖ 0000：表示容量，以吉字节（GB）为单位，320为320 GB，2000为2 TB。
❖ B：表示缓存大小，2表示2 MB，8表示8 MB，6表示16 MB。
❖ C：表示盘片数，2为2片。
❖ D：保留，一般为0。
❖ E：表示接口。A表示ATA，AS表示Serial ATA150，AG表示为笔记本电脑用ATA。

（2）西部数据（Western Digital）。

西部数据公司也是美国的一家硬盘制造商。西部数据的硬盘型号编码通常由主编码和附加编码构成，如图5.12所示。

图5.12 某西部数据硬盘型号

西部数据硬盘型号编码为WD0000ABCD或WD00ABCD，如WD1001FALS、WD20EADS-00R6B0。

❖ WD：代表西部数据厂商。
❖ 0000或00：表示容量，单位由后一位定。1001为1000 GB，20为2 TB。
❖ A：表示容量单位（容量要和前面数字结合起来看）和尺寸。A=0.1 GB/3.5 in[①]，B=0.1 GB/2.5 in，C=0.1 GB/1.0 in，E=0.1 TB/3.5 in，F=1 GB/3.5 in，H= 0.1 GB/3.5 in（带有背板）。
❖ B：表示产品系列。
❖ C：表示缓存大小和转速。A=5400转2 MB缓存，B=7200转2 MB缓存，C=节能型（自动调节转速）16 MB缓存，D=节能型32 MB缓存，E=5400转Protege系列/新系列黑盘6 Gb 64 m，F=10 000转16MB缓存，G=10 000转8 MB缓存，J=7200转8 MB缓存，K=7200转16 MB缓存，L=7200转32 MB缓存，P=节能型+该系列最大缓存，V=5400转8 MB缓存（笔记本硬盘），Y=7200转+该系列最大缓存。
❖ D：代表接口类型。A=并口ATA/66，B=并口ATA/100，C=零插入力接口（30针的）的并口，D=SATA 1.5 Gb/s，E=并口ATA/133，S=SATA 3.0 Gb/s，T=SATA 3.0 Gb/s（笔记本硬盘），X=SATA 6.0 Gb/s。

附加编码，例如，WD20EADS-00R6B0中的00R6B0的含义如下。

❖ 前两位数字为OEM客户标识。00=零售市场，01=其他大客户市场，22=促销样品，

① 1 in=25.4 mm。

23=IBM，53=Gateway，60=Compaq，71=HP，75=Dell。

❖ R 为单碟容量。B=250 GB；C=40 GB；D=66 GB；E=83 GB；M=80 GB；F=90 GB；R=500 GB；Y=2.5 in 150 GB，3.5 in 250 GB；N=160 GB。
❖ 6 代表同系列硬盘的版本。
❖ B0 代表硬盘 Firmware 版本（常见的就是 A0 和 B0）。

2. SSD 产品信息

金士顿 SSD 型号编码如图 5.13 所示。

图 5.13 某金士顿 SSD 型号

编码 SAXXXXBMX/0000GBK 的含义如下。

❖ S：代表 SSD。
❖ A：代表系列。A=A，E=E，HF=HyperX Fury，HFR= HyperX Fury RGB，HPM= HyperX M.2，HS= HyperX Savage，HSX= HyperX Savage Extemal，HX= HyperX，KC=KC，M=M。
❖ X：代表版本。1=1，2=2，3=3，4=4，5=5，6=6。
❖ X：代表型号。0=版本变更，5=第一版。
❖ X：代表传输接口。S1=SATA1，S2=SATA2，0=NVMe，无= SATA3。
❖ X：代表不适用。
❖ B：代表套装。B=3.5 in，H=半高半长 M.2。
❖ MX：代表外观尺寸。无=2.5 in，M8=M.2 22 mm×80 mm，MS=mSATA 30 mm×50 mm。
❖ 0000G：代表存储容量，单位吉字节（GB）。
❖ BK：代表散装。

任务 5.4 掌握硬盘的选购要点

任务提出

如何选购一块称心的硬盘？硬盘应根据什么要求进行选择？选购时应主要考虑什么问题？

任务实施要求

小组成员根据前面所学的硬盘知识，并结合客户所选的主板要求和所装的软件，提供几个硬盘的选型方案，并进行相应的解释，激发客户的购买欲望。

任务相关知识

1. HDD 选购

（1）品牌。

目前常用的硬盘有日立、西部数据、希捷和三星等，应选择具有质量保证、故障率较低的品牌，并应注意型号代数，选用较新的硬盘。

（2）硬盘接口。

根据要求选购 SATA3 接口的硬盘。

（3）容量。

目前市场中硬盘的最大容量已经达到 6 TB 以上。从购买的角度来看，应该在能够接受的范围内尽量选择大容量的硬盘，并尽量购买单碟容量大的硬盘。

（4）转速。

即使是容量相同的硬盘，但转速不同，其运行性能也不一样，7200 r/min 的硬盘就要比 5400 r/min 的硬盘运行性能有了不小的提升。目前 7200 r/min 的硬盘为市场主流，而 5400 r/min 的硬盘一般用于笔记本电脑。

（5）稳定性。

为了保证系统具有良好的稳定性，要求硬盘的稳定性也要高。所以，在选购硬盘时需要遵守一个原则，那就是淘汰的东西不买，最新的东西也尽量不买。

（6）缓存。

缓存大的硬盘在存取零碎数据时具有非常大的优势，可以将那些零碎数据暂存在缓存中，这样一方面可以减小系统的负荷，另一方面也可以提高硬盘数据的传输速度。

2. SSD 选购

（1）品牌。

选择能自主研发生产存储颗粒，特别是自主研发生产主控芯片的品牌，由这些芯片组成的 SSD 更安全、更可靠。可选择 Intel、三星等。

（2）存储颗粒。

无论是寿命、速度还是价格：SLC > MLC > TLC > QLC。

（3）接口。

如主板上有 M.2 插口，首选 M.2 的 M key 接口，否则只能选 SATA3 接口。

习　题　5

一、填空题

1. 在对机械硬盘进行低级格式化之前，首先要正确设置它的__________，即 Interleave，以使之能够高效地工作。

2．SATA 接口数据传输率分别为________、________和________。

3．硬盘的数据传输率是衡量硬盘速度快慢的主要参数，它又分为________和________两种参数。

4．SSD 的 M.2 接口有________、________和________3 种。

5．SATA 接口硬盘的数据传输方式为________。

6．如果一个机械硬盘容量为 3 TB，而单碟容量为 1 TB，那么这个硬盘有________张盘片和________个磁头。

7．标注在机械硬盘上的 C/H/S 为硬盘的________、________和________参数。

8．硬盘格式化后，1 GB=________MB。

二、选择题

1．目前使用的机械硬盘是采用________技术制造的。

A．冯 • 诺依曼　　B．英特尔

C．智能接口　　D．温切斯特

2．机械硬盘的读写速度比软盘快得多，容量与软盘相比________。

A．大得多　　B．小得多

C．差不多　　D．小一些

3．机械硬盘驱动器________。

A．不用时应套入纸套，防止灰尘进入　　B．耐震性差，搬运时要注意保护

C．不易碎，不像显示器那样要注意保护　　D．全封闭，耐震性好，不易损坏

4．下列设备中，________设备读取数据的速度最快。

A．光驱　　B．软驱

C．硬盘　　D．磁带机

5．下列________不属于机械硬盘的参数。

A．转速　　B．单碟容量

C．硬盘大小　　D．重量

6．________是机械硬盘磁头移动到数据所在磁道所花费的时间。

A．平均潜伏时间　　B．平均访问时间

C．平均寻道时间　　D．硬盘转速

7．用硬盘 Cache 的目的是________。

A．提高硬盘读写信息的速度　　B．增加硬盘容量

C．实现动态信息存储　　D．实现静态信息存储

8．________不是硬盘的接口标准。

A．SATA 接口　　B．SCSI 接口

C．IDE 接口　　D．LPT 接口

9．SATA3 接口的硬盘，接口的数据传输率为________Mb/s。

A．600　　B．6000

C．300　　D．3000

三、判断题（正确的在括号中打“√”，错误的打“×”）

1．机械硬盘内部包括盘片和硬盘控制器。 （ ）
2．温切斯特技术中最主要的是机械硬盘采用磁头悬浮式读写技术。 （ ）
3．SATA 接口的数据传输率比 IDE 接口小。 （ ）
4．工厂给出的硬盘容量是以 1000 为倍率计算的。 （ ）
5．当知道磁头数、柱面数和扇区数时，硬盘容量为这 3 个数相乘，再乘以 512。 （ ）
6．由于机械硬盘内部是没有灰尘的，所以是真空的。 （ ）
7．影响机械硬盘数据传输率的是外部传输率。 （ ）
8．单盘的容量越大，平均寻道时间越短。 （ ）

四、简答题

1．选购硬盘时应主要考虑哪几方面的因素？
2．什么是平均寻道时间？
3．机械硬盘的特点有哪些？
4．固态硬盘常用的接口有哪几种？
5．什么叫机械硬盘的温切斯特技术？
6．机械硬盘在使用时应注意什么？
7．机械硬盘为何要采用温切斯特技术和非数据区着陆技术？
8．一个 2 TB 的硬盘，经过格式化后，总共容量却只有 1.87 TB，为什么？

实践5 硬盘导购

目的：掌握硬盘知识和导购要求。
步骤：
（1）观察各种硬盘的形状和特点；
（2）观察硬盘各部分的组成；
（3）理解硬盘型号编码的含义；
（4）根据用户对软件的要求，选购相匹配的硬盘。

项目 6 光驱选购

项目分析

本项目是通过一些光驱实物让计算机销售工程师了解一台光驱是由哪些部分组成的，各有什么作用，有几种光驱类型，光驱采用了什么样的接口，并掌握光驱的选购方法。

自从多媒体计算机标准 MPC-1（Multimedia Personal Computer Level-1）在 1990 年推出以来，用于计算机的只读式 CD-ROM 光盘已经成为新一代软件载体，光盘驱动器（简称光驱）也成为多媒体计算机中不可缺少的配置。

任务 6.1　了解光驱结构与类型

任务提出

光驱的作用是什么？有哪些结构特点？光驱的接口有哪些？光驱分为哪几种类型？

任务实施要求

小组成员对照教材的相关内容，查看各种光驱的结构、形状和接口，了解光驱类型。

任务相关知识

1. 光驱外观结构

（1）光驱的前面板。

光驱的前面板一般有（从左到右）耳机插口、音量调节、紧急出盒孔、指示灯、播放/跳跃键、停止/出盒键和光盘仓，如图 6.1 所示。

① 耳机插口：用来连接耳机或音箱，可以直接输出 CD 立体声音乐。

② 音量调节：用来调整输出的 CD 音乐的音量大小。

③ 紧急出盒孔：用于断电或其他非正常状态下打开光盘托架，可以用一个比较细的铁丝（如曲别针）插入小孔中顶一下，光盘仓就会弹出。

④ 指示灯：用来显示光驱的运行状态，读取光盘时灯不停闪烁。

⑤ 播放/跳跃键：用来直接控制播放音乐 CD 播放或者跳跃到下一曲目。

⑥ 停止/出盒键：用来停止播放或者打开光盘仓。

（2）光驱后部。

STAT 接口光驱后部有电源接口和数据接口，如图 6.2 所示。

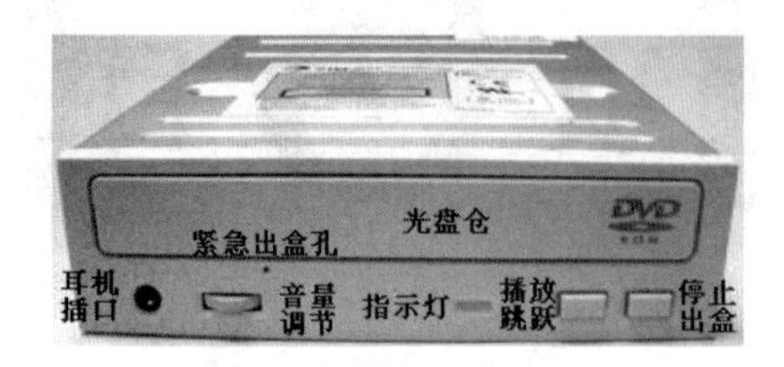

图 6.1 光驱的前面板

图 6.2 光驱后部

① 电源接口：为 15 针接口，输入+5 V 和+12 V 电压。

② 数据接口：为 7 针的 STAT 接口。

2. 接口

目前光驱的接口主要为 SATA 接口和 USB 接口。外置光驱为 USB 接口。

3. 不同类型的光驱

（1）CD-ROM 驱动器。

CD-ROM（Compact Disc Read-Only Memory，只读光盘）可以将音频、图形、图像、文字等作为文件存入。读取 CD-ROM 的设备叫 CD-ROM 驱动器，简称光驱，如图 6.3 所示。

图 6.3 CD-ROM 光驱

（2）DVD-ROM 驱动器。

DVD-ROM（Digital Video Disk ROM）是一种能够存储高质量视频、音频信号和超容量数据的数码视频光盘。DVD-ROM 就是在计算机上读取 DVD 数据和 DVD 音像资料的驱动器，如图 6.4 所示。

DVD-ROM 光盘的存储容量目前最高达到 18 GB，它可以采用双面记录或单面记录，甚至每面也可以有两层的记录层。DVD-5 为单面单层 4.7 GB，DVD-9 为单面双层 8.5 GB，DVD-10 为双面单层 9.4 GB，DVD-18 为双层双面 17 GB。随着蓝光 DVD 的出现，由于激光波长缩短（波长为 405 nm 的蓝紫色激光），存储容量可以达到 50 GB。

（3）刻录机。

刻录机有 CD 刻录机和 DVD 刻录机（见图 6.5）。

图 6.4 DVD-ROM 驱动器

图 6.5 刻录机

刻录盘片分为两大类：一次刻录光盘（CD-R 和 DVD-R）和反复刻录光盘（CD-RW 和 DVD-RW）。

一次刻录光盘只能刻写一次，如 CD-R 刻录后数据格式与 CD-ROM 相同，则可在 CD-ROM 光驱中读出。

反复刻录光盘可重复进行数据擦写操作，采用相变技术来存储信息。通过改变激光强度对记录层进行加热，从而导致从非晶体状态到晶体状态的变迁，非晶状态的反射特性较差，数据通过一系列由非晶体到晶体的变迁来表示。CD-RW 光盘一旦刻录失败可重新刻录。由于反复刻录光盘反射激光的能力较弱，所以在 CD-ROM 光驱中无法读出，只能在刻录机中读出。

任务 6.2　掌握光驱的选购要点

任务提出

如何选购一台称心的光驱？光驱应根据什么要求进行选择？

任务实施要求

小组成员根据前面所学的光驱知识，结合客户要求，提供几个光驱的选型方案，并进行相应的解释，激发客户的购买欲望。

任务相关知识

1. DVD-ROM 驱动器选购

（1）光盘仓。

DVD-ROM 光驱的光盘仓有托盘式和吸盘式。托盘式的光盘仓除支持标准的 12 cm 碟片外，还可支持小碟片；而吸盘式的 DVD-ROM 只能支持 12 cm 的标准碟片。

（2）读取速度。

读取速度就是 DVD-ROM 驱动器的数据传输率。在选购 DVD 光驱时要留意，DVD 光驱的 4 倍速、16 倍速是单指读取 DVD 盘片时的数据传输率（单倍速为 1350 KB/s），而在读取 CD 盘片时，其速度可达到 24 倍以上。一般来说，8 倍速以上的 DVD 光驱已经够用了。

（3）光头技术。

① DVD/CD 双重读取采用双光头的技术来实现，该技术用不同的光头读取不同的盘片，其兼容性比较好，但其成本较高，同时由于需要机械转换，其速度也很慢。

② 其次是东芝的切换双镜头技术，该技术使用 2 个焦距不同的镜片切换，而光头的发射及接收器还是使用同一个设备，成本相对比较高。

③ 单镜头技术为日本先锋采用，该技术用同一个镜头和激光发射器，但利用液晶快门的技术来控制焦距，读取不同的光盘，成本较低，广受好评。

④ 单光头双波长方式是日本松下公司独创的，其制造成本最低，效果也较好。

总的来说，单镜头技术在启动速度和寻道时间上更有优势，其读盘性能也较好。

（4）锁码。

最初制定 DVD 的规范时，美国的消费电子制造商协会 CEMA 和握有最多影像资源的美国电影协会 MPAA 强制要求日本的 DVD 制造厂商加装“防止复制管制系统”，而光盘上则要编注不同的“区域码”加以辨识。

2. 刻录机选购

（1）倍速。

刻录机速度一般是指其刻录速度、擦写速度和读取速度。前两项指标通常是刻录机的主要性能指标，目前 CD-RW 刻录机读取速度多为 48 倍速以上，刻写速度为 16～48 倍速，DVD-RW 刻录机读写速度都为 16 倍速。为了保证刻录的成功率，刻录的速度不能太快。

（2）接口方式。

接口方式主要为 SATA 接口。

（3）缓存容量。

缓存容量是衡量刻录机性能的重要技术指标之一，缓存作为将数据写入光盘时的暂时存储区。如果数据进入缓存的速度低于离开缓存的速度，就会发生欠载运行，导致坏盘，因而缓存容量越大，刻录的成功率就相对越高。刻录机的缓存容量主要在 1～4 MB 之间，最大的有 8 MB，一般 2 MB 的缓存就够用了。

（4）兼容性。

盘片是刻录数据的载体，好的刻录机对各类盘片都有好的兼容性。

3. 刻录盘片选购

（1）观察正面印刷层面。

有一些刻录盘的标签层没有涂上防护漆（或涂得很少），这类刻录盘由于少了一层涂漆的保护，刻录之后的数据保存得不到保障，在刻录的时候也很容易受到磨损，因此不宜选用。

（2）观察内圈涂料层面。

先观察盘片最内圈的涂料是否为均匀成规则的圆形。如果最内圈边缘的涂料已经形成灰黑色，是因空气与盘片上的涂料相互接触而使盘片慢慢变质。

（3）观察整体涂料层面。

刻录盘在反光的情况下，检查整体涂料层面是否有涂漏的地方，如果盘片有涂漏的地方，就很可能产生文件毁损或程序不能进行读取的情况。

（4）观察盘片最外边缘。

这里可以通过用手触摸刻录盘的最外边缘是否平整而进行检查。如果盘片的最外边缘平整，那么在进行刻录或读取数据的时候，盘片的高速旋转不会造成乱摆与晃动的情况；否则，就很容易造成跳盘的现象，而对刻录机或光驱造成损伤。

（5）观察盘片涂料层次。

刻录盘的好坏还在于涂料的层次。将光线从盘片的背面照射，层次越多、光圈越分明的盘片越好。

（6）根据用途选用不同颜色盘片。

① WATER BLUE（湖水蓝色）：用最新的防 Data Lost（数据丢失）技术，大大减少 Buffer Under Run（欠载运行）的情况，拥有超强的稳定性。最佳烧录格式为数据（Data）。

② OMEGA BLACK（黑色）：纯黑的材质，能防止光线损坏当中的有机染料，大大延长 CD-R 的寿命，保存时间更长。最佳烧录格式为游戏（GAMES、DATA、MP3 和 PS2）。

③ PURPLE（紫色）：能防止光线损坏当中的有机染料，大大延长 CD-R 的寿命，保存时间更长。最佳烧录格式为游戏（GAMES、DATA 和 PS2）。

④ APPLE GREEN（苹果绿色）：当中的有机染料对微弱信号极为敏感，能令烧录的音乐音域表露无遗，可以说是特别为数码音乐而设的。最佳烧录格式为歌曲。

⑤ meteLATE RED（金属红色）、COPPER MINE（矿黄色）和 ORANGE（橙色）：能令激光完全穿过，使 CD-R 接收信号完美无瑕。最佳烧录格式为音乐（MUSIC、CD、DATA）。

⑥ DIAMOND（纯银色）：其烧录面颜色与普通 VCD 无异，当中的“串音频率”特别低，可令文件读取时的条线或马赛克的出现概率减至最低。最佳烧录格式为视频文件（VCD、MPEG 和 FILE）。

注意：DVD-R 和 DVD+R 的区别如下。DVD-R 使用低频（140.6 kHz）的摆动沟槽时间，寻址时依靠凸轨处预刻的寻址信息坑。此种寻址方式的信号辨识度较差，当倍速较高时，会出现寻址不易的情况，所以 DVD-R 高倍速刻录会相对较难。DVD+R 使用高频（817.4 kHz）摆动沟槽时间，寻址时利用在预刻凹轨处和摆动沟槽的相位调变来达成，此方式信号辨别率比 DVD-R 要好，且母盘制造过程比 DVD-R 容易，易高倍速刻录等。

习　题　6

一、填空题

1．刻录盘片可分为________、________、________和________4 种。

2．光驱的接口主要有两种：________和________。

3．光驱可分为三大类：________、________和________。

4．DVD 光盘按记录方式，容量可分为 4 种：________、________、________和________。

5．52 倍数的光驱，其数据传输率为________KB/s。

二、选择题

1．目前光驱最为常用的接口是________。

A．SATA 接口　　B．IDE 接口　　C．PCI 接口　　D．SCSI 接口

2．可以反复擦写和读出的光盘是________光盘。

A．CD-ROM　　B．CD-R　　C．DVD-ROM　　D．CD-RW

3．一次性写入的光盘是________光盘。

A．CD-ROM　　B．CD-R　　C．DVD-ROM　　D．CD-RW

4．采用光电技术存储信息的外部设备是________。

A．硬盘　　B．U 盘　　C．光驱　　D．光盘

三、判断题（正确的在括号中打“√”，错误的打“×”）

1．CD-R 和 CD-RW 刻录盘都可以反复刻录。（　）

2．双面双层的 DVD 光盘的存储空间为 17 GB。（　）

3．DVD 光驱不能读取 CD-ROM 光盘。（　）

4．CD-R 光盘上的信息可由 CD-ROM 光驱读出。（　）

5．光驱属于多媒体设备。（　）

6．CD-RW 刻录盘刻录后，可在 CD-ROM 光驱中读出。（　）

四、简答题

1．光驱有哪些性能指标？

2．光驱有哪些接口？

3．光驱有哪些类型？

4．刻录盘有哪些类型？

实践 6　光 驱 导 购

目的：掌握光驱知识和导购要求。

步骤：

（1）观察各种光驱的形状和特点；

（2）观察光驱各部分的组成；

（3）认识只读光盘和刻录盘；

（4）根据用户的要求，选购相匹配的光驱。

项目7

彩色显示器与显卡选购

项目分析

本项目是通过一些彩色显示器（简称显示器）和显示接口卡（简称显卡）实物让计算机销售工程师了解显示器和显卡的类型和外观，以及采用了什么样的接口；了解显示器面板上有什么样的按钮，如何调节显示器，掌握显示器的选购方法；了解显卡的 GPU、显存，掌握显卡的选购方法。

任务 7.1　了解显示器的类型、结构和接口

任务提出

显示器有哪些类型？外观结构有什么特点？显示器的接口有哪些？

任务实施要求

小组成员对照教材的相关内容，查看各种显示器的结构和接口。

任务相关知识

1. 彩色显示器类型

（1）液晶显示器（Liquid Crystal Display，LCD）。

液晶显示器具有工作电压低、功耗小、无闪烁、无失真、眼不易疲劳、轻薄和抗干扰能力好等特点。

液晶器件是液晶显示器的显示屏幕，目前主要用的是 TFT LCD（薄膜晶体管液晶显示器）。液晶板由前偏光板、前玻璃基板、彩色滤光片、液晶、后玻璃基板、后偏光板和背光板等组成。液晶是一种介于固体与液体之间的具有规则性分子排列的细长棒形有机化合物，液晶既具有固体的旋光性（即可以改变光的偏振方向），又具有液体的流动性。当两片玻璃（内侧涂有透明的导电涂层电极）之间加上不同电压时，液晶分子会部分竖直排列，失去部分旋光性，产生透光度的差别，从而形成一个像素点，众多的液晶分子形成的亮暗

点就形成了图像，如图 7.1 所示。

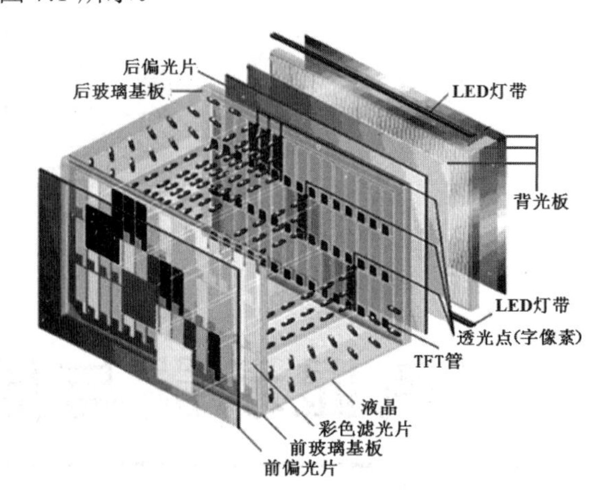

图 7.1　液晶成像原理示意图

（2）LED 显示器。

LED 显示器是采用无数个高亮度的发光二极管组合成的大屏幕显示屏，如图 7.2 所示。

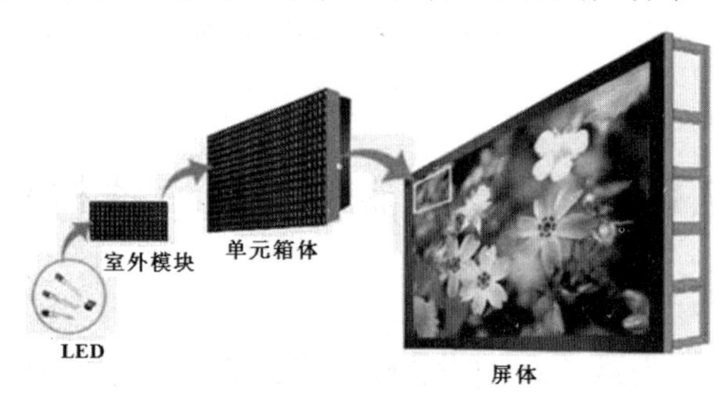

图 7.2　LED 显示器

（3）有机电致发光显示器（Organic LED，OLED）。

利用有机电致发光二极管 OLED 制成的显示屏，具备自发光、对比度高、厚度薄、视角广、反应速度快、可挠曲等特点。有机电致发光显示屏由玻璃基板、阳极（透明）、三基色有机发光体、阴极等组成，如图 7.3 所示。

当有电荷通过时，这些有机材料就会发光，OLED 发光的颜色由有机发光体的材料决定。在同一片 OLED 上放置几种有机薄膜，这样就能构成彩色显示器，如图 7.4 所示。

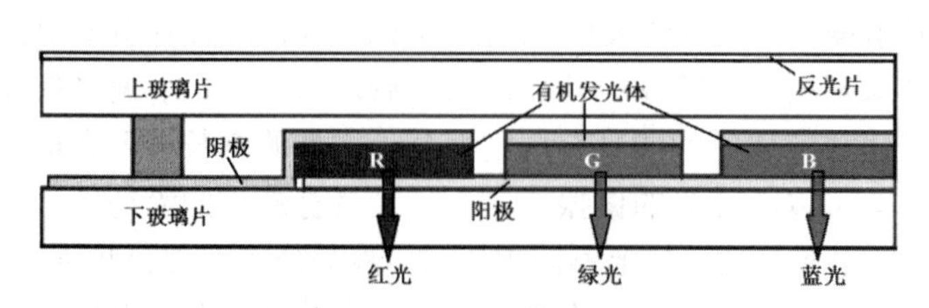

图7.3　OLED显示器结构示意图

图7.4　OELD显示器

2. 彩色显示器的接口

彩色显示器的接口分为 DVI（Digital Visual Interface）数字视频接口（见图 7.5、图 7.6）、高清晰度多媒体 HDMI 接口（见图 7.7）以及 DP 接口（见图 7.8）。DVI 数字接口可以有效地减少信号的损耗和干扰。DVI-D 是数字专用接口，连接时要求计算机也必须具有支持 DVI-D 的输出接口，而 DVI-I 则同时支持数字和模拟两种输出接口。

图 7.5　双连接 DVI-D 接口

图 7.6　双连接 DVI-I 接口

图 7.7　HDMI 接口

图 7.8　DP 接口

HDMI（High Definition Multimedia Interface）是高清晰多媒体接口，支持同时传输高清视频和音频信号。DP（DisplayPort）是高清数字接口，支持视频+音频的传输，其抗干扰能力更强，支持传输的带宽更大，DP 的分辨率要比 HDMI 高得多，刷新频率也更高，所以其画质是最好的。HDMI 真正支持 4K 分辨率。

任务 7.2　掌握显示器的参数和选购方法

任务提出

显示器有哪些主要技术指标？如何选购显示器？

任务实施要求

小组成员对照教材的相关内容，了解显示器的主要参数，掌握显示器的控制调节方法和选购方法。

任务相关知识

1．显示器的屏幕尺寸

显示器的屏幕尺寸是指屏幕对角线的尺寸，单位为英寸（in），如 19 in 宽屏（16∶9）。

2．点距

显示器上的文本或图像是由点组成的，屏幕上的点越密，则分辨率越高。屏幕上相邻两个同色点的距离称为点距，如图 7.9 所示。

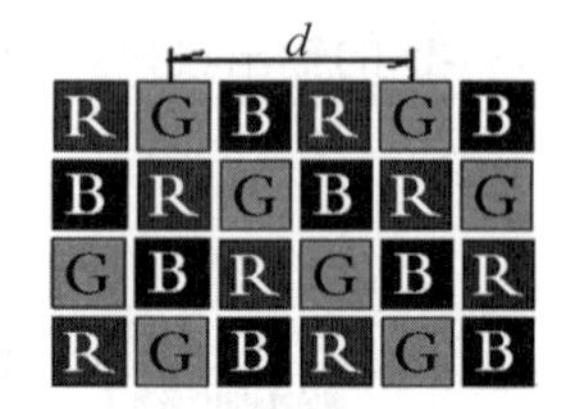

图 7.9 点距

3．分辨率

分辨率是指屏幕上像素的数目，一般用“横向点数×纵向点数”来表示。例如，一台高清显示器的横向点数为 1920 个，纵向点数为 1080 个。

液晶显示器有一个最佳分辨率，在最佳分辨率下汉字横竖笔画刚好占一个液晶点。

4．屏幕刷新频率（刷新率）

屏幕刷新率是指每秒钟更新画面的帧数，刷新率就是帧频。刷新率低，屏幕就有闪烁感，眼睛容易疲劳。因此，70 Hz 的刷新率是显示器的最低要求，一般能达到 75 Hz 就足够了。

5．视频信号的带宽

视频带宽指的是显示卡输出视频的频谱宽度。显示模式越高，所要求的带宽越宽，因此，带宽=水平分辨率×垂直分辨率×帧频×（1.2～1.5），单位为兆赫兹（MHz）。例如，设置分辨率为 1024×768、刷新频率为 85 Hz 的显示模式，其视频信号带宽就是 1024×768×85×1.4 =93.6 MHz。

6．接口类型

采用数字接口可以有效地减少信号的损耗和干扰。选购时，最好选择带有 DP 接口的显卡和液晶显示器。市场常见的显示器接口类型清晰度排名：DP>HDMI>DVI>VGA。

7．点缺陷

液晶显示器的点缺陷分为亮点和暗点 2 种。亮点是指在黑屏的情况下呈现的 R（红）、G（绿）、B（蓝）色点，暗点是指在白屏的情况下出现的非单纯的 R、G、B 色点。

选购时最好用测试软件对液晶显示器的白屏、黑屏和红绿蓝纯色屏进行检查。

8．响应时间

液晶显示器的响应时间是指液晶从暗到亮（上升时间）、再从亮到暗（下降时间）的整个变化周期的时间总和，响应时间使用毫秒（ms）来表示。液晶显示器的响应时间应在 5 ms 以下。

9. 背光源

液晶显示器的背光源有荧光灯和LED两种，LED比较节能。

任务7.3 了解显卡的类型

任务提出

显卡有哪些类型？显卡的接口有哪些？用了什么样的GPU？

任务实施要求

小组成员对照教材的相关内容，查看各种显卡的类型，观察GPU和显存大小。

任务相关知识

显卡的作用是对图形函数进行处理。例如画圆，CPU只需要告诉它“在哪儿给我画个多大的圈”，剩下的工作由显卡进行，这样CPU就可以执行其他任务，提高计算机的整体性能。

1. 集成显卡

集成显卡提供最低端的视频功能。在主板上或CPU中集成GPU，投资较小。但它占用系统内存，使CPU可用的物理内存减少；另外，在与系统内存的交互过程中，它会占用总线周期；再则与系统内存的交互过程需要CPU来协调，占用CPU周期。以上问题会使系统性能大幅度下降。

2. 独立显卡

独立显卡分为入门级、中端级和高端级。价格从几百到七八千元不等，最贵的是用于游戏开发、广告设计等的专业显卡，价格达上万元。

（1）入门级独立显卡。

该显卡为低端独立显卡，常用于播放DVD或高清视频，如GTX 650，其位宽为128 bit，显存为1GB GDDR5，接口类型为PCI Express 3.0，功耗为64 W。

（2）中端独立显卡。

该显卡可以应付一般的游戏，将视频设置在中等水平，如Radeon HD 7990为两颗Tahiti XT显示芯片，制造工艺为28 nm，管子数量为86亿个，核心频率为1000 MHz，核心位宽为256 bit，采用PCI Express 3.0 ×16接口，显存频率为5500 MHz，显存容量为6 GB GDDR5，显存位宽为768 bit，显示输出接口为双Mini DP接口/HDMI接口/双DVI接口，最大分辨率为2560×1600，功耗为550 W。

（3）高端独立显卡。

该显卡适用于发烧友与超级玩家，有强大的性能和较高耗电量。如RTX 3090（见图7.10）的GPU为GA102-300-A1，芯片面积为628 mm^2，制作工艺为8 nm，280亿个晶体管，位宽为384 bit，频率为1395 MHz，显存为24 GB GDDR6X，显存频率为19 500 MHz，显存带宽为936 GB/s，接口类型为PCI Express 4.0 ×16，I/O接口1×HDMI接口，3×DP接口，最多支持4屏输出，最大分辨率为7680×4320，电源接口为8Pin+8Pin，功耗为350 W。

图7.10　RTX 3090显卡的外观（左）及内部结构（右）

任务7.4　掌握显卡的参数和选购方法

任务提出

显卡有哪些主要技术指标？如何选购显卡？

任务实施要求

小组成员对照教材的相关内容，了解显卡的主要参数，掌握显卡的选购方法。

任务相关知识

1. 最大分辨率

显卡的最大分辨率代表了显卡所能达到的最多像素点数目，选用时应大于显示器的最高分辨率。若显卡的最高分辨率为1920×1080像素，但显示器的最大分辨率仅为1280×720像素，则显示模式只能达到1280×720像素。

2. 颜色数

颜色数是指一个像素点能够显示的最多颜色数，一般以多少或多少位来表示，16 bit即2^{16}=65536种颜色，32 bit为2^{32}≈42.9亿种颜色。在显存不变的条件下，分辨率与颜色数之间成反比关系。

3. 显示内存

显示内存的主要功能是将显示芯片处理的信息暂时存储在显示内存中，然后再将显示信息映像到显示屏幕上，显卡欲达到的分辨率越高，屏幕上显示的像素点就越多，色彩就越丰富，颜色数就越多，所需的显存也就越多。例如，分辨率为1920×1080的像素，颜色数为32 bit色，在不考虑其他因素的前提下，则显存至少为1920×1080×32×3/8=25 MB。所以大容量显存有助于提高分辨率和颜色数，不同用户和操作系统对显存容量的要求是不一样的。另外，高速显存有助于提高刷新率，原则上显存应越大、越快越好。

显存随着 3D 加速卡的演进而不断地更新。目前，显卡上的显存已达到 24 GB，还使用了 GDDR6 显存。

4. 显存位宽

显存位宽即显存在一个时钟周期内所能传送的数据位数，位数越大则瞬间所能传输的数据量越大。目前显存位宽已达到 1024 bit。

5. 刷新率

刷新率是指图像每秒钟在屏幕上出现的帧数，单位是赫兹（Hz）。此值越高，图像的闪烁感就越小。显卡的刷新率应大于或等于显示器的刷新率，应能达到 75 Hz 以上。

6. 用途

（1）商业应用。

主要是国家机关、办公室使用，如 Word、Excel 以及财务软件等文字处理和上网等。因此，集成显卡或购买入门级的显卡就能满足需求。

（2）家用多媒体型。

这类计算机应用广泛，要兼顾多方面的性能，包括 3D 游戏、DVD 回放以及日常应用。此类显卡通常要求综合性能较好，所以选用入门级或中端显卡比较合适。

（3）游戏应用。

随着 3D 游戏的发展，游戏发烧级用户对显卡的要求也很高，所以应选用中端显卡。

（4）作图应用。

这类用户经常进行 CAD 设计、3D 动画应用以及视频编辑等工作，选用的显卡性能要求苛刻，因此此类用户应该考虑专业显卡或高端显卡。

显卡使用时一定要用自己的驱动程序来驱动。

习　题　7

一、填空题

1．VGA 最低的显示模式是________。

2．点距是指________。

3．传输数字信号的显示器 I/O 接口有________、________、________。

4．DVI-D 接口的特点是________。

5．DVI-I 接口的特点是________。

6．彩色显示器的主要参数包括________、________、________和________等。

7．显卡分为________和________两大类。

8．液晶显示器的背光分为________和________两种。

二、选择题

1. 显示器中 LCD 是指________。
   A. 阴极射线管显示器　　B. 液晶显示器
   C. 发光二极管显示器　　D. 等离子显示器
2. 显示器的分辨率是________好。
   A. 越高越　　B. 越低越
   C. 中等为　　D. 一般为
3. ________是显示器的一项重要技术指标。
   A. 对比度　　B. 分辨率
   C. 亮度　　D. 尺寸
4. 显示器的像素点距如 A、B、C、D 所示的规格，最好的是________mm。
   A. 0.39　　B. 0.33
   C. 0.31　　D. 0.28
5. 1024×768 指的是显示器的________。
   A. 刷新率　　B. 点距
   C. 色彩　　D. 分辨率
6. 19 in 显示器的具体规格为________。
   A. 屏幕长 19 in　　B. 对角线长 19 in
   C. 屏幕宽 19 in　　D. 屏幕周长 19 in
7. 相同尺寸的显示器，________点距的分辨率较高，显示图形较清晰。
   A. 0.24 mm　　B. 0.25 mm
   C. 0.27 mm　　D. 0.28 mm
8. 32 位的彩色深度是指同屏幕的最大颜色数为________。
   A. 65536　　B. 256K
   C. 16M　　D. 4G
9. 以下与显卡性能无关的是________。
   A. 接口带宽　　B. 分辨率
   C. 刷新率　　D. 采样频率
10. 采用________接口的显示卡处理速度最快。
    A. ISA　　B. PCI E
    C. PCI　　D. AGP

三、判断题（正确的在括号中打“√”，错误的打“×”）

1. 点距为 0.28 mm 的显示器性能比点距为 0.31 mm 的显示器性能差。　（　　）
2. 显示器分为 CRT 和 LCD 两大类。　（　　）
3. LCD 的分辨率与像素数严格对应，只有设置最高分辨率才能显示最佳图像。　（　　）

4. 液晶显示器属于一种被动式发光显示器件，不适于在强光照射下使用。（　）
5. 液晶显示器对于快速变化和移动的图像，有可能产生图像拖尾现象。（　）
6. 显示器工作时的分辨率与显卡的显存大小有关。（　）
7. 显示效果主要是由显卡的性能决定的。（　）
8. 对于显示器而言，如果帧频设置变低，画面就会有闪烁感。（　）

四、简答题

1. 为什么 LCD 显示器会出现坏点？
2. 显卡有哪些性能指标？
3. 某显示器看上去有闪烁感，时间稍长眼睛就很疲劳，这是什么原因？
4. 为什么有的计算机只能显示 16 色？
5. 简述显卡的分类。
6. 简述选购显示器时应考虑的因素。

实践 7　显示器和显卡导购

目的：掌握显示器和显卡的知识和导购要求。

步骤：

（1）观察各种显示器的形状和特点；
（2）观察显示器各部分的组成；
（3）根据用户的要求，选购相匹配的显示器；
（4）观察各种显卡的形状和特点；
（5）观察显卡各部分的组成；
（6）根据用户的要求，选购相匹配的显卡。

项 8 目

其他部件选购

项目分析

本项目是通过计算机的机箱、电源、键盘、鼠标、扫描仪和打印机等实物，让计算机销售工程师了解它们的类型和外观，掌握它们的选购方法。

任务 8.1　机 箱 选 购

任务提出

机箱有哪些类型？外观结构有什么特点？如何选购机箱？

任务实施要求

小组成员对照教材的相关内容，查看各种机箱的结构，掌握机箱的选购方法。

任务相关知识

1. 机箱简介

目前民用计算机都采用 ATX 机箱，支持 Micro ATX 主板。商用计算机为了减小体积，会采用小机箱或微型机箱。机架式服务器采用机架式机箱。机箱越小，散热效果越差。

目前多采用立式机箱，因其散热效果好。从尺寸上划分，机箱可分为超薄、半高、3/4 高和全高 4 种，不同点主要在于 5.25 in 驱动器架的数量。机箱外观如图 8.1 所示。

图 8.1　机箱

2. 选购注意事项

机箱的质量也是评定一台计算机好坏的标准之一，如果机箱本身的质量很差，会导致许多意想不到的事情发生。

① 机箱的品牌。一般知名品牌的机箱质量都较好，铁皮比较厚、重量重。

② 根据安装的东西选半高、3/4 高、全高机箱。

③ 箱体应有一定强度，不会变形，没有毛边、锐口、毛刺等现象。

④ 机箱前面板上还应有 Reset 键、USB 插口和声卡插口。

⑤ 至少应有两个硬盘安装位，满足日后升级需要。

任务 8.2　电 源 选 购

任务提出

电源外观结构有什么特点？如何选购电源？

任务实施要求

小组成员对照教材的相关内容，查看各种电源的结构，掌握电源的选购方法。

任务相关知识

1. 计算机电源

计算机电源采用开关电源，开关电源的特点是效率高、功率大和体积小。电源的好坏直接影响计算机能否正常工作。

Intel 公司于 1997 年 2 月推出 ATX 2.01 标准。与 AT 电源相比，ATX 电源增加了+3.3 V 和+5 V Stand BY 输出和一个 PS-ON 信号，+3.3 V 电压向 CPU 供电。+5 V Stand BY 也称为辅助+5 V，只要插上 220 V 交流电，辅助电源就输出电压+5 V。PS-ON 信号是主板向电源提供的电平信号，低电平时电源启动，高电平时电源关机。利用+5 V Stand BY 和 PS-ON 信号可以实现软件开关计算机、键盘开机和网络唤醒等功能。有些 ATX 电源上还加了一个开关，用该开关可切断交流电源输入，实现彻底关机。ATX 电源及插头如图 8.2 所示。接主板的插头为 24 针，另外还有 4 针、6 针、8 针插头，用于 CPU、主板和显卡电源增强，如图 8.3 所示。

图 8.2　ATX 电源及插头

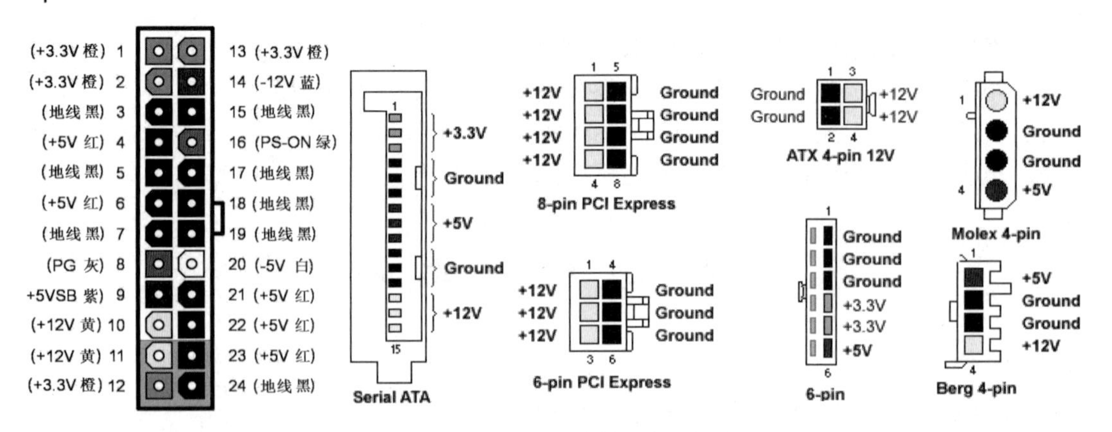

图 8.3　ATX 电源的输出电源插头

2. 电源的技术指标

（1）输出电压的稳定性。

若输出电压太低，计算机将无法工作；若输出电压太高，则会烧坏计算机硬件。

（2）输出电压的纹波。

纹波是指输出直流中的交流分量，滤波品质下降等都会加大纹波，纹波应越小越好。

（3）电压保持时间。

突然停电时，经过 2～10 ms 后备式的 UPS 才会自动供电，此时电源靠电容中存储的电量维持 12～18 ms 的供电，以确保 UPS 切换期间的正常供电。

（4）Power Good 信号。

Power Good 信号简称为 PG 信号，也称为电源准备好信号。只有该信号正常，主机才能开始工作。电源接通后，各路直流输出电压已达到最低检测电平（输出为 4.75 V），而 PG 信号电压为 0 V；经过 100～500 ms 的延时，PG 电压变为 5 V，并发出“电源正常”的信号。

（5）电源功率。

电源功率的大小可从型号中看出，也可以从电源标签显示的输出电压和电流计算得知。

3. 选购注意

（1）功率。

一般台式计算机主机的功率如表 8.1 所示。

表 8.1　主机功率

部　件	主　板	CPU	光　驱	硬　盘	内　存	显　卡	多媒体	合　计
使用电压/V	3.3、5、12	3.3、5	5、12	5、12	3.3、5	5、12	5、12	
消耗功率/W	20～40	40～100	15～20	20～35	5～10	30～100	10～20	140～325

由于需要扩充设备，电源的功率不能太小，一般选用大于 300 W 的电源。

（2）电源重量。

电源无论使用何种线路来设计，它的重量都不可能太轻。瓦数越大，重量应该越重。

尤其是一些通过安全标准的电源，会额外增加一些电路零件，以增强其安全性和稳定性。另外，电源外壳钢材越厚，重量也越重。

（3）散热孔和风扇电源。

电源外壳上面都有散热孔，原则上电源的散热孔面积越大越好，但是要注意散热孔的位置，位置放对才能使电源内部的热气及早排出。另外，要选用转速平稳、无噪声的风扇电源。

（4）质量安全认证。

优质的电源具有 3C、CCEE（中国电工产品安全认证委员会）等认证标志。

（5）启动电源。

当电源接上 220 V 电压后，用导线短接插头上的 PS-ON 与地线，此时电源应能正常工作，风扇也能正常运转。

任务 8.3　键盘、鼠标和摄像头选购

任务提出

键盘、鼠标和摄像头有哪些类型？外观结构有什么特点？如何选购键盘、鼠标和摄像头？

任务实施要求

小组成员对照教材的相关内容，查看各种键盘、鼠标和摄像头的结构，掌握键盘、鼠标和摄像头的选购方法。

任务相关知识

键盘、鼠标和摄像头是计算机中最常用的输入设备，键盘的功能是把文字信息和控制信息输入到计算机中，其中文字信息的输入是其最重要的功能；鼠标可在图形界面下进行光标的快速定位，摄像头可以摄制图片和影像，并保存在计算机中。

1．键盘

（1）键盘分类。

① 按外形划分，键盘可分成标准键盘和人体工学键盘。人体工学键盘是将左手键区和右手键区分开，并形成一定的角度，使操作者不必转动手腕，保持一个比较自然的姿态，并增加了托手，解决了长时间悬腕或塌腕的劳累，如图 8.4 所示。

② 按开关划分，键盘可分为有触点式和无触点式两大类。有触点式键盘开关是按下键后触点接触而接通信号，松开键后触点脱离接触而切断信号。有触点式键盘开关主要有机械触点式、干簧式、薄膜式和导电橡胶式等。无触点式键盘开关是利用按键动作改变某些参数或利用某种效应来实现电路的通断切换。无触点式键盘开关主要有电容式键盘开关和霍尔式键盘开关。

③ 按按键的个数划分，键盘可分为标准键盘和多功能键盘。标准键盘的键数为 101 键，多于 101 键的键盘是多了一些特殊功能的键。例如，104 键多了 Windows 键，107 键在 104 键基础上又多了开关机键、休眠键和唤醒键。

④ 按连接方式划分，键盘可分为有线键盘和无线键盘。有线键盘的接口分为 PS/2 接口和 USB 接口。

（2）键盘选购。

① 选择键盘的类型。电容式键盘的特点是敲击键盘用力较小，击键声音较小，手感较好，键盘的寿命较长。所以，一般建议选择电容式键盘。

② 验看键盘的品质。购买键盘时，要看键盘外露部件加工是否精细，表面是否美观。

③ 注意键盘的手感。好的静音键盘在按下弹起的过程中应该是接近无声的。所以，买键盘时要试一下手感。

④ 考虑键位的布局。不同厂家的键盘，按键的布局不完全相同。购买时一定要注意选购符合自己习惯的键盘。

⑤ 接口的类型。PS/2 接口的键盘在 DOS 下可以使用，但 USB 接口的键盘在 DOS 下不能使用。

2. 鼠标

（1）鼠标分类。

目前多为光电鼠标，光电鼠标通过发光二极管（LED）和光敏管协作来测量鼠标的位移。

① 按按键数目分类，鼠标可分为两键鼠标、三键鼠标、3D 鼠标和 4D 鼠标。两键和三键鼠标又叫 MS Mouse，是由 Microsoft 公司设计的鼠标。3D 鼠标在两键鼠标的基础上增加了一个滚轮和滚轮按键，便于上下翻页浏览。4D 鼠标即具有上下和水平两个方向的滚轮和若干侧向按键，如图 8.5 所示。

图 8.4　人体工学键盘

图 8.5　4D 鼠标

② 按连接方式分类，鼠标可分为无线鼠标和有线鼠标。无线鼠标可通过红外线或无线电波来传递位移信息。有线鼠标与计算机连接的接口一般为 PS/2 接口和 USB 接口。PS/2 接在 ATX 主板提供的一个标准 PS/2 鼠标接口上，USB 接在主机或笔记本的 USB 接口上。

（2）鼠标选购。

① 鼠标的大小一定要适合自己的手。买之前一定记得先去实体店体验一下，试试到底适合不适合自己。

② 听鼠标的声音。单击鼠标时，鼠标发出的声音要小并且清脆、无拖音。

③ 注意鼠标样式。两侧带明显凹槽、“脊背”过凸及整体特别小的鼠标都不宜购买。

3. 摄像头

（1）摄像头分类。

摄像头是计算机中的视频捕捉设备，通过视频通信软件，可与对方进行视频通信。

摄像头由镜头（塑胶透镜、玻璃透镜）、图像传感器（CCD、CMOS）和 DSP 芯片组成。

（2）摄像头选购。

① 镜头。镜头由若干个透镜组成。透镜多，成像效果好，另外玻璃透镜成像效果更好。

② 图像传感器。图像传感器有两种：一种是 CCD（Charge Coupled Device，电荷耦合器），成像效果较好，但是价格较贵；另一种是 CMOS（Complementary Metal Oxide Semiconductor，互补金属氧化物半导体），它价格低、功耗小。目前图像传感器的尺寸多为 1/3 in 或者 1/4 in，在相同的分辨率下，选择元件尺寸较大的为宜。

③ 主控芯片。在主控芯片的选择上，需要根据摄像头成本来进行确定。

④ 彩色深度（色彩位数）。彩色深度反映对色彩的识别能力和成像的色彩表现能力，常用色彩位数（bit）表示。彩色深度越高，获得的影像色彩就越艳丽动人。

⑤ 输出接口。最常用的输出接口是 USB 接口。

⑥ 视频捕获速度。视频捕获能力是用户最为关心的功能之一，要求视频捕获速度要快。

任务 8.4　扫描仪选购

任务提出

扫描仪的工作原理是什么？如何选购扫描仪？

任务实施要求

小组成员对照教材的相关内容，查看扫描仪的结构，掌握扫描仪的使用和选购方法。

任务相关知识

扫描仪也是除键盘和鼠标之外被广泛应用的计算机输入设备，如图 8.6 所示。利用扫描仪配合 OCR 软件可以输入报纸或书籍的内容，免除键盘输入汉字的辛苦；也可以输入照片建立自己的电子影集；还可以扫描手写信函再用微信发出去，使朋友们能够看到你的笔墨。

1. 扫描仪的工作过程

① 首先将欲扫描的原稿正面朝下铺在扫描仪的玻璃板上。

② 启动扫描仪应用程序，装在扫描仪内部的可移动光源开始扫描原稿。为了均匀照亮稿件，扫描仪光源为长条形，并沿 Y 轴方向（即扫描仪较长的那条边所在方向）扫过原稿。

③ 照射到原稿上的光线经反射后穿过一个很窄的缝隙，形成沿 X 轴方向（一般是扫描

仪较短边所在的方向）的光带，又经过一组反光镜，由一组光学透镜聚焦并进入分光镜，经过棱镜和红绿蓝三色滤色镜得到的RGB三条彩色光带分别照到各自的CCD上，CCD将RGB光带转变为模拟电子信号，此信号又被A/D转换器转变为数字电子信号，再通过USB接口送至计算机。扫描仪每扫一行就得到原稿*X*轴方向一行的图像信息，随着沿*Y*轴方向的移动，在计算机内部逐步形成原稿的全图，其工作原理如图8.7所示。

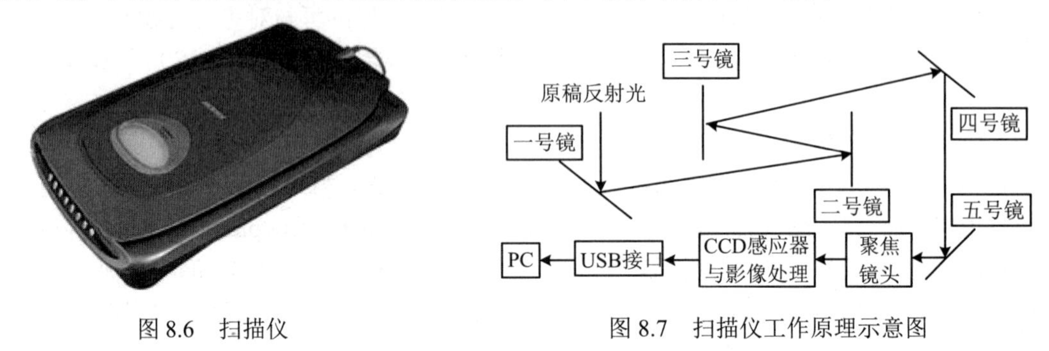

图8.6　扫描仪　　　　图8.7　扫描仪工作原理示意图

2. 选购指南

① 分辨率。分辨率反映扫描仪扫描图像的清晰度。分辨率分光学分辨率和插值分辨率。插值分辨率等于其光学部件的分辨率加上其自身通过硬件及软件进行处理分析所得到的分辨率。

光学分辨率是指CCD的物理分辨率，它的数值是由光电元件所能捕捉的像素点除以扫描仪水平最大可扫尺寸得到的数值，单位为dpi（每英寸的点数）。一般的家庭或办公用户建议选择600×1200 dpi和1200×2400 dpi的扫描仪。

用途不同，对分辨率的要求也不同。放在网页上的图片只需150 dpi；如果要处理的是文字和照片，那至少要有300 dpi的分辨率，细腻图像则最少要有600 dpi。

② 色彩位数。色彩位数通常用每个像素点上颜色的数据位数（bit）表示。色彩的位数越高，色彩数越多，扫描图像就越形象逼真。常见的扫描仪色彩位数有36 bit、42 bit和48 bit，36 bit是保证扫描仪实现色彩校正、准确还原色彩的基础。

③ 扫描幅面。常见的扫描仪幅面有A4、A4加长、A3、A1和A0。大幅面扫描仪的价位比较高，对于一般的家庭及办公用户可以选择A4或A4加长的扫描仪。

任务8.5　打印机选购

任务提出

打印机有哪些类型？外观结构有什么特点？如何选购打印机？

任务实施要求

小组成员对照教材的相关内容，查看打印机的结构，掌握打印机的选购方法。

任务相关知识

打印机是计算机系统的主要输出设备，能将计算机输出的信息以单色和彩色的字符、汉字、表格和图像等形式印刷在纸上。目前的打印机可分为击打式和非击打式两种。针式打印机是利用打印钢针撞击色带和纸来打印出点阵组成的字符和图形，属于击打式打印机；非击打式打印机是利用各种物理和化学方式印刷字符和图形。

1．针式打印机

针式打印机的优点是结构简单、价格低廉且维护费用低，它既可打印较宽的幅面，还可以打印多份复件，针式打印机如图 8.8 所示。针式打印机的票据打印、存折打印等功能及灵活的进纸方式使其在金融、保险、交通和邮电等行业中得到广泛应用。

图 8.8　针式打印机

针式打印机分辨率一般为 180 dpi，其打印速度最快也不超过 500 B/s，打印时噪声较大。

针式打印机选购时需注意以下几点。

（1）速度。

普通的 24 针针式打印机在中文下速度为 120～180 字/s。还有一种高速针式打印机，在中文高速情况下速度能够达到 200～400 字/s，适合大批量报表打印。

（2）复写能力。

复写能力是指针式打印机能够在复写式打印纸上最多打出“几联”内容的能力。例如，若复写能力标识为 1+3，则表示打印机能够用复写式打印纸最多同时打出“4 联”。

（3）耗材。

色带价格较为便宜，真正影响较大的是针头的使用成本。断针和针被磨短是较为常见的故障，更换一根断针需要花费几十块钱，因此在选购时应该关注针头的使用寿命。针头的使用寿命一般用打印次数判定，目前针式打印机的打印次数一般达到两三亿次。

2．喷墨打印机

图 8.9　喷墨打印机

喷墨打印机是非击打式打印机，它是通过向打印纸的相应位置喷射墨点实现图像和文字的输出，如图 8.9 所示。

喷墨方式又可分为气泡式和压电式。气泡式是通过加热喷嘴，使墨水产生气泡，喷到打印纸上。但是墨水在高温下易发生化学变化，性质不稳定，所以打出的色彩真实性就会受到影响。另外，墨水是通过气泡喷出的，墨水微粒的方向性和体积大小不好控制，打印的线条边缘会参差不齐，影响打印质量。压电式是利用晶体加交流电压时的变形和振荡特性，在常温状态下稳定地将墨水加压喷出。它对墨滴容易控制，实现分辨率为 1440 dpi 的高精度打印，且压电喷墨时无须加热，大大降低了对墨水的要求。

喷墨打印机选购时需注意以下几点。

（1）打印效果。

打印效果是打印机最基本也是最重要的指标之一。打印彩色照片与打印彩色图案时，对彩色的分配是完全不同的，打印彩色照片的要求更高。

（2）打印速度。

打印机的打印速度与许多因素有关，用户最为关心的是每分钟打印的页数。

（3）可靠性和负荷量的要求。

衡量打印机可靠性的技术指标就是打印负荷，这个指标以月为衡量单位，如果某台打印机的打印负荷达到每月 2000 张，那它就比打印负荷为每月仅 800 张的打印机可靠性要高。

（4）色彩数目。

更多的彩色墨盒数就意味着更丰富的色彩。比传统的三色多出了黑、淡蓝和淡红的六色打印机有更细致入微的颜色表现力。

（5）整机价格及打印成本。

打印成本主要包括墨盒与打印纸的价格。黑色墨盒的价格更低。另外，多数打印机在普通纸上打印黑白文本有着不错的效果，但要打印色彩丰富的图像就需要专业纸。

（6）打印分辨率。

打印分辨率是衡量打印质量最重要的标准，分辨率越高，图像精度就越高。家庭用户尽量选择图片打印分辨率达 720 dpi 的产品。

3．激光打印机

激光打印机是非击打式打印机，如图 8.10 所示。激光打印机的速度快，文字分辨率高，打印的文字及图像非常清楚。新型激光打印机还带有网络功能，在办公室可实现打印机共享。

激光打印机由激光扫描系统、电子照相系统和控制系统三大部分组成。

图 8.10　激光打印机

激光扫描系统包括激光器、偏转调制器、扫描器和光路系统。它的作用是利用激光束的扫描在感光鼓上形成静电潜影。电子照相系统由感光鼓、高压发生器、显影定影装置和输纸器组成。其作用是将感光鼓上的静电潜影变成纸上可见的输出。激光打印机的印刷原理类似于静电复印，但静电复印是对原稿进行可见光扫描形成潜影，而激光打印机是用计算机输出的信息进行调制后的激光束扫描形成潜影。激光打印机是利用电子成像技术进行打印的，当调制激光束在感光鼓上沿轴向进行扫描时，按点阵组字的原理，使鼓面感光，构成负电荷潜影。当鼓面经过带正电的墨粉时，潜影部分就吸附上墨粉，然后将墨粉转印到纸上，纸上的墨粉经加热熔化后，形成永久性的字符和图形。

激光打印机选购时需注意以下几点。

（1）打印速度。

打印速度用 ppm（每分钟打印张数）表示。打印机厂商所标注的打印速度其实是最大速度，实际打印速度与缓存有关，若没有足够多的缓存，会影响其打印速度。

（2）分辨率。

分辨率是指在一定面积内激光打印机所能打印的点数。一般来讲，分辨率越高，则输出的图像就越精细，越没有颗粒感。

（3）内置字体。

内置字体也是激光打印机的关键特性之一。使用打印机字库可以摆脱计算机的限制，减少数据的传输量，提高打印效率；在网络上打印，更可以减轻网络的负担。

（4）激光打印机的耗材。

一台激光打印机用上几年之后，可能它的耗材费用会远远超过打印机购买时的价格。激光打印机耗材最常更换的就是感光鼓和墨粉了，因此弄清配件的价格是非常必要的。对于感光鼓和墨粉来说，要看它最多能打印多少张纸。

习 题 8

一、填空题

1．电源按照结构可分为________和________。

2．机箱面板上一般有________开关和________开关，有________和________指示灯，有________和________插座。

3．计算机电源采用________电源，它具有________、________和________的特点。

4．键盘按触点结构可分为________和________两种。

5．鼠标按与装备的连接方式可分为________和________两种。

6．常见的键盘有________、________和________个键。

7．针式打印机用字符图形的点阵信号控制打印头的各个________顺序撞击________，在纸上打印出字符图形点阵。针式打印机经常更换的耗材是________。

8．激光打印机是用图形信号控制激光束扫描，在感光鼓上形成________图像，经________形成可见图像，再转印到纸上，最后加热熔化完成打印。

二、选择题

1．机箱的技术指标不包括________。

A．坚固性 B．可扩充性 C．散热性 D．美观性

2．电源的技术指标不包括________。

A．认证标志 B．稳压 C．效率 D．功率

3．________是计算机最主要的输入设备，可以将英文字母、数字和标点符号等输入到计算机中，从而向计算机发出命令。

A．鼠标 B．扫描仪 C．键盘 D．手写板

4．目前使用的________键键盘带有 Windows 键，它可以直接操作 Windows 菜单。

A．101 B．100 C．104 D．83

5．进行复写打印时，________打印机比较适合使用。

A．针式　　B．激光　　C．喷墨　　D．热敏

6．目前的打印机与计算机连接的接口为________接口。

A．USB　　B．并口　　C．串口　　D．VGA

7．扫描仪主要由转换电路、光学成像和机械传动等组成，它们互相配合把反映图像特征的________转换为计算机可接收的电信号。

A．数据信息　　B．光信号　　C．像素　　D．数码信号

8．打印分辨率表示扫描仪对图像细节的表现能力，通常用每英寸长度上扫描图像所含有的像素点的个数来表示，单位为________。

A．dpi　　B．bit　　C．otb　　D．Byte

三、判断题（正确的在括号中打“√”，错误的打“×”）

1．采用复位键（Reset）重启系统对主板的冲击小于使用电源（Power）键。（　　）
2．判断机箱品质优劣最简单的方法是掂量一下机箱的重量，机箱越重越好。（　　）
3．电源不必要进行 3C 强制认证。（　　）
4．为了方便使用，现在很多机箱都在面板上增加了 USB 和耳麦插口。（　　）
5．USB 键盘可以在 DOS 下使用。（　　）
6．由于 PS/2 键盘和 PS/2 鼠标的接口形状是一样的，因此可以互插使用。（　　）
7．因为扫描仪带有 OCR 汉字识别软件，所以扫描仪可以直接识别汉字。（　　）
8．打印质量最好的打印机是针式打印机。（　　）

四、简答题

1．打印机的作用是什么？
2．常见的打印机有哪几种？
3．激光打印机的工作原理是什么？
4．选购键盘应注意什么问题？
5．选购机箱时为什么要考虑可扩充性？
6．选购鼠标应注意什么问题？
7．请按 2000 元、3000 元、4000 元、5000 元及 6000 元的标准选配计算机。

实践 8　其他部件导购

目的：掌握其他部件知识和导购要求。

步骤：

（1）观察机箱和电源的形状和特点，掌握导购要求；
（2）观察键盘和鼠标的形状和特点，掌握导购要求；
（3）观察扫描仪的形状和特点，掌握导购要求；
（4）观察打印机的形状和特点，掌握导购要求。

岗位情景 2　计算机系统安装

岗位情景分析

本岗位情景是如何当好计算机系统安装工程师。要当好计算机系统安装工程师，首先要对计算机的各个部件有一个深入的了解，并熟知计算机各部件的结构、用途和特点；其次掌握计算机硬件安装的步骤和要求，掌握硬盘的分区和格式化，并进行操作系统和应用软件的安装，能为客户安装出性能良好的计算机。

计算机系统的安装包括硬件安装和软件安装。

硬件安装就是先将计算机各部件按要求安装在机箱的相应位置，并进行相关的导线连接，然后将主机和外部设备连接起来。

软件安装时，首先对硬盘进行分区和高级格式化，再进行 Windows 等操作系统的安装，然后进行计算机各硬件的驱动，最后安装各种应用软件。

项目 9

计算机的硬件安装

项目分析

本项目是通过计算机的硬件安装，让计算机安装工程师掌握一台多媒体计算机主机的安装过程，特别是各计算机部件的安装细节和要求，最终组装出一台合格的多媒体计算机。

任务 9.1　掌握计算机硬件安装步骤

任务提出

计算机安装前是否要对计算机各部件有一个深入的了解？硬件安装时应准备什么样的工具？安装时应注意哪些问题？硬件的安装步骤是怎样的？

任务实施要求

小组成员对照教材的相关内容，观察计算机各部件的形状、安装位置和连接位置，熟练使用计算机的安装工具，熟悉硬件安装要求，并掌握硬件安装过程。

任务相关知识

1. 准备计算机部件与安装工具

要组装一台完整的多媒体计算机，应先准备好计算机的各个部件。主机设备如 CPU 及风扇、主板、内存、显卡、硬盘、光驱、电源和机箱（包括安装各个部件所需的螺钉等），外部设备如显示器、键盘、鼠标、打印机和扫描仪等。

固定计算机部件使用十字螺钉，螺钉分为公制和英制，如图 9.1 所示。硬盘、接口卡、电源和机箱盖安装大多使用英制螺钉，主板、光驱安装使用公制螺钉。组装计算机的基本工具是一把头部有磁性的十字螺钉旋具（俗称起子、螺丝刀、改锥），因为机箱中有些地方空间较小、部位较深，用带磁性的螺钉旋具将螺钉吸住便于安装。最好再准备镊子和尖嘴钳，镊子用于夹持小零件和跳线插头，尖嘴钳用于安装铜柱螺母等紧固件。十字螺钉旋具、镊子和尖嘴钳如图 9.2 所示。

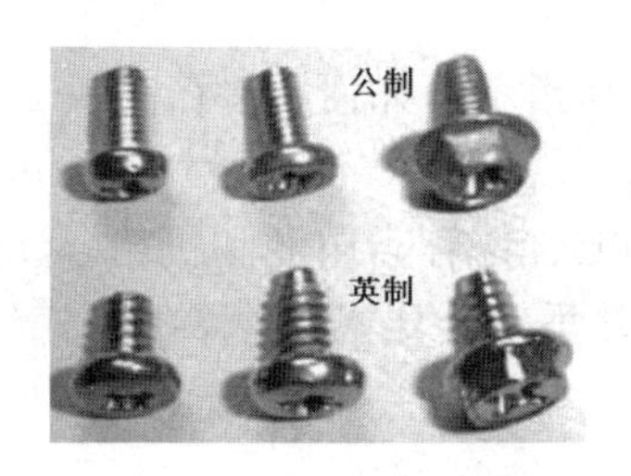

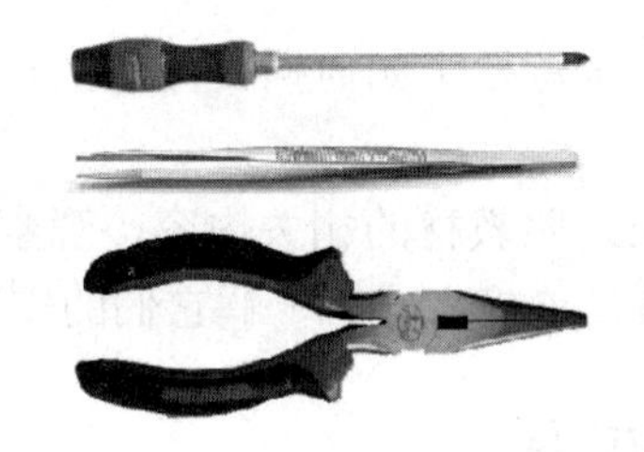

图9.1　公制和英制螺钉　　　　图9.2　十字螺钉旋具、镊子和尖嘴钳

2. 硬件安装过程中的注意事项

① 防止静电。静电极易损坏集成电路。在安装前，最好用手触摸一下接地的导电体或洗手以释放身上可能携带的静电。最好在手上戴一个接地的除静电环，泄放人体静电。

② 防止液体进入计算机内部。液体特别是汗液滴在板卡上可能造成短路而使器件损坏。

③ 使用正确的安装方法，不可粗暴安装。在安装的过程中对于不懂的地方要仔细查阅说明书，用力不当就可能使引脚折断或变形、板卡变形，会产生断裂或接触不良。

④ 把所有零件从包装盒里拿出来（先不要从防静电袋子中取出），检查各部件说明书与驱动盘是否齐全，并认真阅读各部件的说明书，明确它们的类型，以便正确安装。

⑤ 主板装进机箱前，先装上处理器和内存。此外，装显卡时，要确定安装是否到位，因为上螺钉时，有些显卡会翘起来，松脱的显卡会造成工作异常，甚至损坏。

⑥ 计算机各个部件应做到轻拿轻放，切忌猛烈碰撞，尤其是硬盘。

⑦ 测试前，建议只装必要的部件，如主板、处理器、内存、散热片与风扇、电源以及显卡、显示器等，其他东西如硬盘、光驱和打印机等，在确定没问题后再安装。

3. 硬件安装步骤

① 在主板上安装 CPU、CPU 风扇和内存。

② 主板装入机箱，并固定。

③ 安装电源，并将电源插头插入主板。

④ 连接机箱面板上各开关、指示灯、机箱喇叭、USB 和耳麦等插头线。

⑤ 安装显卡，接上显示器信号线和电源线。

⑥ 插入键盘。此时接上电源线就可以通电检查，听机箱喇叭的声响及查看显示器显示是否正常，如果一切正常，再进行下面的安装。

⑦ 安装硬盘和光驱，插入电源线及数据线。

⑧ 插入鼠标、打印机和其他外设。

最后通电检查，计算机应自检正常、显示器显示正常。

任务9.2　主板安装

任务提出

CPU和内存如何安装？安装时应注意什么问题？CPU风扇的安装方法是什么？主板如

何装入机箱？电源插头如何插在部件上？面板开关和指示灯如何连接在主板上？

任务实施要求

小组成员对照教材的相关内容，观察主板、CPU、内存、电源和机箱，注意它们的形状、安装位置及连接方式，了解它们的安装方法，熟悉安装要求，并掌握它们的安装过程。

任务相关知识

1．CPU 的安装

目前 CPU 的引脚分为针式和圆盘式两大类。针式引脚 CPU 靠缺针位置来定位，而圆盘式引脚 CPU 靠 CPU 外形上的缺口来定位。安装时绝对不能装错，否则会把针式引脚 CPU 的针脚弄弯，而对于圆盘式引脚 CPU 所用的触丝型插座，可能会把 CPU 插座上的触丝弄坏。

（1）针式引脚 CPU 的安装（以 AM4 为例）。

① 下压并稍向外再向上拉起 CPU 插座上的固定拉杆，使拉杆垂直，如图 9.3 所示。

② 将 CPU 上的三角标记与 CPU 插座上的三角标记对准，此时 CPU 针脚上缺针处与插座上的缺孔处也对齐，微微移动 CPU，将 CPU 插入插槽（只有方向正确，才能轻松地插入），如图 9.4 所示。

③ CPU 插入到位后，轻压 CPU，再压下固定拉杆，并将拉杆锁住，如图 9.5 所示。

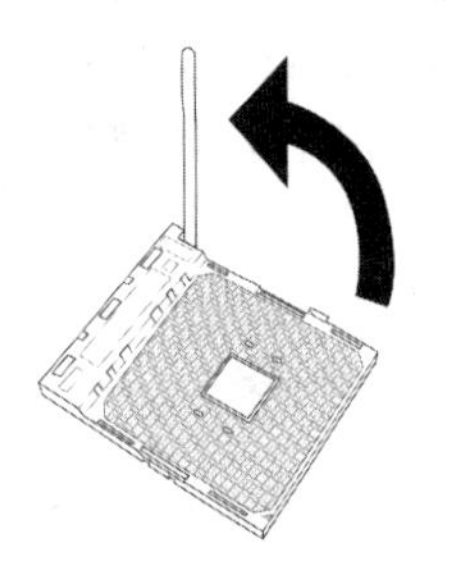

图 9.3　拉起拉杆

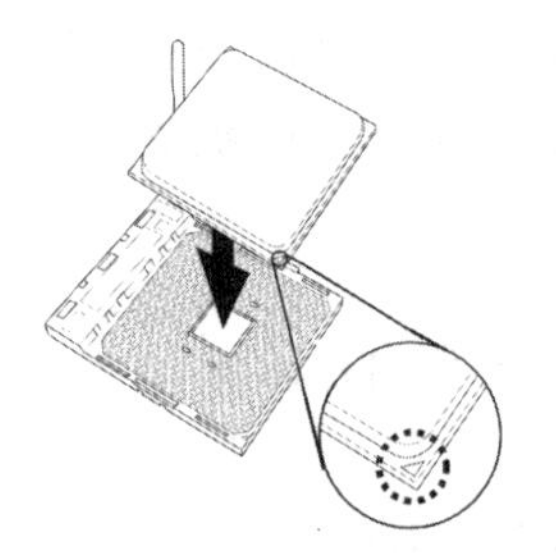

图 9.4　放入 CPU

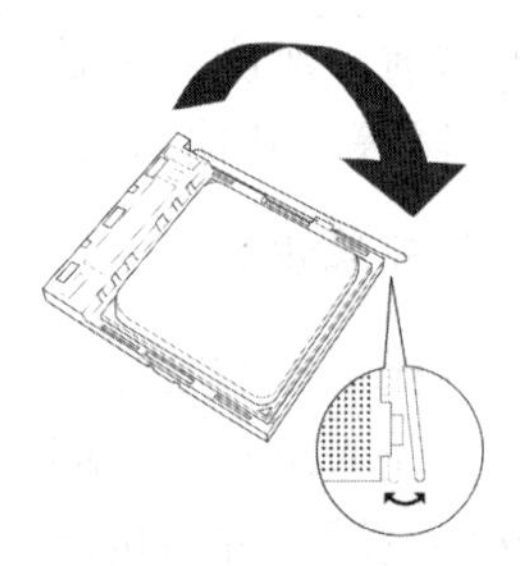

图 9.5　锁住拉杆

（2）圆盘式引脚 CPU 的安装（以 LGA1200 为例）。

① 下压并稍向外再向上拉开固定扳手，如图 9.6 所示。在扳手拉开的同时安装盒上盖会后移，当扳手打开至 135° 时，会自动脱离固定螺钉，再将安装盒上盖翻起，如图 9.7 所示。

② 将 CPU 上缺口与插座上的凸块对齐，轻轻平放在 CPU 插座上，如图 9.8 所示。

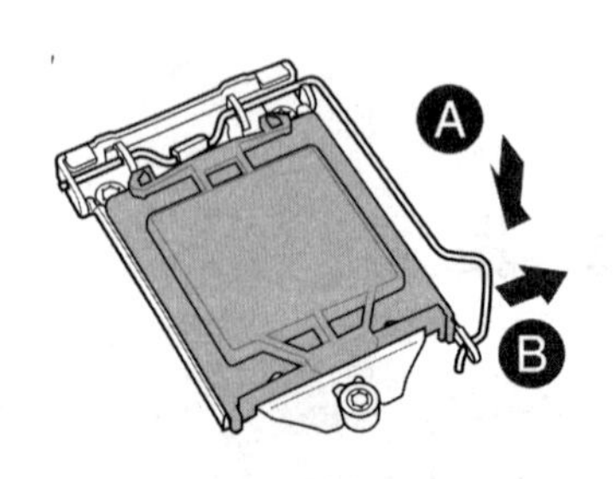

图 9.6　拉起扳手

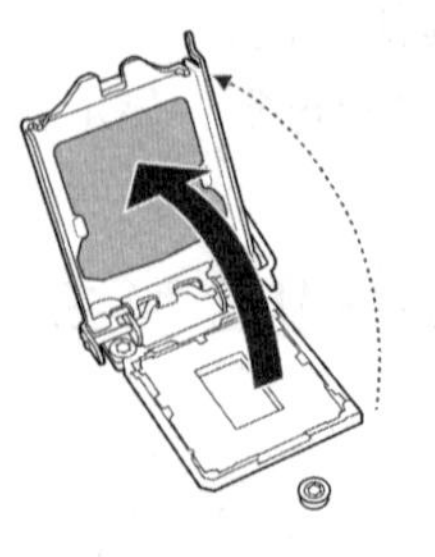

图 9.7　翻起上盖

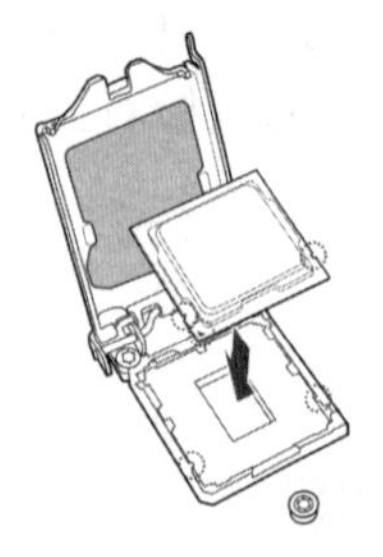

图 9.8　安放 CPU

③ 将安装盒上盖翻下，盖在 CPU 上，压下固定扳手，将安装盒上盖插入固定螺钉，如图 9.9 所示。最后将扳手锁住，塑料保护盖会自动弹出，如图 9.10 所示。

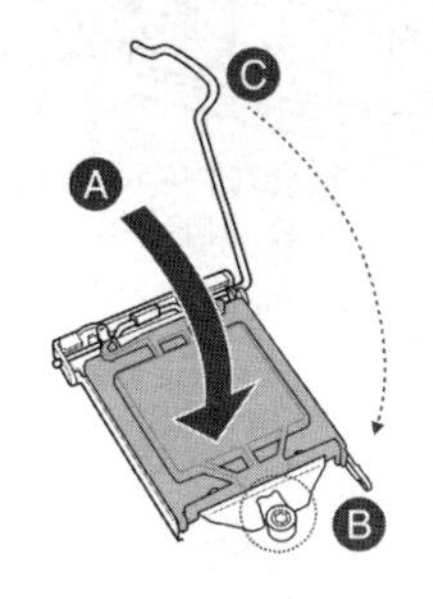

图 9.9　合上上盖

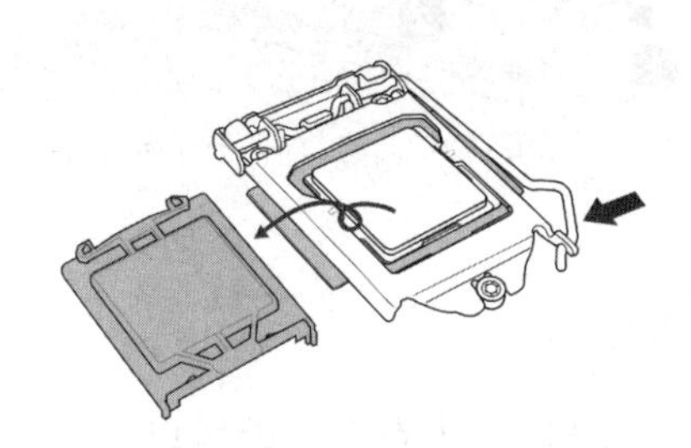

图 9.10　锁住扳手

2. CPU 风扇的安装

CPU 风扇多种多样，安装方法不尽相同。现就 Intel CPU 常见风扇的安装进行说明，如图 9.11 所示。

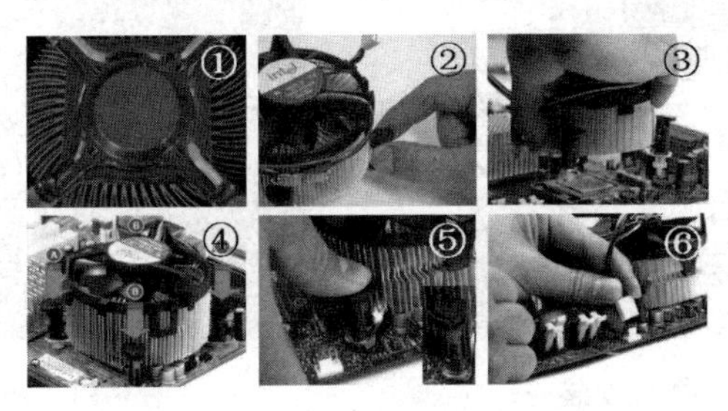

图 9.11　Intel CPU 风扇的安装过程

① 在 CPU 的芯片或散热器上均匀涂上散热膏。

② 逆时针旋转 4 个锁紧头并拔起。

③ 将 CPU 风扇固定到 CPU 上。

④ 对称压风扇边框，将锁紧扣柱压入主板。

⑤ 压下 4 个锁紧头，将锁紧头挤入扣柱，顺时针旋转锁紧头将风扇锁住，此时锁紧头上的标记指向散热器。

⑥ 最后将风扇电源插头插在主板对应的 CPU FAN 插座上。

3. 内存安装

① 将内存插槽两侧的卡扣扳开（有的只有一侧有卡扣）。

② 用双手拇指和食指握住内存两端，将内存上的缺口对准内存插槽上的凸起。

③ 拇指同时用力垂直往下按，直到插槽两边卡扣复位并卡住内存两端的缺口为止，如图 9.12 所示。

注意：内存插槽一般都比较长，安装时需要用一定的力量，但不能用力太大（因这样有可能把主板底部的布线压断）。一般主板会提供两个以上的内存插槽，如果只有一条内存，最好插在离 CPU 较近的内存槽上；如为两条内存，则应插在 1、3 槽上。

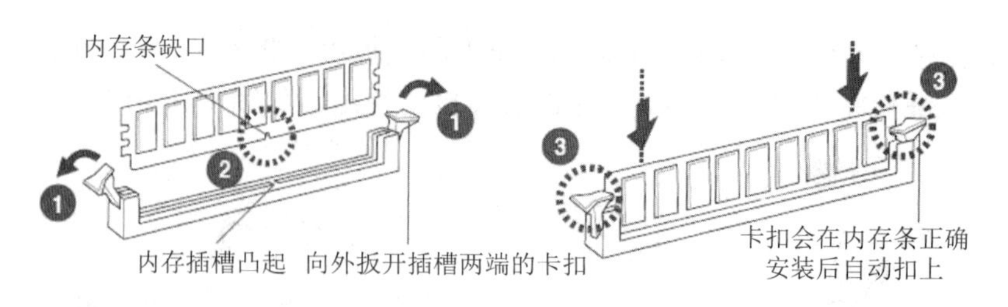

图 9.12　内存安装

4. 主板安装

主板上装好 CPU 和内存后，就可以将主板装入机箱中。

① 将主板附带的接口挡板安装在主机箱上，如图 9.13 所示。

② 根据主板固定孔的位置，将机箱附带的 6 个（有些主板为 9 个）铜柱螺母用尖嘴钳固定在机箱底板上，如图 9.14 所示。

图 9.13　接口挡板安装

图 9.14　铜柱螺母安装

③ 将主板放入机箱，接口与挡板镂空对齐，使接口露出来，挡板弹片应压在接口边上。

④ 把主板上的孔和机箱上的铜柱螺母孔对准之后，拧上固定主板的公制螺钉，不需要拧得很紧，能达到稳固就行，如图 9.15 所示。

5. 安装电源和连接主板上的电源插座

① 将电源放在机箱的电源位置，并将电源上的螺母孔与机箱上的固定孔对正，先拧上 1 颗英制螺钉（固定住电源即可），再将其余 3 颗螺钉对正拧上即可，如图 9.16 所示。

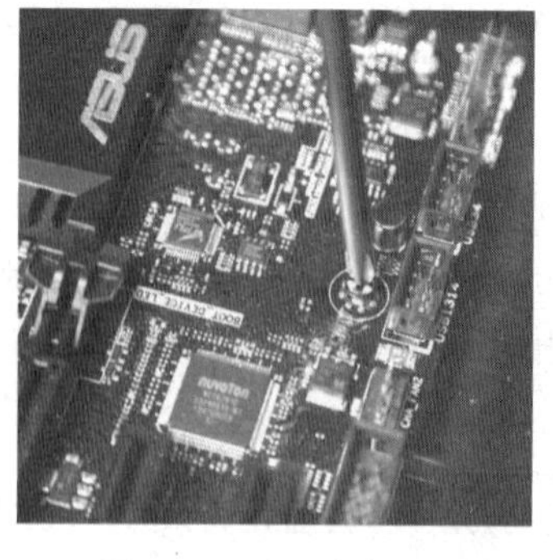

图 9.15　上主板螺钉

图 9.16　安装电源

② 将电源的 24 针插头插入主板的电源插座（见图 9.17）。为防插反，插座上有半圆孔。

③ 将 CPU 专用供电插头（8 针）插入主板的专用插座上，如图 9.18 所示。

图 9.17　主板电源 24 针插头、插座

图 9.18　CPU 电源 8 针插头、插座

6. 连接机箱面板按钮、指示灯、USB 和耳麦插头

（1）连接机箱面板按钮和指示灯。

机箱面板上开关和指示灯引出线插头如图 9.19 所示，某些主板对应插座如图 9.20 所示。

图 9.19　机箱面板引出线插头

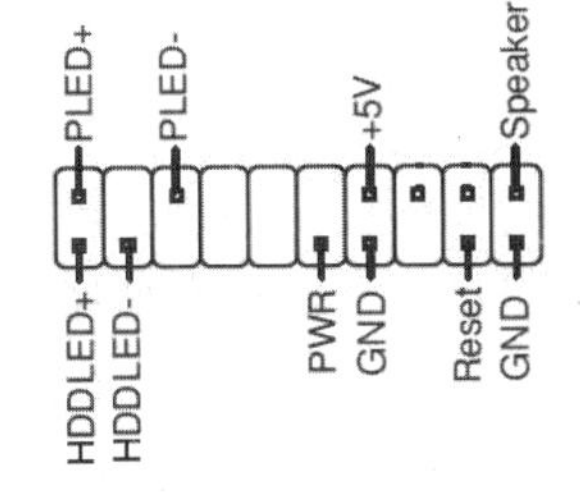

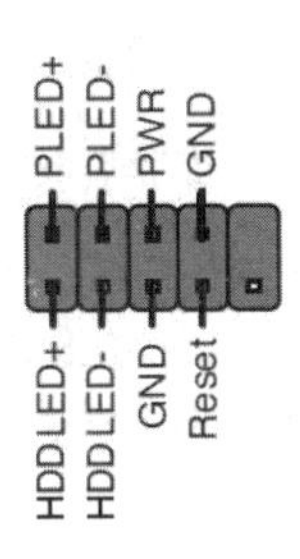

图 9.20　主板上对应的插座

① 标有 SPEAKER 的插头连接机箱喇叭，应插在主板标有 Speaker 的插针上。

② 标有 RESET SW 的插头连接机箱的 Reset 键，应插在主板 Reset 插针上。

③ 标有 POWER SW 的插头连接机箱的 Power 键，应插在主板 PWR 插针上。

④ 标有 H.D.D.LED 的接头是硬盘指示灯插头，1 线为深色，应插入主板 HDD LED 的插针上，连接时深色线对“1”或“+”。当读写硬盘时，硬盘指示灯会闪亮。

⑤ 标有 POWER LED 的三芯插头是电源指示灯的接线，1 线通常为深色，插入时深色线对应于主板 PLED 的“1”或“+”。启动计算机后，电源灯会一直亮着。

（2）连接机箱面板 USB 插口和耳麦插口。

机箱面板上的 USB 3.0、2.0 插口和耳麦插口的引出线插头（见图 9.21）插入主板上的 USB 3.0、2.0 插座和耳麦插座（见图 9.22）。

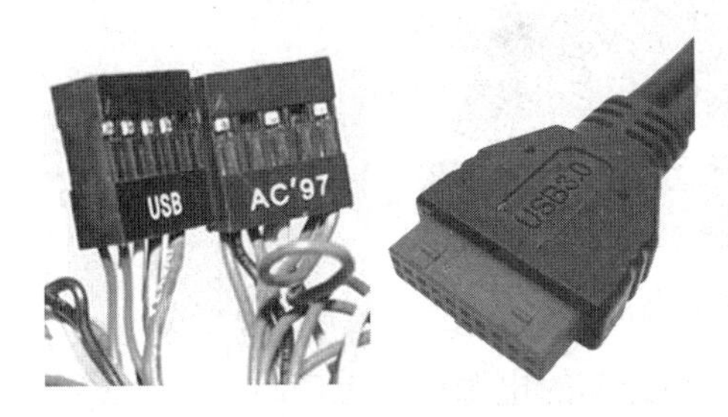

图 9.21　USB 3.0、2.0 插口和耳麦插头

图 9.22　主板上的 USB 3.0、2.0 插座和耳麦插座

任务9.3　硬盘和光驱安装

任务提出

硬盘和光驱如何安装？安装时应注意什么问题？多个硬盘应如何安装？数据线和电源线应如何连接？

任务实施要求

小组成员对照教材的相关内容，观察机箱上硬盘和光驱的安装位置，观察主板上SATA接口的位置，熟悉它们的安装方法及安装要求，并掌握它们的安装过程。

任务相关知识

1. 固定硬盘与光驱

（1）固定硬盘。

将硬盘正面朝上、接口向外放入硬盘架中，上英制螺钉，如图9.23所示。有些机箱有硬盘抽屉（见图9.24），先将硬盘固定在抽屉上，再将抽屉推入机箱。

（2）固定光驱。

先拆掉机箱前方的一个长度5.25 in的面板，然后将光驱从机箱前面推入托架，并用公制螺钉固定，调整好光驱的推入程度，以保证机箱外观美观，如图9.25所示。

图9.23　安装硬盘

图9.24　硬盘抽屉

图9.25　安装光驱

2. 连接电源线与数据线

SATA硬盘和光驱的电源与数据插口及连线均有L形“防呆”设计，如图9.26所示。

图9.26　SATA接口的L形“防呆”设计

① 将电源输出的SATA设备专用插头连在硬盘和光驱的电源插口上。

② 一根SATA数据线有两个插头，这两个插头不分顺序，将它们插入SATA硬盘或光驱及主板的SATA插口，最后将CD音频连接线连接光驱和主板。

3. SSD 硬盘安装

SSD 硬盘的接口有 3 种。第一种为 SATA 接口，安装方法与 SATA 接口的硬盘相似。第二种为 PCI E 接口，安装方法与显卡相似，但不需接线。第三种为 M.2 接口，安装方法与笔记本内存相似。

SSD 硬盘安装过程如下（见图 9.27）。

图 9.27　SSD 硬盘安装过程

① 拆下主板上 M.2 接口的保护板。

② 将 SSD 硬盘金手指缺口对准主板 M.2 插口的凸口，斜向 15° 插入。

③ 将保护板和 SSD 硬盘压下，用公制螺钉固定即可。

任务 9.4　其他部件的安装

任务提出

显卡和其他 PCI 卡如何安装？安装时应注意什么问题？外设应如何安装？最后应如何检查？

任务实施要求

小组成员对照教材的相关内容，观察主板上显卡的安装位置，观察主板上 PCI 卡的安装位置，掌握它们的安装方法，熟悉安装要求，并掌握外设的安装过程，最后启动计算机。

任务相关知识

1. 安装显卡

① 从机箱后壳上拆下对应 PCI E ×16 的扩充挡板。

② 压住显卡两头，平行插入 PCI E ×16 插槽中。

③ 拧上英制螺钉使显卡固定在机箱壳上，如图 9.28 所示。大功率显卡还要插入 6 针或 8 针显卡辅助供电插头。

图 9.28　显卡安装

2. 整理主机箱

当机箱内全部安装完成后，应进行全面检查，是否有装错或遗漏的地方，是否有金属物遗漏在机箱中，检查无误后，盖上机箱盖，用英制螺钉固定。

3. 连接外围设备

如使用 PS/2 接口的键盘和鼠标，应在计算机启动前将键盘和鼠标插入主机，否则计算机会识别不了。键盘的接口为紫色，鼠标为绿色，不可插错。插入时应注意插入方向，以免将插头中的针弄弯。现在有些主板只有一个键鼠共用的 PS/2 插口或干脆没有 PS/2 插口。

话筒连接声卡的红色插口，音箱连接绿色插口，线路输入连接蓝色插口。

显示器 DVI、HDMI 或 DP 插头都有防插反设计，以防插反。

4. 加电启动

连接主机和显示器的电源线，按下电源开关，计算机开始启动，如果机箱上的指示灯正常（电源灯一般为黄绿色，计算机工作时应常亮；硬盘灯为红色，对硬盘进行操作时闪烁），报警系统没有异常，而且屏幕上能够正确显示启动信息，就说明所有部件的安装是正确的。接下来就可以从 U 盘启动系统，对硬盘进行分区、格式化，并安装操作系统、驱动程序和应用程序了。

习 题 9

一、填空题

1. CPU 插座分为________和________两类。
2. 安装 CPU 时涂抹散热膏的目的是为了更好地对________进行散热。
3. 给 CPU 加上散热片和风扇的主要目的是为了散去 CPU 在工作过程中产生的________。
4. 在进行机箱前面板信号线的连接时，H.D.D.LED 是指________，RESET SW 是指________。
5. 一般而言，安装________是计算机组装的第一步。
6. 主板在安装到机箱之前，一般要先把________、________和________安装上去。

二、选择题

1. 释放人体静电的方法不包括________。
   A．用水洗手　B．触摸暖气管道　C．佩戴防静电环　D．触摸机箱
2. 在加电之前都应做相应的检查，但不必检查________。
   A．内存是否插入良好　B．电源插头是否插好
   C．音箱是否接上电源　D．接口适配卡与插槽是否接触良好
3. 安装计算机时，机箱上标有 POWER LED 的指示线是用于________的。
   A．电源开关　B．重启开关　C．电源指示灯　D．硬盘指示灯
4. 在组装计算机的过程中，机箱中的 H.D.D.LED 连接线连接的是________。
   A．电源接口　B．重新启动接口
   C．机箱喇叭接口　D．机箱硬盘灯接口

5．如下所示过程中，比较合理的装机过程是________。

A．主板、各插卡、各驱动器、连接数据线、电源

B．主板、电源、各驱动器、连接数据线、各插卡

C．主板、各驱动器、各插卡、连接数据线、电源

D．主板、连接数据线、各插卡、各驱动器、电源

6．POWER LED 是________的连接线接口。

A．电源指示灯　　B．硬盘指示灯　　C．ATX 电源开关　　D．复位开关

7．机箱面板连接中，硬盘工作指示灯的标识是________。

A．RESET SW　　B．SPEAKER　　C．POWER LED　　D．H.D.D.LED

8．现在主板上的内存插槽一般都有 2 个以上，如果只有一根内存条，则一般优先插在靠近________的插槽中。

A．CPU　　B．显卡　　C．声卡　　D．网卡

三、判断题（正确的在括号中打“√”，错误的打“×”）

1．计算机显示器的电源要保证为 220 V，误差不能超过 10%。（　　）

2．将计算机系统的所有硬件组装连接好后，即可正常运行使用。（　　）

3．在连接电源线和数据线时都要注意方向。（　　）

4．主板上的 1 个 SATA 接口只可以接一个硬盘。（　　）

5．在安装 CPU 风扇的时候，散热器一定要平贴在 CPU 表面。（　　）

四、简答题

1．为什么要先安装 CPU 和内存，再安装主板？

2．组装计算机前应该进行哪些准备工作？

3．试写出计算机硬件安装的步骤。

4．计算机安装后的初步检查应该注意哪些事项？

实践 9　计算机硬件安装

目的：掌握计算机的硬件安装。

步骤：

（1）认识一台多媒体计算机系统所用的各种部件，掌握各部件的安装要求，正确使用安装计算机所用的工具；

（2）先进行主板上 CPU、风扇和内存的安装，然后将主板装入机箱；

（3）再进行硬盘和光驱的安装；

（4）最后进行其他部件的安装；

（5）启动计算机，观察计算机的启动过程，查看启动是否正常。

项目10 操作系统安装

项目分析

本项目是通过计算机的操作系统安装，让计算机安装工程师掌握一台多媒体计算机操作系统的安装过程，特别是硬盘的分区和格式化及各部件驱动程序的安装。

任务 10.1　掌握硬盘分区和格式化

任务提出

为何要对硬盘进行分区和格式化？采用什么方法对硬盘进行分区和格式化？对硬盘如何分区比较合理？

任务实施要求

小组成员用 U 盘启动计算机，运行各种分区软件熟练地对硬盘进行分区，先分主分区，再分扩展分区，最后分逻辑分区。分区完毕后对分区进行格式化。

任务相关知识

硬盘必须经过低级格式化、分区和高级格式化（简称格式化）三步处理后，计算机才能用其存储数据。其中低级格式化由生产厂家完成，用户仅对硬盘进行分区和高级格式化即可。一般情况下，分区、格式化及软件维护的某些工作都是在 DOS 系统中完成的。

1. 启动 U 盘的制作

（1）单个文件小于 4 GB 时。

将需制作的 U 盘或移动硬盘插入正常运行的计算机上，运行 DiskGenius，右击 U 盘或移动硬盘，选择“格式化当前分区”，文件系统选 FAT32，勾选“建立 DOS 系统”，单击“格式化”即可（见图 10.1）。

将计算机设置从 U 盘或移动硬盘启动，启动计算机，查看计算机能否从 U 盘或移动硬盘启动到 DiskGenius 状态。如能从 U 盘或移动硬盘启动，说明启动 U 盘或移动硬盘制作成功。制作启动 U 盘或移动硬盘的方法很多，可从网络上下载启动 U 盘或移动硬盘制作工具，如 HPUSBFW、Usboot 等。一般用移动硬盘制作启动盘，成功率会高些。

图 10.1　制作启动 U 盘或移动硬盘

然后在 Windows 下，向启动 U 盘或移动硬盘中复制 Ghost、Windows PE、Windows 操作系统完整安装版或 Ghost 版等软件，使其变成系统 U 盘或移动硬盘。

（2）单个文件大于 4 GB 时。

如果 Windows 操作系统的 GHO 文件大于 4 GB，可直接在网上制作系统盘。常见的有黑鲨装机大师、雨林木风、深度技术、电脑公司、系统之家、萝卜家园等。

2. 计算机软件安装工程师必须知道的几个 DOS 命令

（1）md [建立子目录，内部命令（Command.com 能解析的命令）]。

md [盘符:\][路径名]\[子目录名]。第一个“\”为绝对路径，若没有则为相对路径。

（2）cd（进入子目录，内部命令）。

cd [盘符:\][路径名]\[子目录名]。cd..表示退到上级目录，cd\表示退到根目录。

（3）rd（删除子目录，内部命令）。

rd [盘符:\][路径名]\[子目录名]。子目录应为空目录。

（4）copy（复制文件，内部命令）。

copy [盘符:\][路径名]\[子目录名]\<文件名>　[盘符:\][路径名]\[子目录名]。

（5）del（删除文件，内部命令）。

del [盘符:\][路径名]\[子目录名]\<文件名>。删除当前目录中所有文件，使用命令 del.。

（6）dir（显示文件和文件夹，内部命令）。

dir [盘符:\][路径名][/p][/w][/s][/a]。

p：分页查看；w：宽屏显示，一行显示 5 个文件名；s：显示指定目录及其子目录下所有的文件和文件夹；a：查看指定所有文件（包括隐藏文件）和文件夹。

（7）ren（改文件名，内部命令）。

ren [盘符:\][路径名]\[子目录名]\<原文件名>　[盘符:\][路径名]\[子目录名] <新文件名>。注意路径不能变。

（8）format（磁盘高级格式化，外部命令）。

为经典的格式化软件，格式化同时若将 DOS 系统文件复制到硬盘根目录：format c:/s。

（9）debug（调试程序，外部命令）。

debug 为调试程序，如要去除 BIOS 中的密码：

```
debug
-o 70 10
-o 71 11
-q
```

3. 硬盘的分区概述

硬盘分区的功能就是将硬盘划分成若干个独立的区域，每个分区都有自己的一系列连续的磁道和扇区；分区的另一个功能是确定使用硬盘的哪个分区来启动计算机，这个分区称为引导分区，是包含某种操作系统的分区。

通常把硬盘称为物理盘，而用分区工具建立的“C:”“D:”等各类驱动器称为逻辑盘。逻辑盘是系统为控制和管理物理硬盘而建立的操作对象，一块物理盘可以设置成一个或多个逻辑盘。

（1）分区格式对硬盘分区容量的限制。

① MBR 分区（Main Boot Record，主引导记录）。MBR 分区只能用 4 个字节来表示总扇区数，故每个分区容量最大只能为 2^{32} 扇区×512/1024^4 TB＝2 TB。最多支持 4 个主分区。

② GPT 分区（Globally Unique Identifier Partition Table，GUID 分区表，全局唯一标识磁盘分区表）。GPT 分区用 8 个字节表示总扇区数，故每个分区容量最大可为 2^{64} 扇区×512/1024^4 TB＝8×1024^3 TB＝8 ZB，允许每个磁盘有多达 128 个主分区（无扩展分区）。64 bit Windows 8 以后的操作系统只能安装在 GPT 分区中。

（2）文件系统对硬盘分区容量的限制。

NTFS（New Technology File System，新技术文件系统）是目前正在使用的可靠性较高的文件系统。NTFS 采用了更小的簇（文件是以簇的形式存放文件的，当一个簇被占用后，即使只放一个字节，此簇不可再放其他文件），以节省磁盘空间。在 FAT32 格式下，一个簇为 32 KB，而在 NTFS 格式下，一个簇为 4 KB。NTFS 可以支持的分区大小可以达到 2 TB，单个文件最大为 2 TB。常见的文件系统如表 10.1 所示。

表 10.1　常见的文件系统

分区格式	FAT32	NTFS	exFAT	ReFS
操作系统	Windows 95 OSR2 之后	Windows 2000 之后	Windows Vista SP1/Windows 7 之后	Windows Server 2012 之后
最小簇/B	512	512	512	4096
最大簇/KB	32	4	32 768	64
同一目录最大文件数	65 535	4T	2 796 202	16E
最大单一文件	4 GB	2 TB	128 PB	16 EB
最大格式化容量	128 GB	2 TB（MBR） 256 TB（GPT）	128 PB	1 YB

U 盘（包括 TF 卡和 SD 卡）使用 FAT32（File Allocation Table）、NTFS 和 exFAT 文件系统。当选 NTFS 和 exFAT 后，MP3 和 MP4 播放器可能识别不了这些存储卡。

（3）硬盘主分区、扩展分区和逻辑 DOS 分区的关系。

在使用 DOS 6.X 或 Windows 时，系统为磁盘等存储设备命名盘符时有一定的规律，如 A 和 B 为软驱专用，C～Z 作为硬盘、光驱及其他存储设备的命名。要从硬盘引导系统，那么硬盘上至少要建一个主分区，剩下的容量给扩展分区，然后在扩展分区上建立逻辑分区。

注意分区后，一定要重新启动计算机，同时硬盘上原有的数据将全部丢失。

4. 用 DiskGenius 对硬盘分区

DiskGenius 5.0 以上版本可在 DOS 或 Windows 下对硬盘进行 MBR 分区或 GPT 分区，还可对 MBR 和 GPT 分区互相转换（见图 10.2），还可查看和编辑任一个扇区的十六进制参数。

（1）进行 MBR 分区。

如硬盘原为 MBR 分区，DiskGenius 建立的也是 MBR 分区。从 DiskGenius 左边窗口选中要分区的硬盘，再右击上方长条，在快捷菜单中选择“建立新分区”（见图 10.3）。先建主分区（见图 10.4），选择文件系统类型、输入分区大小，单击“确定”按钮即可。再建扩展分区（见图 10.5），将硬盘剩余容量全部给扩展分区。最后建逻辑分区（见图 10.6），选中扩展分区空闲区域，选择“建立新分区”命令，分区类型选择逻辑分区，选择文件系统类型、输入分区大小，然后单击“确定”按钮。以此类推，直到扩展分区全部分完为止。分完后，单击快捷菜单上的“保存更改”按钮，将分区数据保存，然后会自动格式化所有的分区，并激活 C 盘。

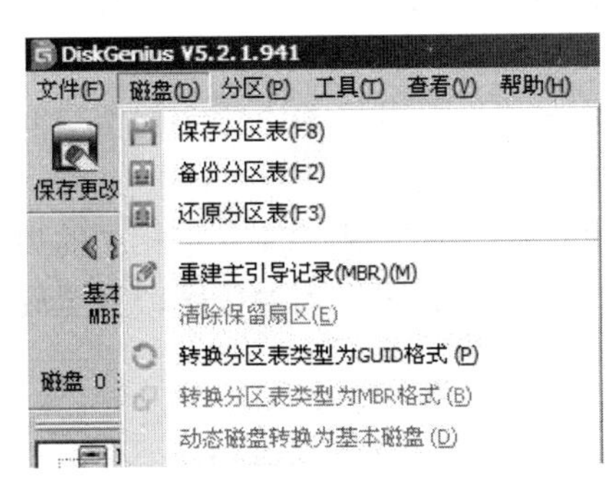

图10.2　MBR分区和GPT分区的转换

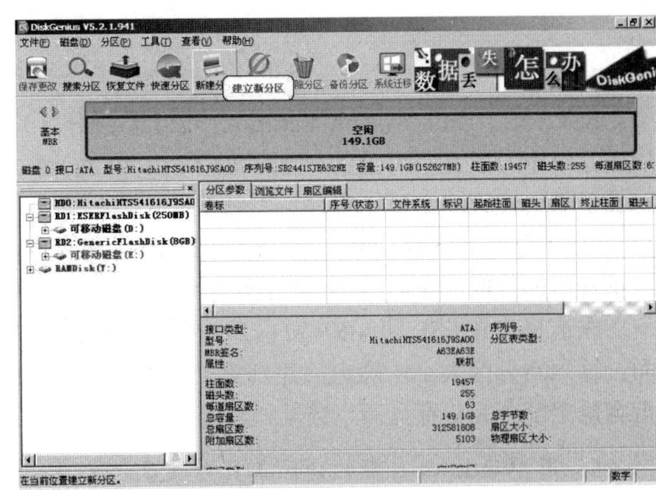

图10.3　建立分区

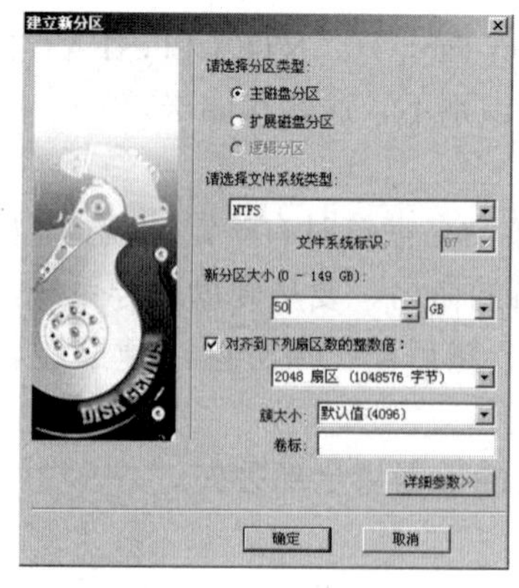

图 10.4　建立主分区

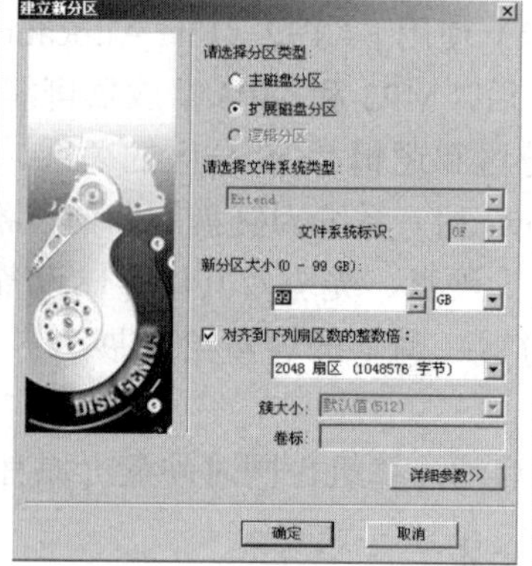

图 10.5　建立扩展分区

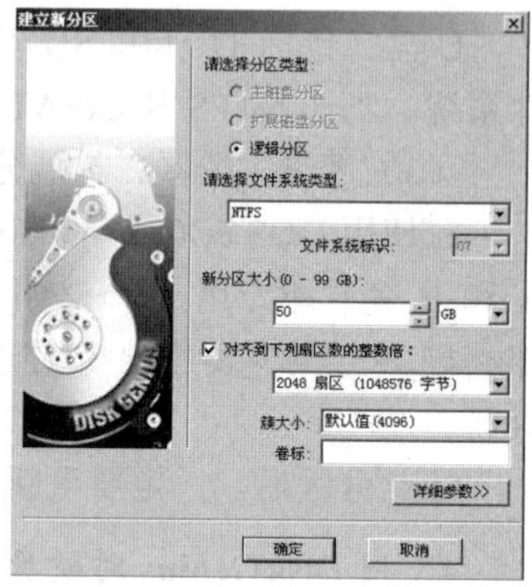

图 10.6　建立逻辑分区

（2）进行 GPT 分区。

如硬盘原为 GPT 分区，DiskGenius 建立的也是 GPT 分区。从 DiskGenius 左边窗口选中要分区的硬盘，再右击上方长条，在快捷菜单中选择“建立新分区”。出现询问是否建立 ESP 和 MSR 分区，如图 10.7 所示。

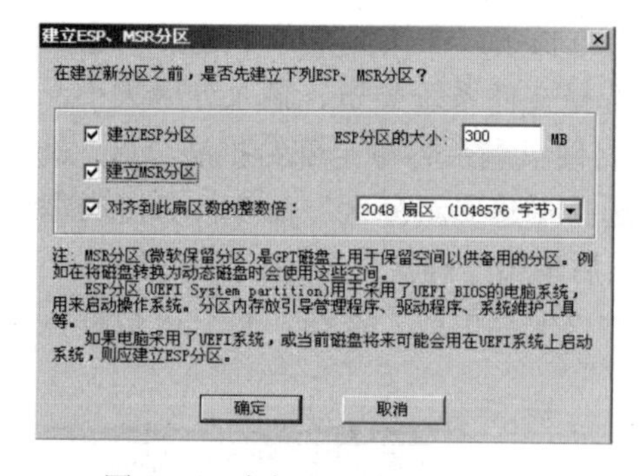

图 10.7　建立 ESP 和 MSR 分区

ESP 分区（EFI System Partition，EFI 系统分区）标识为 EF，因此该分区在 Windows 操作系统下一般是不可见的。对于 UEFI BIOS 的计算机系统，用来启动操作系统，分区内存放引导管理程序、驱动程序、系统维护工具等。

MSR 分区（Microsoft Reserved Partition）即微软保留分区，是分区表上用于保留空间以供备用的分区。在 GPT 磁盘转换为动态磁盘后，会使用这些空间。

在选择建立 ESP 和 MSR 分区后，单击“确定”按钮，会出现与图 10.4 几乎相同的界面，输入新分区大小，确定后建立第一个主分区。后面再建立的分区仍为主分区，直至硬盘容量全部分完。存盘后，自动进行格式化。

5. 用 Windows 自带的分区工具对硬盘分区

Windows 安装程序自带了分区功能，可以在操作系统的安装中（注：非 Ghost 方式安装）就对硬盘进行分区的删除和建立，建立时分区会自动按 C、D、E……进行排列，C 为主分区，并自动激活，其余为扩展分区下的逻辑分区。Windows 10 则为 GPT 分区，且全为主分区。

任务 10.2　Windows 的安装

任务提出

Windows 的安装要求有哪些？安装过程如何？怎样在安装中对硬盘进行分区和格式化？

任务实施要求

小组成员用 Windows 系统盘启动计算机，按照屏幕提示进行操作，直至操作系统安装完成。再用 Windows 的 Ghost 版进行系统安装。

任务相关知识

对个人计算机来说，现在主流的操作系统软件是微软的 Windows 系列，如用于单机的 Windows 7 及 Windows 10，用于服务器的 Windows Server 2008 和 Windows Server 2012。

1. Windows 系统安装前的注意事项

① 确定 C 盘大小。一般需要 C 盘的存储空间为 50 GB 以上。

② 建议在安装 Windows 前，将计算机中所有的重要文件及程序备份，新硬盘除外。

③ 关闭 BIOS 的病毒侦测功能以及电源管理系统。以 Award BIOS 为例，将 BIOS FEATURES SETUP 里的 Virus Warning 设定成 Disable，将 POWER MANAGEMENT SETUP 里的 Power Management 设定成 Disable。

④ 若计算机安装了 3 GB 及以上内存时，一定要安装 64 bit 操作系统，否则多余内存将无法使用。

⑤ 在安装程序前应先进行磁道检查，保证没有坏道。

2. Windows 10 的系统安装

这里是原版 Windows 10 的安装过程，不同版本的安装过程有一些区别。

① 把原版 Windows 10 系统的 iso 文件刻录在光盘或 U 盘或移动硬盘中。把系统光盘放入光驱或插入系统 U 盘或移动硬盘，启动计算机。在屏幕左上角出现英文“Press any key to boot from CD or DVD..”时，及时按下任意键。然后从光盘中读取内容，进入 Windows 安装程序。

② 在“选择需按照的操作系统”界面中选择“Windows 10 专业版”，单击“下一步”。

③ 在“选择声明和许可条款”界面中将“我接受许可条款”打√，单击“下一步”。

④ 若是新硬盘，在“你想执行哪种类型的安装”界面中选择“自定义”。

⑤ 在“你想将 Windows 安装在哪里”界面中选择“驱动器 0 未分配的空间”后单击“新建”。在“大小”处输入要分配的容量，单击“应用”。弹出提示窗口后，单击“确定”，系统会自动创建其他的分区。选择“主分区”后再单击“下一步”继续。

⑥ 开始安装 Windows，直到安装完成，重新启动计算机。出现“欢迎”界面时，进入正式交互安装 Windows 10 过程。

⑦ 然后是“基本”设置界面。

- ❖ 在“让我们先从区域设置开始”界面中选择“中国”，单击“是”。
- ❖ 在“这种键盘布局是否合适”界面中选择中文输入法，单击“是”。
- ❖ 若没有第二种键盘布局，选择“跳过”。

⑧ 然后是“网络”设置界面。

- ❖ 出现“让我们为你连接到网络”界面时，不连接网线，单击“现在跳过”。
- ❖ 在“立即连接以在以后节省时间”界面中选“否”，等待系统自动设置。

⑨ 然后是“账户”设置界面。

- ❖ 选择“针对个人使用进行设置”，单击“下一步”。
- ❖ 在“通过 Microsoft 登录”界面中选择“脱机账户”。
- ❖ 在“转而登录 Microsoft”界面中选择“否”。
- ❖ 在“谁将使用这台电脑”界面中输入账户名，单击“下一步”。
- ❖ 在“创建容易记住的密码”界面中输入两次密码，单击“下一步”。
- ❖ 在“为此创建安全问题”界面中选择三个安全问题和输入三个答案，单击“下一步”。

⑩ 然后是“服务”设置界面。

- ❖ 在“是否让 Cortana 作为你的个人助理”界面中选择“拒绝”。
- ❖ 在“具有活动历史记录的设备中执行更多操作”界面中选择“否”。
- ❖ 在“为你的设备选择隐私操作”界面中根据自己情况选择，单击“接受”。

等待设置完成，然后正式进入 Windows 10 桌面，此时桌面只有回收站，Windows 10 安装完成。右击桌面，选择“个性化”→“主题”→“桌面图标设置”，选择需要显示的桌面图标，一般只需选择“计算机”图标。此时的 Windows 10 系统是没有激活的，需要正版 ID 来激活 Windows。另外也有可能部分硬件设备未被驱动，可在设备管理器中查看。

3. Windows 10 的 Ghost 版安装

Windows 10 的 Ghost 版系统安装可以实现一键无人值守安装、自动识别硬件并安装驱动程序，大大缩短了装机时间，恢复速度快、效率高。一般还集成了多款常用软件，如 Office 等，更适合计算机维护人员快速装机使用。Windows 10 的 Ghost 版系统安装方法因 Ghost 版的制作方法不同，安装方法也不一样，一般都选菜单的第一项，将系统安装到 C 盘。

安装前应先用系统 U 盘或移动硬盘自带的 DiskGenius 分区软件对硬盘进行分区，并进行格式化，然后再进行安装。

如果系统 U 盘中是网络上下载的 GHO 文件，则选择菜单中的 Ghost 项进行手动安装。Ghost 的使用方法详见项目 16。

任务 10.3 驱动程序的安装

任务提出

哪些硬件需要安装驱动程序？驱动程序的安装方法有哪些？应该怎样安装驱动程序？

任务实施要求

小组成员启动刚安装完系统的计算机，按照屏幕提示进行驱动程序的安装，直至驱动程序安装完成。

任务相关知识

1. 驱动程序的常规安装

安装驱动程序是新系统装好后的必经步骤，从 Windows XP 开始，微软的操作系统已经自带绝大部分硬件的驱动程序，但是要想获得最佳性能，安装配套的驱动程序还是必要的。

（1）驱动程序的安装步骤。

① 安装操作系统后，首先应该装上操作系统的补丁。

② 安装主板芯片组驱动。

③ 安装 DirectX 驱动。

④ 安装显卡驱动。

⑤ 安装声卡、网卡等设备驱动。

⑥ 安装打印机、扫描仪等其他外设驱动。

（2）如何获取驱动程序。

① 配套安装盘。在购买硬件时都会提供配套光盘，这些盘中就有该硬件的驱动程序。

② 操作系统自带。操作系统的版本越高，硬件的驱动程序也越多。

③ 网络。到硬件厂商网站或驱动之家下载所需的驱动程序。

（3）如何安装驱动程序。

① 双击驱动程序文件进行安装。现在很多驱动程序里都带有一个 Setup.exe 可执行文件，只要双击它，然后按照默认设置单击“Next”按钮就可以完成驱动程序的安装。有些驱动程序光盘中加入了 Autorun 自启动文件，只要将光盘放入电脑的光驱中，光盘便会自动启动，然后在启动界面中单击相应的驱动程序名称就可以自动开始安装过程。

② 从设备管理器里安装。同时按下“win”键和“R”键，打开“运行”窗口，输入“devmgmt.msc”，单击“确定”按钮，打开“设备管理器”界面，如图 10.8 所示。设备前面有“？”或“！”，表示该设备的驱动程序未安装或安装有问题。右击该设备，在弹出的快捷菜单中选择“更新驱动程序软件”命令。

接着就会弹出一个“更新驱动程序软件”对话框，如图 10.9 所示。如已知驱动程序位置可选择“浏览计算机以查找驱动程序软件”，如不知哪个驱动程序，可以选择“自动搜索更新的驱动程序软件”，在计算机和网络中查找符合要求的驱动程序。

2. 用驱动精灵安装驱动程序

驱动精灵的主界面如图 10.10 所示，包括硬件驱动检测概要、驱动管理、驱动备份、驱动还原、硬件检测、诊断修复、温度监控和百宝箱等功能。单击“立即检测”按钮，对硬件驱动进行检测，检测结果如图 10.11 所示，单击“升级”即可。

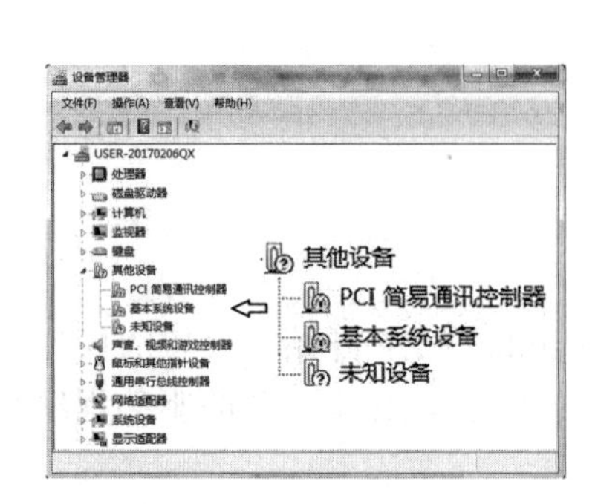

图 10.8　设备管理器界面

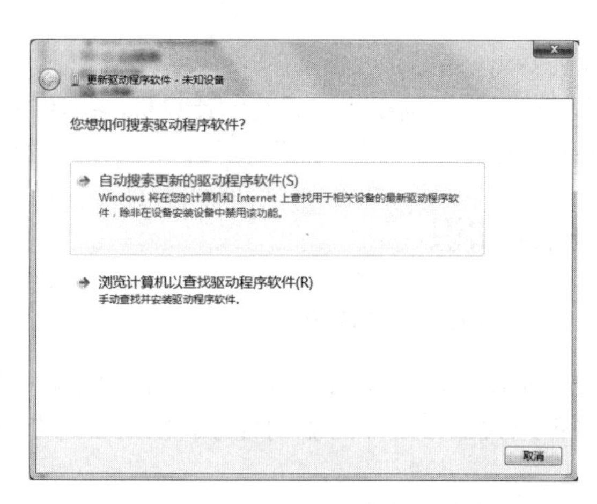

图 10.9　更新驱动程序软件对话框

图 10.10　驱动精灵主界面

图 10.11　驱动程序界面

任务 10.4　应用软件的安装

任务提出

常用的应用软件有哪些？应该怎样安装应用软件？

任务实施要求

小组成员针对已安装系统和驱动完成的计算机，安装应用软件。

任务相关知识

1. Office 安装

一般 Microsoft Office 的组件包含 Word 文字处理、Excel 表格处理、PowerPoint 幻灯片、Outlook 邮件收发、Access 数据库、OneNote 记事本、FrontPage 网页制作、InfoPath 信息收集、Publisher 排版制作、Visio 流程图和 Project 项目管理等。

① 下载 Microsoft Office 完整版安装文件，然后解压缩。

② 在资源管理器中打开 Microsoft Office 安装文件夹，双击 Setup.exe 可执行文件，运

行 Microsoft Office 安装程序。

③ 安装过程中要求输入产品密钥，打开安装文件夹中的“序列号.txt”文件，复制文件中的序列号，将其粘贴到“产品密钥”文本框中。

④ 在用户信息界面中填写相应的信息。

⑤ 在用户许可协议界面中，选中“我接受许可协议中的条款”复选框。

⑥ 在选择安装类型界面中选择“典型安装”，单击“安装”按钮，开始安装。

⑦ 安装程序执行一段时间后，Microsoft Office 便安装成功了，然后重启计算机即可。

2. 压缩软件 WinRAR 安装

① 从网上下载 WinRAR 应用程序。

② 双击该应用程序，打开一个向导式的安装对话框。

③ 选择安装路径，如指定路径为 d:\war，单击“安装”按钮。

④ 程序开始解压缩文件，运行解压缩完成后，出现 WinRAR 文件关联和界面设置对话框，在“关联文件类型”中单击“全部选定”按钮，其他默认，单击“确定”按钮。

⑤ 安装程序给出最后的安装信息，单击“完成”按钮安装程序结束。

习　题　10

一、填空题

1．新购买的硬盘在使用前需先经过_________和_________才能存放数据。

2．根据目前流行的操作系统来看，最常用的硬盘分区格式有__________和__________两种。

3．使用命令 format c:/s 格式化磁盘后，显示 System transferred 表示__________。

4．DOS 中文名为__________。

5．命令 dir/w、dir/a、dir/p 和 dir/s 的作用分别为：_________、_________、_________和_________。

6．cd..和 cd\的作用分别是__________和__________。

二、选择题

1．以下__________不是硬盘的分区类型。

A．主分区　　B．系统分区　　C．逻辑分区　　D．扩展分区

2．在 MBR 分区下通常一个硬盘最多可以有__________个主分区。

A．2　　B．4　　C．6　　D．8

3．计算机通常是从硬盘的_________引导操作系统的。

A．主分区　　B．扩展分区　　C．逻辑分区　　D．活动分区

4．采用 FAT16 分区格式，每个分区最大允许的容量是__________。

A．512 MB　　B．2047 MB　　C．8.4 GB　　D．144 GB

5．要删除原来的所有分区，应首先删除__________。

A．扩展分区　B．逻辑盘　C．主分区　D．非DOS分区

6. 系统软件中最基本、最重要的是__________，它提供用户和计算机硬件之间的接口。

A．应用系统　B．操作系统　C．实用系统　D．计算系统

7．安装__________软件是对裸机的首次扩充。

A．字处理软件　B．操作系统　C．高级语言　D．应用软件

8．在安装操作系统之前必须__________。

A．分区并格式化硬盘　B．磁盘整理

C．装驱动程序　D．打开外设

三、判断题（正确的在括号中打“√”，错误的打“×”）

1．一般不将扩展DOS分区设为活动分区。（　）

2．操作系统只能从硬盘的主DOS分区引导。（　）

3．新买的硬盘必须经过低级格式化后才能使用。（　）

4. 一块物理硬盘可以设置成一块逻辑盘，也可以设置成多块逻辑盘来使用。（　）

5．簇是磁盘文件存取的最小单位，因此簇越小，磁盘空间的利用率越高。（　）

6. 设置了扩展分区后不能直接使用，要将扩展分区分为一个或几个逻辑分区才能被操作系统识别和使用。（　）

7．只有已经安装并配置了适当的驱动程序，操作系统才能够使用该设备。（　）

四、简答题

1．硬盘分区的作用是什么？

2．怎样对硬盘进行分区？

3．硬盘高级格式化的作用是什么？

4．有哪几种方法可对硬盘进行分区和格式化？

5．软件的安装主要有哪几部分？

6．操作系统的安装主要有哪几种方法？

7．驱动程序的安装方法有哪些?

实践10.1　系统U盘制作

目的：掌握系统U盘或移动硬盘的制作方法。

步骤：

（1）打开一台已装好操作系统的计算机；

（2）从网络下载系统U盘或移动硬盘制作工具；

（3）将U盘或移动硬盘插入计算机，用系统U盘制作工具制作系统U盘或移动硬盘；

（4）将计算机设为U盘启动，启动计算机后看U盘或移动硬盘的启动和相关软件的运行情况。

实践 10.2　硬盘的分区和格式化

目的：掌握硬盘的分区和格式化的方法。

步骤：

（1）打开一台已组装好的计算机，进入 BIOS 系统，设置 U 盘为第一启动设备；

（2）将系统 U 盘或移动硬盘插入计算机，启动计算机进入 DOS 操作系统；

（3）用 fdisk 命令、DiskGenius、PQMagic 等分区软件对硬盘进行分区；

（4）最后进行格式化；

（5）熟练使用常用的 DOS 命令。

实践 10.3　计算机操作系统的安装

目的：掌握操作系统的安装方法。

步骤：

（1）将系统 U 盘或移动硬盘插入计算机；

（2）打开一台已分区和格式化的计算机，按照屏幕的提示进行操作系统的安装；

（3）再用 Ghost 版操作系统安装盘来进行操作系统的安装。

岗位情景 3　计算机软件维护

岗位情景分析

本岗位情景是如何当好计算机的软件维护工程师。首先要对计算机所用的软件有一个很深入的了解，并熟知计算机操作系统的安装和维护、硬件的驱动程序的安装、各种应用软件的安装，会使用检测软件和工具软件，并能进行 BIOS 系统的设置，能进行系统的优化，能对计算机病毒和木马进行防治。根据软件故障现象来进行故障分析，通过一定的手段检测和判断软件的故障范围，从而快速处理故障，使计算机恢复正常工作。

计算机运行性能的好坏不但取决于计算机硬件的质量、性能和匹配，而且在很大程度上还取决于软件的运行状态。因此有必要对软件系统的运行环境进行设置和检测，优化软件的运行环境，使软件尽可能少占用 CPU 和内存，并随时对计算机病毒和木马进行检测，尽早发现计算机病毒和木马。

计算机在运行中会出现各种各样的故障，而故障的 90%是设置或软件有问题引起的。因此有必要掌握计算机软件故障的检测和判断方法，在短时间内排除计算机的软件故障。

项目 11

计算机 BIOS 系统设置

项目分析

BIOS（Basic Input/Output System）即基本输入/输出系统，它为计算机提供最低级的硬件控制。BIOS 是硬件与软件之间的接口，当它设置不正确时，就会引起计算机运行不正常。因此有必要掌握 BIOS 的设置要求，通过正确的 BIOS 设置，才能使计算机正常运行。

任务 11.1　了解计算机正常启动过程

任务提出

了解计算机启动过程。计算机在启动过程中检测了什么？启动时屏幕显示了什么？

任务实施要求

小组成员对照教材的相关内容，查看所用计算机的启动情况，并设置一些故障，再查看计算机的启动情况。

任务相关知识

1. Award BIOS 启动过程

Award BIOS 启动过程如图 11.1 所示。计算机接通电源后，系统将执行 POST 上电自检，包括对 CPU、主板、基本 640 KB 内存、1 MB 以上的扩展内存和系统 ROM BIOS 的测试，检验 CMOS 中的系统配置、初始化显卡，测试显存和 CRT 接口，检验视频和同步信号，对键盘、软驱、硬盘、光驱、并行口和串行口做检查。自检中如发现严重故障（致命性故障）则关机，此时由于各种初始化操作还没完成，不能给出任何提示或信号；对于非严重故障则给出提示或声音报警信号，等待用户处理。

当自检完成后，系统将从 C 驱或光驱以及网络服务器中寻找操作系统进行启动，然后将控制权交给操作系统。

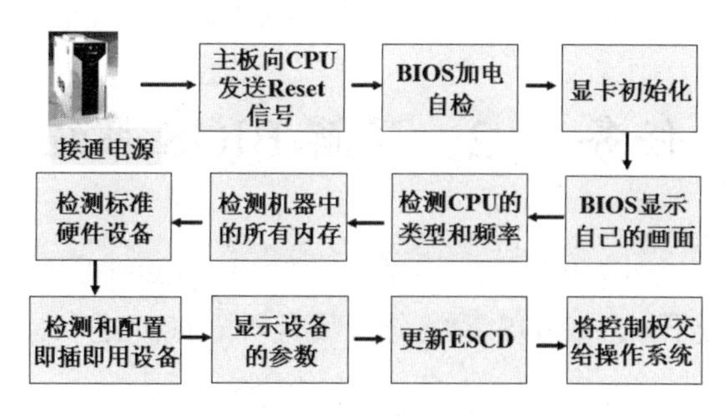

图 11.1　Award BIOS 启动过程示意图

2．UEFI BIOS 启动过程

UEFI BIOS 启动过程如图 11.2 所示，分为 7 个阶段。

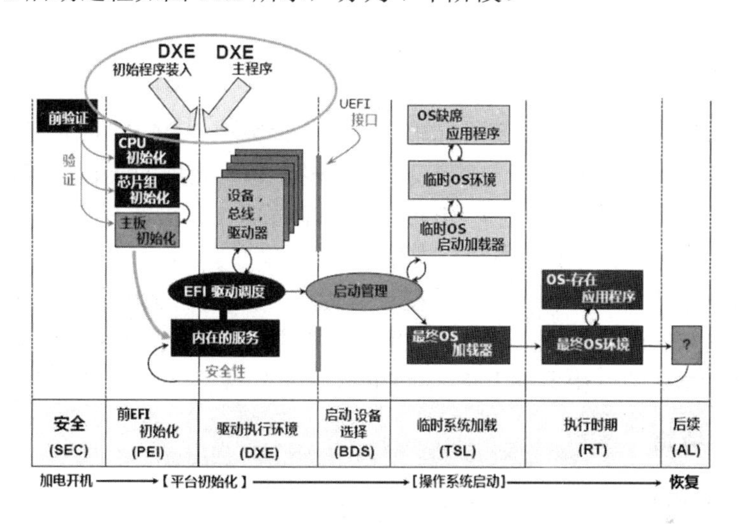

图 11.2　UEFI BIOS 启动过程示意图

① 安全验证阶段（SEC）。接收和处理系统的启动、重启或异常信号。此时在 Cache 上开辟一段空间作为内存使用（此时内存还没有被初始化，C 语言运行需要内存和栈空间）。

② EFI 前期初始化阶段（PEI）。此时主要做 CPU、内存、主板的初始化，将 DXE 阶段需要的参数以 HOB 列表的形式进行封装，传递给 DXE 阶段。

③ 驱动执行环境阶段（DXE）。此时内存可以使用，因此可以完成大量的驱动加载和初始化工作，直到所有的驱动都被加载和执行完毕，系统完成初始化。

④ 启动设备选择阶段（BDS）。此时主要是初始化控制台设备，加载执行必要的设备驱动，根据用户的选择，执行相应的启动项。

⑤ 操作系统加载前期阶段（TSL）。此时是 OS Loader 执行的第一个阶段，为 OS Loader 准备执行环境，OS Loader 调用 ExitBootService 结束启动服务，进入 RunTime（RT）阶段。

⑥ 执行阶段（RT）。此时 OS Loader 取得了系统的控制权，因此要清理和回收一些之前被 UEFI 占用的资源，Runtime Services 随着操作系统的运行提供相应服务，期间一旦出现错误和异常，将进入 AL 进行修复。

⑦ 灾难恢复阶段（AL）。根据厂家自定义修复方案恢复。

任务 11.2　了解 BIOS 系统

任务提出

BIOS 系统的功能是什么？BIOS 系统分为哪几种？如何进入计算机的 BIOS 系统？

任务实施要求

小组成员对照教材的相关内容，查看所用计算机的 BIOS 系统在主板上的位置以及采用的是什么样的 BIOS 系统，了解进入 BIOS 系统的方法。

任务相关知识

1. 什么叫 BIOS

在 20 世纪 80 年代前，IBM 在研究第一部个人计算机 IBM-PC 时，把一些开机时的硬件启动/检测码及前导程序代码和一些最基本的外围 I/O 处理的子程序码，全部写在一块 EEPROM 中，这个程序代码就叫作 BIOS。它用来管理计算机所有的输入与输出，为计算机提供最低级的、最直接的硬件控制与支持。

在 BIOS ROM 芯片中装有一个“系统设置程序”，它是用来设置 CMOS RAM 中的参数的。该程序一般在开机后按一个键或一组键即可进入，它提供了良好的界面供用户使用，这个设置 CMOS 参数的过程习惯上称为“BIOS 设置”或“CMOS 设置”。

2. BIOS 的功能

（1）Award BIOS。

① 自检。自检用于计算机刚接通电源时对硬件的检测，功能是检查计算机是否良好。

② 初始化。初始化包括创建中断向量，设置寄存器，对一些外部设备进行初始化和检测等。

③ 引导程序。先从硬盘的开始扇区读取引导记录，然后把计算机的控制权转交给引导记录，由引导记录把操作系统装入计算机。

Award BIOS 执行过程包括硬件中断处理和程序服务处理。BIOS 的服务功能是通过调用中断服务程序来实现的，而程序服务处理是为应用程序和操作系统服务的，这些服务主要与输入/输出设备有关，如读盘、文件输出打印等。

（2）UEFI BIOS。

① 自检。系统开机，上电自检。

② 初始化。UEFI 固件被加载，初始化启动要用的硬件。

③ 加载应用。固件读取其引导管理器以确定从何处（比如，从哪个硬盘及分区）加载哪个 UEFI 应用。然后固件按照引导管理器中的启动项目，加载 UEFI 应用。

所以 UEFI BIOS 是先初始化 CPU 和内存，CPU 和内存若有问题则直接黑屏，其后启动 PXE，采用枚举方式搜索各种硬件并加载驱动，完成初始化，之后进入操作系统启动过程。

3. BIOS 的种类

（1）Award BIOS。

Award BIOS 是 Award BIOS、AMI BIOS、Phoenix BIOS 三个产品的老大，其 BIOS 曾被广泛使用，后 Phoenix 公司与 Award 公司合并为 Phoenix-Award。其优点是不管 BIOS 年代的早晚，界面基本固定，设置项也差不多，便于掌握。但 Award BIOS 为英语界面，且专业性较强，使普通用户设置起来感到困难较大。而如果设置不当的话，将会影响整台计算机的性能，甚至不能正常使用。

（2）UEFI BIOS。

因为硬件发展迅速，传统的 BIOS 已经落后，因此 2012 年推出了 UEFI BIOS，UEFI（Unified Extensible Firmware Interface）的全称为“统一的可扩展固件接口”。UEFI 模式是一种新的启动模式，它支持全新的 GPT 分区模式，开机速度更快、更安全。UEFI 程序采用 C 语言图形化界面，支持多种语言显示；同时支持键盘和鼠标操作。但主板品牌不同，支持的 CPU 不同，BIOS 界面、菜单和设置项都不一样，无法以点带面。

4. 常见的进入 BIOS 设置的方法

开机时立即按住选定的热键可进入 BIOS 设置程序，不同类型的计算机进入 BIOS 设置程序的按键不同，笔记本一般为“F2”键，台式机一般为“Del”键。有的会在屏幕上给出按键提示信息。

5. BIOS 设置的基本原则

正常情况下，默认的设置值在大多数使用情况下可获得最佳的运行性能，建议不要变更默认设置。有些 BIOS 有“装载优化的默认值”设置选项，一般情况下，执行“装载优化的默认值”选项，能保证计算机正常运行。

任务 11.3 Phoenix-Award BIOS 设置

任务提出

BIOS 的主菜单有哪些项目？各分项的含义是什么？如何进行设置？

任务实施要求

小组成员对照教材的相关内容，查看所用计算机的 BIOS 系统的主菜单和子菜单的情况，并进行相关的设置，再查看计算机的运行情况。

任务相关知识

Phoenix-Award BIOS 是以前主板常用的 BIOS。Phoenix-Award BIOS 包含 CMOS SETUP 程序，可根据需要进行设置。当打开设置界面时，显示的设置值一般为默认值，如没有特殊要求，最好不要更改。如设置错误，可用工厂设置和最优化设置，返回所有的默认值。

各种 Phoenix-Award BIOS 的菜单内容不尽相同，罗列的设置内容并不是每一个 BIOS 的设置中都有，请读者注意。

BIOS 功能键如下。

- ↑、↓、←、→：移到上、下、左、右一个项目。
- Esc 键：退出当前画面或不存储退出。
- Page Up 或+键：改变设定状态，或增加栏位中的数值内容。
- Page Down 或-键：改变设定状态，或减少栏位中的数值内容。
- F1 功能键：显示目前设定项目的相关说明或相应键的功能。
- F5 功能键：装载上一次设定的值。
- F6 功能键：装载最安全的值。
- F7 功能键：装载最优化的值。
- F10 功能键：保存设定值并离开 CMOS SETUP 程序。

当进入 BIOS 后，便可看到如图 11.3 所示的主菜单，用方向键来选择，按 Enter 键进入子菜单，有三角标记的菜单表示有子菜单。

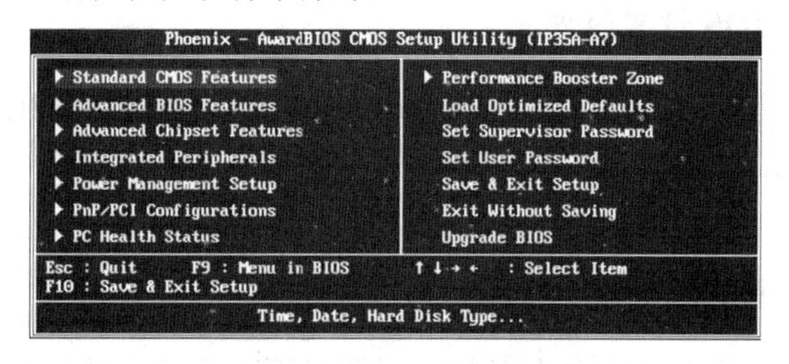

图 11.3　Phoenix-Award BIOS 主菜单

BIOS 的主菜单内容如下。

- Standard CMOS Features：标准 CMOS 功能设定。设定日期/时间、软硬盘规格及显示器种类等。
- Advanced BIOS Features：高级 BIOS 功能设定。设定 BIOS 提供的特殊功能，如开机引导、磁盘优先顺序等。
- Advanced Chipset Features：高级芯片组功能设定。设定主板所用芯片组的相关参数，如设置 BIOS 高速缓冲、PCI E 图形卡工作模式等。
- Integrated Peripherals：外部设备设定。此设定菜单包括所有外围设备的设定，如 AC97 声卡、AC97Modem 及 USB 键盘是否打开、IDE 界面使用何种 PIO Mode 等。
- Power Management Setup：电源管理设定。设定 CPU、硬盘和显示器等设备的节电功能运行方式。
- PnP/PCI Configurations：即插即用与 PCI 参数设定。设定 ISA 的 PnP 即插即用界面以及 PCI 界面的相关参数。
- PC Health Status：PC 健康状态。显示 PC 健康状态，如 CPU 温度、风扇状况等参数。
- Performance Booster Zone：改变 CPU 核心电压和 CPU/PCI 时钟。设定 CPU 的倍频，设定是否使用自动侦测 CPU 频率等。

❖ Load Optimized Defaults：装载优化的默认值。
❖ Set Supervisor Password：设置超级用户密码。
❖ Set User Password：设置一般用户密码。
❖ Save & Exit Setup：保存后退出设置程序。
❖ Exit Without Saving：不保存退出设置程序。
❖ Upgrade BIOS：BIOS 升级。

1. Standard CMOS Features

（1）Date（mm:dd:yy）（日期设定）。

设定计算机中的日期，格式为“星期，月/日/年”，其中星期不可设置。

（2）Time（hh:mm:ss）（时间设定）。

设定计算机中的时间，格式为“时:分:秒”。

（3）SATA 1/2/3/4 device（SATA 1～4 插口上硬盘设置）。

如果 SATA 接口上有硬盘或光驱，则显示设备的类型、名称、容量和序列号等。

（4）IDE Channel 1 Master/Slave（第一个 IDE 接口的主/从硬盘设置）。

① IDE HDD Auto-Detection，硬盘自动检测。需自动检测按 Enter 键。

② IDE Channel 1 Master，第一个 IDE 接口的主设备。如果设置为 Auto，系统将自动检测并配置在主板上第一个 IDE 接口的主驱动器。如果没有接设备，应设置为 None（没有）。同理还需设置 IDE Channel 1 Slave。

注意：错误的设定会使计算机系统无法识别硬盘。

③ Access Mode，存取模式。这项设定用来改变 IDE 硬盘的存取模式，有 CHS、LARGE、LBA 和 AUTO 4 个选项。选择 CHS 模式，可修改硬盘参数。一般选择 LBA 或 AUTO。

（5）Drive A。

用来设定软驱的参数，设为 None。

（6）Halt On（暂停选项设定）。

当启动计算机时，若 POST 检测到异常，是否要提示并等候处理。一般选择 All Errors：BIOS 检测到任何错误，系统均启动暂停并且给出错误提示。

2. Advanced BIOS Features

（1）CPU Feature（CPU 设置）。

① Delay Prior to Thermal，超温优先延迟。在指定时间后，激活 CPU 过热延迟功能。

② Thermal Management，CPU 温度管理。Thermal Monitor 2 通过降频和降压来降低温度。

③ TM2 Bus Ratio，CPU 超温保护。当 CPU 温度过高时，启用低功耗模式的频率。

④ TM2 Bus VID，用来设置当 CPU 温度过高时，启用低功耗模式的电压。

⑤ PPM Mode，智能超频技术。该技术有 Native Mode（超频）和 SMM Mode（系统管理）。

⑥ Limit CPU ID MaxVal，CPU ID 最大值。

⑦ C1E Function，CPU 在空闲轻负载状态降低工作电压与倍频。

⑧ Execute Disable Bit，执行禁止位。这是一种硬件防病毒技术，与操作系统配合可以防范大部分针对缓冲区溢出漏洞的攻击。

注意：开启此选项后可能不能安装操作系统。

⑨ Virtualization Technology，虚拟技术。激活后，运行虚拟计算机或多界面系统时使用。

⑩ Core Multi-Processing，酷睿多处理器支持。

（2）Cache Setup（Cache 设置）。

① CPU L1 & L2 cache，CPU 一级和二级缓存。设置成 Enabled 状态可以加速 CPU 的访问速度。若关闭，计算机的运行速度会变得很慢。

② CPU L2 cache ecc checking，CPU 二级缓存 ECC 校验。建议选择该选项，选择后 BIOS 就能自动检测并纠正存储在二级缓存上的数据，这样能使系统更加稳定。

（3）Boot Seq & Floppy Setup（系统引导设置）。

① Hard Disk Boot Priority，硬盘引导优先选择。当计算机接有多个硬盘时，可以将操作系统分别安装在这些硬盘上，此时就会涉及从哪个硬盘启动系统的问题。按 Enter 键后可以看到硬盘列表，其中最上面的硬盘就是当前要启动系统的硬盘，使用 Page Down、Page Up 键可调整这些硬盘的顺序。

② First/Second/Third Boot Device，第一、第二、第三引导设备。

③ Boot Other Device，其他引导设备。

④ Boot Up Floppy Seek，开机时对软驱进行检测。因无软驱，选择 Disabled。

（4）Virus Warning（病毒警告设置）。

此功能可防止硬盘的关键扇区及分区被更改。当设为 Enabled 时，对病毒感染引导区进行操作会报警，但对硬盘进行正常分区操作时也会报警；当采用软件防毒时，应设为 Disabled（默认值）；当安装视窗操作系统时，请先取消此功能，以免因冲突而无法顺利安装。

（5）Hyper-Threading Technology（激活或关闭超线程技术），选关闭。

（6）Quick Power On Self Test（开启或关闭自检项目）。

设定 Enabled，为快速 POST 方式，减少测试的方式与次数，让 POST 过程所需时间缩短。

（7）Boot Up Numlock Status（开启或关闭数字键盘工作状态），选 ON。

（8）Gate A20 Option（A20 门操作）。

该项是选择系统存取 1 MB 以上（A20 是指扩展内存的前部 64 KB）的方式，选 Fast。

（9）Typematic Rate Setting（击键速率设定）。

如果按下某键不放，计算机将按照重复按下该键对待。

（10）Typematic Rate（Chars/Sec）（键盘重复速度设定）。

按下某键 1 s 则相当于按了该键预设的次数。

（11）Typematic Delay（Msec）（键盘输入延迟时间）。

按下某键时，延迟多长时间后开始视为重复按下该键。

（12）Security Option（检查密码方式）。

若设为 Setup，则仅在进入 CMOS Setup 时提示输入密码；若设为 System，则每次开机启动或进入 CMOS Setup 时都会提示输入密码，其默认值为 Setup。

（13）APIC Mode（高级可编程中断控制）。

该项用来启用或禁用 APIC，启用 APIC 模式将会扩展可选用的中断请求 IRQ 系统资源。

（14）MPS Version Control For OS（面向操作系统的 MPS 版本）。

该项用于确定 MPS（MultiProcessor Specification，多重处理器规范）的版本，选 1.4。

（15）OS Select For DRAM>64MB（设定 OS2 使用内存的容量），选 Non-OS2。

（16）Full Screen LOGO Show（开机全屏显示 LOGO），选 Enabled。

（17）Small Logo（EPA）Show（小的 Logo 显示）。

EPA Logo 就是开机自检时显示在屏幕上方的标志。

（18）Summary Screen Show（屏幕摘要显示）。

该项用于设置是否开启或关闭屏幕显示摘要，选 Enabled。

3. Advanced Chipset Features

（1）System BIOS Cacheable（设置 BIOS 高速缓冲）。

其选项是为了加快执行 BIOS，在内存中建立系统 BIOS 的缓存，选 Enabled。

（2）Memory Hole At 15M−16M（扩充卡使用 15～16 MB 地址内存）。

一些扩充卡要求使用 14～16 MB 或 15～16 MB 的内存地址空间，选关闭。

（3）PEG Force ×1（PCI E 图形卡工作模式）。

当不使用 PCI Express ×16 时，此项设置为×1。

4. Integrated Peripherals

（1）OnChip IDE Device（IDE 设备接口设置）。

① IDE HDD Block Mode，IDE 硬盘加速模式。加快硬盘的传输速度。

② IDE DMA transfer access，IDE DMA 转移地址。选 Enabled，打开硬盘的 DMA 功能。

③ On-Chip Primary/Secondary PCI IDE，主板上第一、第二个 PCI IDE 端口设置。

④ IDE Primary/Secondary Master/Slave PIO，主板上第一、第二个 IDE 端口 PIO 模式设置。

⑤ IDE Primary/Secondary Master/Slave UDMA，主板上第一、第二个 IDE 端口 UDMA 模式设置。如无 IDE 硬盘，以上 5 项应关闭。

⑥ SATA Mode，选择 SATA 配置，选择 SATA。

⑦ On-Chip Serial ATA，板载 Serial ATA。用于指定 SATA 控制器，选择 Auto。

⑧ SATA PORT Speed Settings，SATA 端口速度设置。选择 Force GEN Ⅱ，传输速度为 3.0 Gb/s。

⑨ PATA IDE Mode/SATA Port，PATA IDE 模式/SATA 端口，选择 Primary 或 Secondary。

⑩ SATA Port，SATA 端口设置。如果 PATA IDE Mode 字段设为 Primary，此字段将显示为“P1,P3 is Secondary”，表示 SATA 0 与 SATA 2 为 Secondary。如果 PATA IDE Mode 字段设为 Secondary，此字段将显示为“P0, P2 is Secondary”，表示 SATA 1 与 SATA 3 为 Primary。

（2）Super IO Device（I/O 设备设置）。

① Onboard FDC Controller，内置软驱控制器。无软驱，选关闭。

② Onboard Serial Port 1/2，设置内置串行口 1 或 2。用串口选 Auto，无则关闭。

③ UART Mode Select，UART 模式选择，选 Normal。

④ UR2 Duplex Mode，全双工还是半双工红外线功能设定，选 Half。

⑤ Onboard Parallel Port，并行端口选择。用并口选 378/IRQ7，无则关闭。

⑥ Parallel Port Mode，并行端口模式，选 ECP+EPP。

⑦ ECP Mode Use DMA，设置 ECP 模式使用的 DMA 通道。该选项建议选择 3。

（3）USB Device Setting（USB 设备设置）。

① USB 1.0/2.0 Controller，USB 1.0/2.0 控制器，选 Enabled。

② USB Operation Mode，设置 USB 运行模式，选 High Speed。

③ USB Keyboard/Mouse Function，USB 键盘/鼠标设置。如使用 USB 键鼠，选 Enabled。

④ USB Storage Function，USB 存储功能设置，选 Enabled。

⑤ USB Mass Storage Device Boot Setting，USB 大容量存储设备启动设置，选 Auto。

（4）PCI E to PATA IDE cntrlr（PCI E 到 PATA IDE 控制），选 Auto。

（5）PCI E Compliancy Mode（PCI E 总线兼容模式），选 v1.0a。

（6）Onboard HD Audio（板载高清声卡控制），用板载声卡选 Auto。

（7）Onboard LAN（板载网卡控制），用板载网卡选 Enabled。

（8）Onboard LAN Bootrom（设置网卡启动），选关闭。

5. Power Management Setup

（1）ACPI & Wake Up Events（高级配置与电源管理状态及唤醒设置）。

① ACPI Function，高级电源管理，选 Enabled。

② ACPI Suspend Type，挂起状态设定。如选择 S1（POS），CPU 时钟停止工作，而其他设备仍然供电；如选择 S3（STR），即除内存带电外，其他硬件全部关闭。

Run VGABIOS if S3 Resume，如果选择 S3，运行 VGABIOS 就可以进行设置。关闭此功能可缩短系统时间。

③ Wake-Up by PCI card，设置采用 PCI 卡唤醒，选关闭。

④ Power On by Ring，设置是否采用 Modem 唤醒。无 Modem，选关闭。

⑤ USB KB/MS Wake-Up From S3，是否采用 USB 键盘或鼠标从 S3 状态唤醒，选关闭。

⑥ Resume by Alarm，设置计算机开机日期和时间，即定时开机，选关闭。

⑦ POWER ON Function，设置热键开机方式。按下热键后计算机自动启动，可以选择 Mouse Left（鼠标左键）、Mouse Right（鼠标右键）、Password（密码）、Hot Key（热键）和 Keyboard（键盘），其默认值为 BUTTON ONLY（仅使用开机按钮）。

⑧ KB Power ON Password，设置密码开机。设为 Enter 时，直接输入密码即可开机。此项只有在 POWER ON Function 设为 Password 时才有效。

⑨ Hot Key Power ON，设置热键启动。其默认设置为 Ctrl-F12（按 Ctrl+F12 组合键即可开机）。此项只有在 POWER ON Function 设为 Hot Key 时才有效。

⑩ PWRON After PWR-Fail，此项允许计算机当电源中断后恢复电源时自动重启返回到最后的操作系统状态，选 On。

（2）Reload Timer Events（系统唤醒事件）。

① Primary/Secondary IDE 0/1，设置是否 IDE 设备存取唤醒，选关闭。

② FDD,COM,LPT Port，设置是否 FDD、COM、LPT 设备唤醒，选关闭。

③ PCI PIRQ [A-D]#。当设置为 Disabled 时，任何 PCI 设备均不能唤醒系统。

（3）Power Management（选择省电类型或范围）。

- Min Saving（最小省电）：在一段较长的系统不活动的周期后，系统进入省电模式。
- Max Saving（最大省电）：在一个较短的系统不活动的周期后，系统进入省电模式。
- User Defined（用户自定义）：用户根据自己的需要设定省电的模式，为默认模式。

（4）Video off Method（视频关闭方式），选 V/H Sync+Blank。

（5）Video off In Suspend（在挂起中关闭视频），选 Yes。

（6）Suspend Type（挂起类型）。

设定值有 Stop Grant（保存整个系统的状态，然后关掉电源）和 PwrOn Suspend（CPU 和核心系统在低量电源模式，保持电源供给），其默认值为 Stop Grant。

（7）MODEM Use IRQ（调制解调器的中断值），选 NA。

（8）Suspend Mode（挂起方式）。

设定计算机 1～60 min 没有使用时，便进入 Suspend 省电模式，默认为 Disabled。

（9）HDD Power Down（硬盘电源关闭模式）。

当硬盘停止读或写 1～15 min 后，系统将切断硬盘电源。一旦又有读或写硬盘命令执行时，系统将重新开始运行。其默认值为 Disabled。

（10）Soft-Off by PWR-BTTN（软关机方法）。

当设为 PWR Button 小于 4 s 时，按住 ATX 电源开关 4 s，则会进入询问“关机”状态。设为 Soft off，表示进入系统“软”关机状态；设为 Suspend，表示进入省电状态；设为 No Function，表示取消以上两种功能；设为 Instant-Off，表示立即关机。但无论如何设置，当按住 ATX 电源开关按钮超过 4 s，均将系统关机。

（11）HPET Support（高精度事件计时器支持），选关闭。

（12）HPET Mode（选择高精度事件计时器工作模式），选 32-bit mode。

6. PnP/PCI Configurations

（1）Init Display First（显卡优先设定），选择 PCI Ex。
（2）Resources Controlled By（系统资源控制方式），选 Auto。
（3）IRQ Resources（手工指定中断），不设置。
（4）PCI/VGA Palette Snoop（PCI/VGA 调色板配置），选关闭。
（5）Assign IRQ For USB（为 USB 端口分配可用的中断地址），选 Enabled。
（6）Maximum Payload Size（PCI Express 总线净载荷尺寸），选 4096。

7. PC Health Status

（1）Smart Fan Option（智能风扇控制）。
① CPU Smart Fan，控制 CPU 风扇，根据 CPU 风扇插头选 Auto、4-pin 和 3-pin、Disabled。
② Smart Fan Calibration，BIOS 自动检测 CPU 风扇功能，并显示 CPU 风扇速度。
③ PWM Duty Off（℃），当 CPU 温度低于设定值，CPU 风扇将关闭。
④ PWM Duty Start（℃），当 CPU 温度达到此设定值，CPU 风扇将开始正常运行。
⑤ Start PWM Value，当 CPU 温度达到设定值，CPU 风扇将在智能风扇模式下运行。
⑥ Smart FAN Slope，增加 Slope PWM 值将提高 CPU 风扇速度。
（2）Shutdown Temperature（设置 CPU 关机温度），选 85℃/185℉。
（3）Show H/W Monitor in POST（在 POST 中显示），选 Enabled。

8. Performance Booster Zone

（1）CPU Clock Ratio（CPU 倍频设定）。
未锁频的 CPU 可设置 CPU 倍频。但倍频选高了，可能启动不了。对锁频 CPU 无效。
（2）CPU Clock（CPU 时钟）。
选项：100～333 MHz。但时钟选高了，可能启动不了。
（3）PCI E Clock select（选择 PCI E 时钟），选 Fixed 100。
（4）PCI E clock（显示 PCI E 时钟）。
（5）System Memory Frequency（系统内存工作频率），选 Auto。
（6）DRAM Configuration（DRAM 内存设置）。
（7）CPU Voltage（CPU 电压控制选择），选 StarUp。
（8）FSB Termination Voltage（前端总线端接电压选择）。
与使用的主板芯片组及 CPU 有关，选默认值。
（9）（G）MCH Voltage（北桥晶片超电压控制），选默认值。
（10）Memory Voltage（内存电压选择），根据所选内存工作电压选。

9. Load Optimized Defaults

若想载入 BIOS 中的优化值，请执行此选项，画面便会出现：Load Optimized Defaults（Y/N）？询问是否载入优化值，请输入“Y”或按 Enter 键，即可载入优化值。

10. Set Supervisor Password

管理员密码设置是针对系统启动及进入 BIOS SETUP 时做的密码保护，密码最多包含 8 个数字或符号，且有大小写之分。

设定密码时选择此项，并按下 Enter 键，菜单中间即出现方框要求输入密码。密码输入完毕后请按 Enter 键，BIOS 会要求再输入一次，以确定刚才输入的密码，若两次密码吻合，便将密码记录下来。

如果想取消密码，只需在输入新密码时，直接按 Enter 键，这时 BIOS 会显示“PASSWORD DISABLED”，也就是关闭密码功能，那么下次开机时就不会再被要求输入密码了。

11. Set User Password

用户密码设置是针对系统启动时做的密码保护。设置该项必须先在 Advanced BIOS FEATURESSETUP 选项的 Security Option 中设为 System。

12. Save & Exit Setup

输入“Y”并按下 Enter 键，即可保存所有设定结果到 CMOS SRAM 中，并离开 BIOS 设置。若不想保存，则按 N 或 Esc 键皆可回到主菜单中。

13. Exit Without Saving

不保存设定，直接退出。

14. Upgrade BIOS

为了识别更多的 CPU，修正原先 BIOS 的错误，提升和内存、显卡、硬盘等其他部件的兼容性，就需要对 BIOS 进行升级，但升级不当也会造成 BIOS 损坏。

有些 BIOS 还带有“Load Fail-Safe Defaults，装载最安全的缺省值”设置项。可将最安全的缺省值设为 BIOS 的设置值，以保证计算机能正常启动。

任务 11.4　UEFI BIOS 设置

任务提出

UEFI BIOS 的主菜单有哪些项目？各分项的含义是什么？如何进行设置？

任务实施要求

小组成员对照教材的相关内容，查看所用计算机的 UEFI BIOS 系统的主菜单和子菜单的情况，并进行相关的设置，再查看计算机的运行情况。

任务相关知识

UEFI BIOS 用 C 语言编写，为 32 bit 或 64 bit 寻址，突破了传统的 16 bit 寻址，达到处理器的最大寻址，使 BIOS 代码运行更快。采用了图形界面，可用鼠标操作。下面仅以用于 AMD CPU 的某华硕主板 BIOS 设置进行说明（在此任务中所指的 BIOS，均指 UEFI BIOS）。

BIOS 设置有两种模式：EZ Mode（简易模式）与 Advanced Mode（高级模式）。可按“F7”键切换。

1. EZ Mode 菜单

在 EZ Mode 中可以查看主板上的配置、CPU 温度、CPU 电压及风扇转速等基本数据，并可选择显示语言、喜好设置及启动设备顺序等，如图 11.4 所示。EZ Mode 以查看为主，只有少量更改项，主要更改到 Advanced Mode。

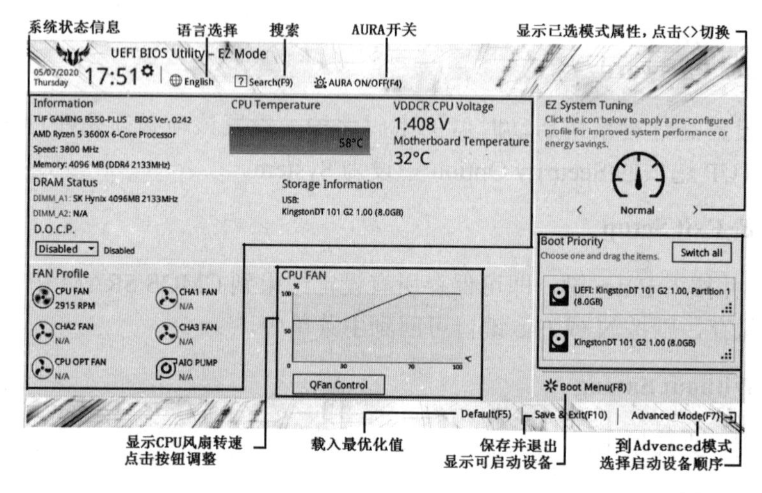

图 11.4　EZ Mode 界面

2. Advanced Mode 菜单

Advanced Mode 提供了更高级的 BIOS 设置选项，如图 11.5 所示，主要有功能表列、菜单、子菜单（前面带小三角）和相关的设置项目等。

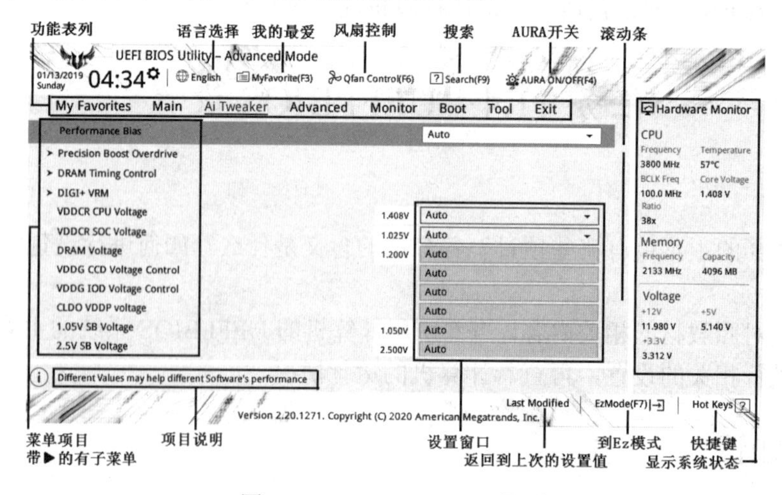

图 11.5　Advanced Mode 界面

（1）My Favorites（我的最爱，收藏夹）（见图 11.6）。

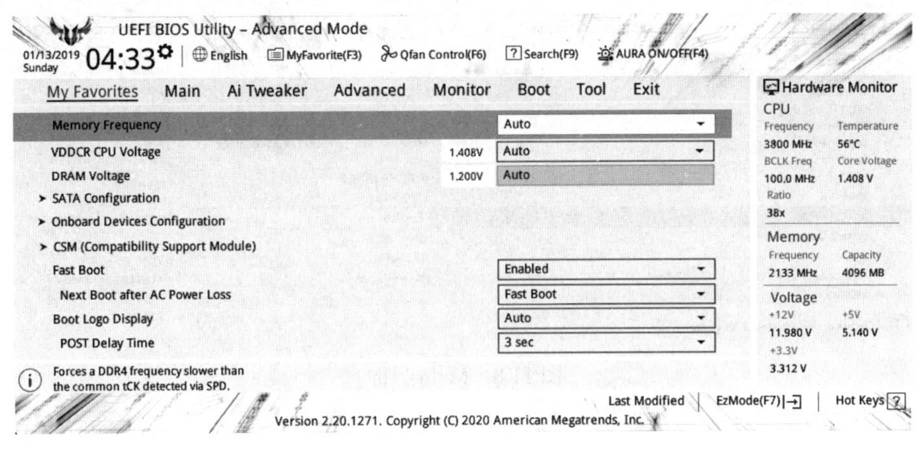

图 11.6　My Favorites 界面

在此菜单中可以保存并使用您偏好的 BIOS 设置项目，并将相关的设置值设为默认值。新增项目至“我的最爱”：

① 按下 F3 键或在高级模式中单击“MyFavorite (F3)”，启动树状图设置界面。

② 在树状图设置界面（见图 11.7）中选择想要保存至“我的最爱”的 BIOS 项目。

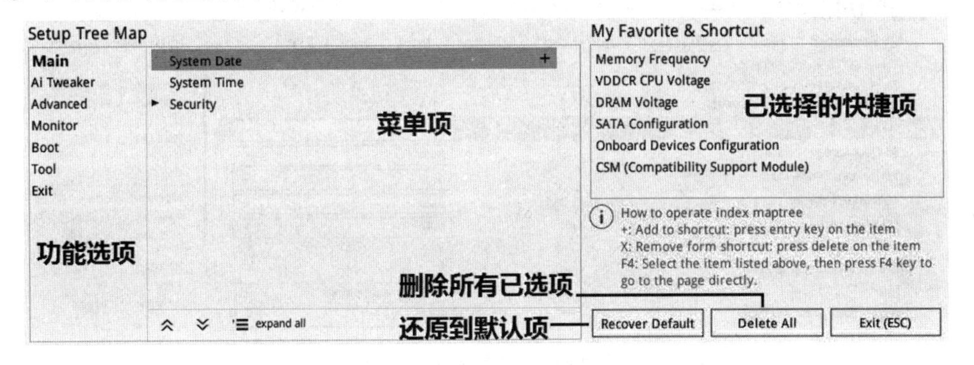

图 11.7　树状图设置界面

③ 从功能选项框中选择项目，然后单击菜单中想要保存至“我的最爱”的选项，再单击后面的“+”或是按下回车键。

④ 单击“Exit（ESC）”按钮或按下 Esc 键来关闭树状图窗口。

（2）Main（主菜单）（见图 11.8）。

① BIOS Information，显示 BIOS 信息，如版本、建立日期等。

② CPU Information，显示 CPU 信息和速度、内存大小和速度。

③ System Language，系统语言选择。

④ System Date，系统日期设置。

⑤ System Time，系统时间设置。

⑥ Security，安全性菜单。

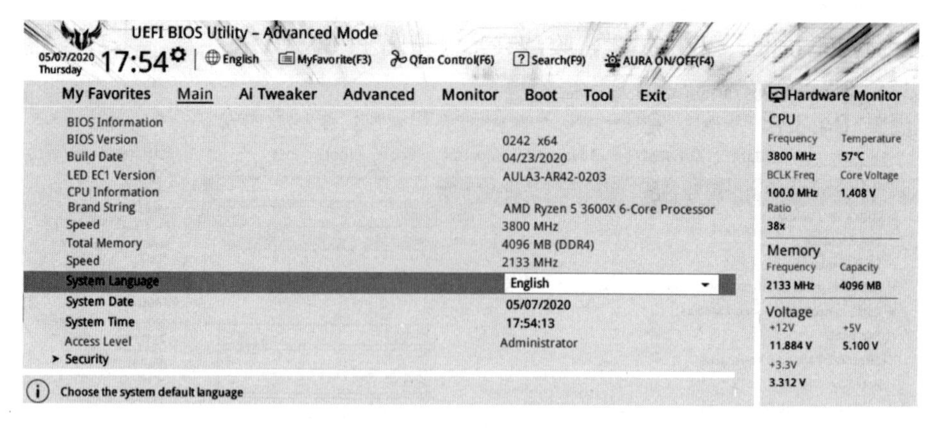

图 11.8　Main 界面

❖ 设置和更改系统管理员密码(Administrator Password)。选择 Administrator Password 项目并按回车键。由 Create New Password 窗口输入密码，按回车键。再一次输入刚才的密码。欲删除密码时，便不要输入密码，直接按回车键。

❖ 用户密码（User Password）的设置、更改和删除方法基本同上。

（3）Ai Tweaker（超频功能菜单）（见图 11.9）。

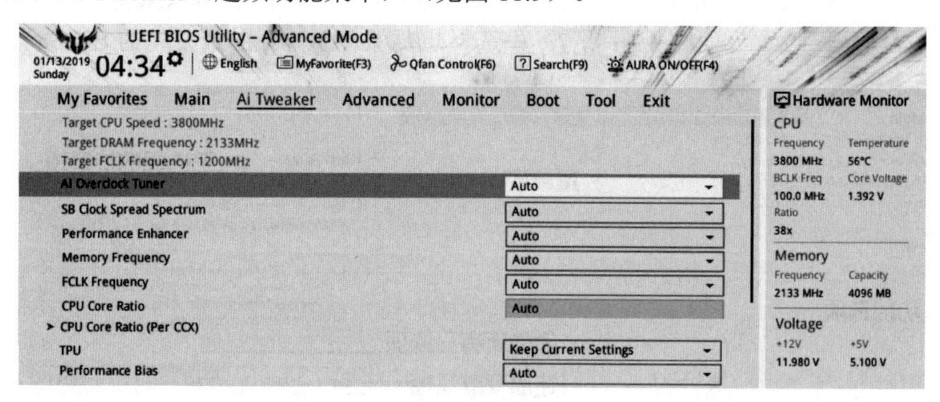

图11.9　Ai Tweaker界面

① 显示 CPU、内存和 CPU 总线频率。

② Ai Overclock Tuner，设置 CPU 的超频，选 Auto。当设为 Manual 时，显示 BCLK Frequency 项，设置 CPU 外频，数值范围为 96.0～118.0 MHz.。

③ SB Clock Spread Spectrum，开启或关闭南桥时钟扩频，选 Auto。

④ Performance Enhancer，性能增强模式，与内存性能有关，选 Auto。

⑤ Memory Frequency，设置内存频率，选 Auto。

⑥ FCLK Frequency，设置 CPU 总线频率，选 Auto。

⑦ CPU Core Ratio，设置处理器核心倍频，选 Auto。

⑧ CPU Core Ratio（Per CCX），CPU 倍频。

❖ Core VID，设置自定义处理器核心 VID。

❖ CCX0/1 Ratio，为 CCX 设置核心倍频。

⑨ TPU，TPU 是一颗由华硕自主研发的控制芯片，通过这颗芯片可以在不占用 CPU 性能的基础上进行智能超频。维持原状选 Keep Current Settings。

⑩ Performance Bias，选择不同的值以提升不同软件的性能，选 Auto。

⑪ Precision Boost Overdrive，设置精确的提升值。其下的设置项均选 Auto。

⑫ DRAM Timing Control，设置内存时序控制功能。其下的设置项均选 Auto。

⑬ DIGI+ VRM，数字供电技术。它不仅具备传统数字供电的诸多特性，还加入了扩展频谱技术来提高系统稳定性。其下的设置项均选 Auto 或默认值。

⑭ VDDCR CPU Voltage，CPU 核心电压，选 Auto。

⑮ VDDCR SOC Voltage，内存核心电压，选 Auto。

⑯ DRAM Voltage，内存电压。根据内存所需电压选或选 Auto。

（4）Advanced（高级菜单）（见图 11.10）。

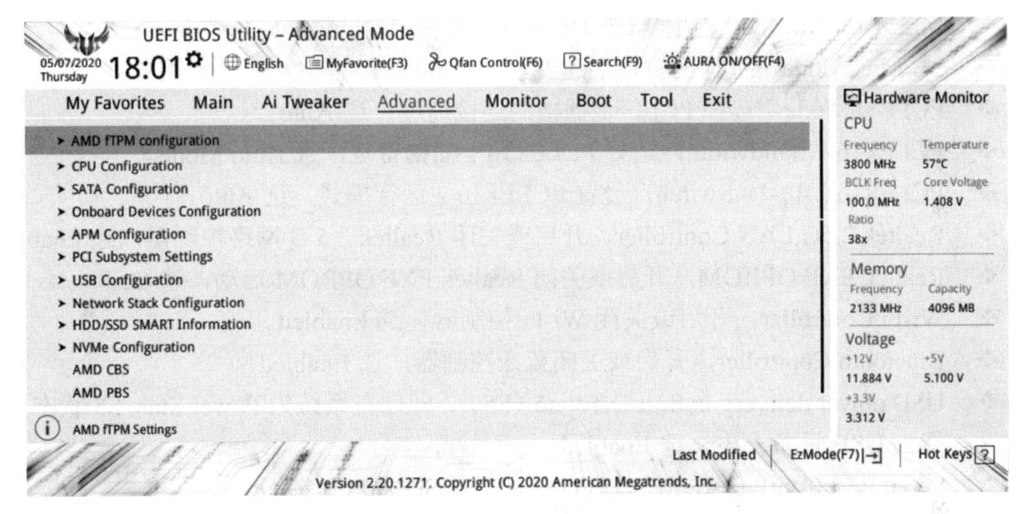

图 11.10 Advanced 界面

高级菜单可以进行 CPU 和其他系统设备的详细设置。

① AMD fTPM configuratio，AMD fTPM 设置。

❖ TPM Device Selection，用来选择 TPM 设备。设置值有 Discrete TPM、Firmware TPM。当 Firmware TPM 设置为 Disabled 时，所有保存的数据将会丢失。

❖ Erase fTPM NV for factory reset，用来为新安装的 CPU 启用或关闭 fTPM 重置。

② CPU Configuration，CPU 设置。

❖ PSS Support，开启或关闭 ACPI_PPC、_PSS 与_PCT 对象的生成，选 Enabled。

❖ NX Mode，开启或关闭不可执行页面保护功能，选 Enabled。

❖ SVM Mode，开启或关闭 CPU 虚拟化，选 Disabled。

❖ SMT Mode，同步多线程技术，选 Auto。

❖ Core Leveling Mode，更改系统运算单元的数量，选 EAutomatic mode。

③ SATA Configuration，SATA 设置。

❖ SATA Port Enable，开启或关闭 SATA 设备，选 Enabled。

- ❖ SATA Mode，SATA 硬件设备的相关设置，选 AHCI。
- ❖ NVMe RAID Mode，开启或关闭 NVMe RAID 模式，选 Disabled。
- ❖ SMART Self Test，SMART 意为“自我监控、分析与报告技术”，可以监控硬盘，选 On。
- ❖ SA FA6G_1（Gray）-SATA6G_6（Gray），开启或关闭选定的 SATA 接口。子项 Hot Plug 仅当 SATA Mode 设置为 AHCI 时才会显示，并且提供启用或关闭支持 SATA Hot Plug（热插拔）功能，选 Enabled。
- ❖ M.2_1（Gray）-M.2_2（Gray），重新命名 AMD M.2 插槽。

④ Onboard Devices Configuration，内置设备设置。

- ❖ HD Audio Controller，使用 Azalia 高保真音频控制器，选 Enabled。
- ❖ PCI E×16_1 Mode，选择 PCI E×16_1 插槽的连接速度，选 Auto。
- ❖ M.2_1 Link Mode，选择 M.2_1 插槽的连接速度，选 Auto。
- ❖ SB Link Mode，选择南桥连接速度，选 Auto。
- ❖ PCI E×l Mode，选择 PCI E×1 插槽的连接速度，选 Auto。
- ❖ PCI E×16 1 Bandwidth，选择 PCI E×16 1 插槽带宽，选 Auto Mode。
- ❖ PCI E×16 2 4×-1× Switch，设置 PCI E×16 2 运行模式，选 Auto。
- ❖ Realtek 2.5G LAN Controller，开启或关闭 Realtek 2.5 G 网络控制器，选 Enabled。
- ❖ Realtek PXE OPROM，开启或关闭 Realtek PXE OPROM 启动，选 On。
- ❖ Wi-Fi Controller，开启或关闭 Wi-Fi 控制器，选 Enabled。
- ❖ Bluetooth Controller，开启或关闭蓝牙控制器，选 Enabled。
- ❖ USB power delivery in Soft Off state（S5），即使在系统为 Power State S5 状态下也能为 USB 设备充电，选 Enabled。
- ❖ Serial Port Configuration，串口设置。子项 Serial Port 选 On。

⑤ APM Configuration，高级电源管理设置。

- ❖ ErP Ready，在 S4+S5 或 S5 休眠模式下关闭某些电源，减少待机功耗，选 Enable（S4+S5）或 Enable（S5）。
- ❖ Energy Star Ready，开启或关闭 Energy Star，选 Enabled。
- ❖ CEC Ready，开启此项可以使系统节省更多电量，选 Enabled。
- ❖ Restore AC Power Loss，可让系统在电源中断之后维持开机状态或进入关闭状态，选 Power On。
- ❖ Power On By PCI E，启动或关闭内置网络控制器或其他安装的 PCI E 网卡的唤醒功能，选 Enabled。
- ❖ Power On By RTC，设置时间让系统自动开机，选 Disabled。

⑥ PCI Subsystem Setting，PCI 子系统设置。

SR-IOV Support，开启或关闭 Root IO 的虚拟化支持，选 Disabled。

⑦ USB Configuration，USB 设备设置。

- ❖ Legacy USB Support，启动 USB 设备功能，选 Auto。
- ❖ XHCI Hand-off，启动支持没有 XHCI Hand-off 功能的操作系统，选 Enabled。

❖ USB Device Enable，开启或关闭 USB 设备，选 Enabled。

❖ USB Single Port Control，开启或关闭个别 USB 接口。

⑧ Network Stack Configuration，启动或关闭 UEFI 网络协议堆栈功能。

Network Stack，开启或关闭 UEFI 网络堆栈，选 Disable。

⑨ HDD/SSD SMART Information，显示已连接设备的 SMART 信息。

⑩ NVMe Configuration，NVMe 设置。显示所连接设备的 NVMe 控制器与磁盘信息。

⑪ AMD CBS，本项目显示 AMD 通用 BIOS 规格，选 Auto。

⑫ AMD PBS，本项目显示 AMD PBS 设置选项。Thunderbolt Support，开启或关闭雷电支持，选 Disabled。

⑬ AMD Overclocking，AMD 超频。本项目可用来设置 AMD 超频设置页面。

（5）Monitor（监控菜单）（见图 11.11）。

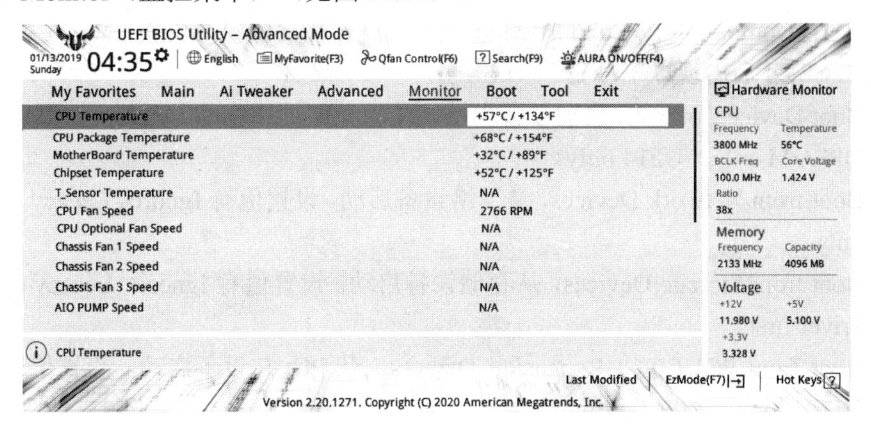

图 11.11　Monitor 界面

① CPU Temperature，CPU Package Temperature，MotherBoard Temperature，Chipset Temperature，T_Sensor Temperature。主板配备的温度传感器，可自动检测并且显示中央处理器、处理器封装、主板、芯片组及 T_Sensor 温度。

② CPU Fan Speed，CPU Optional Fan Speed，Chassis Fan 1-3 Speed，AIO PUMP Speed，PCH Fan Speed。为了避免系统因为过热而造成损坏，主板备有 CPU 和机箱风扇等的转速监控，一旦转速低于安全范围，主板就会发出警报，通知用户注意。

③ CPU Core Voltage，3.3 V，5 V，12 V。主板具有电压监视的功能，用来确保主板以及 CPU 接收正确的电压。

（6）Boot（启动菜单）（见图 11.12）。

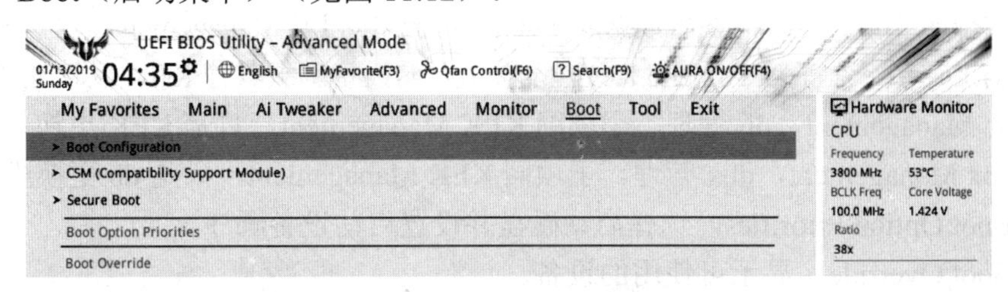

图 11.12　Boot 界面

① Boot Configuration，启动信息。

- ❖ Fast Boot，快速启动，选 Enabled。当设为 Enabled 时，出现 Next Boot after AC Power Loss，电源中断后，在下一次启动时速度，选 Fast Boot。
- ❖ Boot Logo Display，设置在开机自我侦测（POST）过程中的开机画面，选 Auto。
- ❖ Boot up NumLock State，设置开机时 NumLock 键的状态，选 On。
- ❖ Wait For ‘F1’ If Error，开机过程出现错误暂停后，按下 F1 键才会继续开机过程。
- ❖ Option ROM Messages，ROM 初始化时是否显示 ROM 信息，选 Force BIOS。
- ❖ Interrupt 19 Capture，中断 19 使用，不用就选 Disabled。
- ❖ AMI Native NVMe Driver Support，开启或关闭 NVMe 设备的原生 OPROM，选 On。
- ❖ Setup Mode，EZ Mode 和 Advanced Mode 模式选择。

② CSM（Compatibility Support Module），兼容性支持模块。当 Launch CSM（运行 CSM）选 Enabled 后出现以下项目。

- ❖ Boot Device Control，启动设备类型。设置值有 UEFI and Legacy OPROM、Legacy OPROM only、UEFI only。
- ❖ Boot from Network Devices，从网络设备启动。设置值有 Ignore、Legacy only、UEFI only。
- ❖ Boot from Storage Devices，从存储设备启动。设置值有 Ignore、Legacy only、UEFI driver first。
- ❖ Boot from PCI E/PCI Expansion Devices，从 PCI E 设备启动。设置值有 Ignore、Legacy only、UEFI only。

③ Secure Boot，安全启动。设置 Windows 安全启动以及密钥管理。

- ❖ OS Type，OS 类型，选 Windows UEFI Mode。
- ❖ Key Management，密钥管理。
- ❖ Clear Secure Boot keys，清除所有默认安全启动密钥。只有加载默认安全启动密钥后此项目才会出现。
- ❖ Save all Secure Boot variables，将所有的安全启动密钥保存到 USB 存储设备。
- ❖ PK Management，平台密钥管理。系统在进入操作系统之前验证 PK。子项 Save to file，将 PK 保存到 USB 存储设备。子项 Set New key，由 USB 存储设备载入 PK。子项 Delete key，删除系统中的 PK。设置值有 Yes、No。
- ❖ KEK Management，KEK（Key-Exchange Key）金钥交换金钥管理，用来管理签名数据库（db）与撤销签名数据库（dbx）。子项同 PK Management，只是 PK 更换成 KEK，多一个子项 Append Key，设置由存储设备下载其他 KEK 以管理 db 和 dbx。
- ❖ db Management，db 管理。子项同 KEK Management，只是 KEK 更换成 db。
- ❖ dbx Management，dbx 管理。子项同 KEK Management，只是 db 更换成 dbx。
- ❖ Boot Option Priorities，选择启动磁盘并设置启动设备顺序。
- ❖ Boot Override，显示可使用的设备。

（7）Tool（工具菜单）（见图 11.13）。

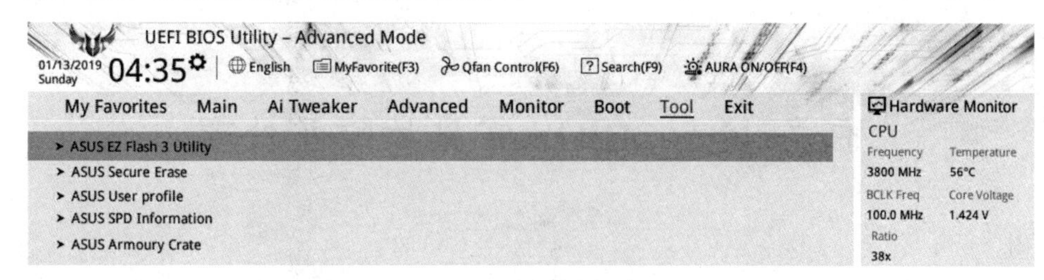

图 11.13　Tool 界面

① ASUS EZ Flash 3 Utility，启动 EZ Flash 3 程序，按回车键会出现再次确认的窗口，选择 Yes，再按回车键确认。

② ASUS Secure Erase，固态硬盘安全擦除。固态硬盘会随着使用的时间与次数而降速。定期清除固态硬盘，以维持良好速度。对固态硬盘进行安全清除数据时，请勿将计算机关机或重新启动。

③ ASUS User Profile，保存或加载 BIOS 设置。

❖ Load from Profile，加载先前保存在 BIOS Flash 中的 BIOS 设置。输入一个保存在 BIOS 设置中的设置文件编号，然后按下回车键并选择 Yes 来加载文件。

❖ Profile Name，输入设置文件名称。

❖ Save to Profile，保存当前的 BIOS 文件至 BIOS Flash 中。输入 1 至 8 编号，然后按下回车键，接着选择 Yes。

❖ Load/Save Profile from/to USB Drive，本项目可以由 USB 存储设备加载或保存设置文件，或是加载或保存设置文件至 USB 存储设备。

④ ASUS SPD Information，显示内存插槽的相关信息。

⑤ ASUS Armoury Crate，开启华硕 Armoury Crate 下载。

（8）Exit（退出 BIOS 程序）（见图 11.14）。

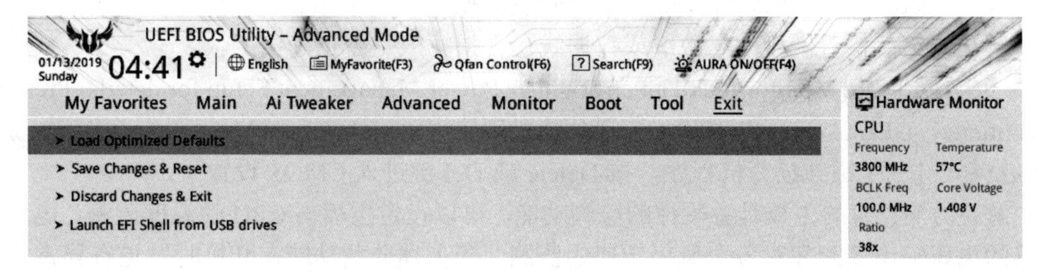

图 11.14　Exit 界面

① Load Optimized Defaults，加载 BIOS 设置中每个参数的默认值。当选择本项目或按下 F5 键，会出现一个确认对话窗口，选择 OK 即可。

② Save Changes & Reset，保存并退出。当选择本项目或按下 F10 键，会出现一个确认对话窗口，选择 OK 保存设置并退出 BIOS 设置程序。

③ Discard Changes & Exit，不保存并退出。在选择本项目或按下 Esc 键后，会出现一个确认对话窗口。选择 Yes，放弃设置并退出 BIOS 设置程序。

④ Launch EFI Shell from USB drives，在含有数据系统的设备中启动 EFI Shell 应用程序。

任务 11.5　BIOS 常见故障及处理

任务提出

BIOS 的常见故障有哪些？如何进行处理？

任务实施要求

小组成员对照教材的相关内容，查看所用计算机中 BIOS 系统主菜单和子菜单的情况，并进行相关的设置，再查看计算机的运行情况。

任务相关知识

1. BIOS 的常见故障

（1）CMOS battery failed（CMOS 电池失效）。

解决方案：这说明 CMOS 电池已经快没电了，只要将主板上的纽扣电池取下换一块新的即可，主板都是使用 3 V 的 CR 2032 纽扣电池。

（2）CMOS check error-Defaults loaded（CMOS 检查时发现错误，要载入系统预设值）。

解决方案：这种情况通常是电池电力不足所造成，建议先换个电池看看，如果问题还是没有解决，那么说明 CMOS ROM 可能有问题。

（3）Hard disk(s) diagnosis fail（执行硬盘诊断时发生错误）。

解决方案：出现这个信息一般就是硬盘本身出现了故障，可以把硬盘接到别的计算机上试试看，如果问题还是没有解决，那可能是这块硬盘出现了严重的物理故障。

（4）Hard disk(s) install failure（硬盘安装失败）。

解决方案：检查硬盘的电源线或数据线是否损坏或是否正确接上。

（5）Hardware Monitor found an error，enter Power Management Setup for details，Press F1 to continue，DEL to enter SETUP（监视功能发现错误，进入 Power Management Setup 查看详细资料，按 F1 键继续开机程序，按 Delete 或 Del 键进入 CMOS 设置）。

解决方案：有的主板具备硬件的监测功能，可以设定主板与 CPU 的温度监测、电压调整器的电压输出监测和对各个风扇转速的监测，当上述监测功能在开机时发觉有异常情况才会出现这个信息，这时可以进入 CMOS 设置，查看 Power Management Setup 中哪方面出现异常，然后加以解决。

（6）Keyboard error or no keyboard present（键盘错误或者未接键盘）。

解决方案：重插键盘或更换键盘。

（7）Memory test fail（内存检测失败）。

解决方案：通常这种情形是内存不兼容或故障所致。重新插拔一下内存，看看是否能解决。如果安装了多根内存，也许是因为内存间互不兼容，建议以每次开机一条内存的方式分批测试，找出故障的内存。

（8）Override enable-Defaults loaded（当前 CMOS 设定无法启动系统，载入 BIOS 中的预设值以便启动系统）。

解决方案：一般是在 CMOS 内的设置发生错误才会出现此信息，只要重新进入 CMOS 设置选择 Load Fail-Safe Defaults 载入安全值，然后重新启动即可。

（9）Primary master hard fail、Primary slave hard fail、Secondary master hard fail 或 Secondary slave hard fail（检测硬盘失败）。

解决方案：可能是 CMOS 设置不当，例如，没有从盘但在 CMOS 设置里设为有从盘，那就会出现错误，这时可以进入 CMOS 设置对硬盘进行自动检测；也可能是硬盘的电源线、数据线没接好或者硬盘跳线设置不当。

2. 听音辨故障

声音由机箱里的扬声器发出，在出现故障时 BIOS 用响声来提示。

（1）Award BIOS 出错鸣声含义。

- ❖ 1 短：每次正常开机都会听到。
- ❖ 2 短：CMOS 设置问题。进到 CMOS 设置，查看是否设备设错了或没有的设备设成了有。
- ❖ 1 长 1 短：如果不是内存有问题的话，则为主板损坏。
- ❖ 1 长 2 短：显示器或显卡错误。
- ❖ 1 长 3 短：键盘控制器错误。
- ❖ 1 长 9 短：主板 Flash RAM 或 EPROM 错误，BIOS 损坏。
- ❖ 重复短响：内存未插紧或损坏。
- ❖ 持续长声：电源有问题。

（2）UEFI BIOS 出错鸣声含义。

- ❖ 1 短：每次正常开机都会听到。
- ❖ 1 长 2 短：内存未插紧或损坏。
- ❖ 1 长 3 短：显示器或显卡错误。
- ❖ 1 长 4 短：硬件组件损坏。

3. 忘记 CMOS 的密码后

（1）跳线短接法。

通常，在电池或 CMOS 附近有一个跳线开关（3 针），跳线旁边有 RESET CMOS、CLEAN CMOS、CMOS CLOSE 或 CMOS RESET 等字样。在断电的情况下，将跳线跳到另一位置，数秒后将跳线跳回即可。

（2）CMOS 放电法。

若没有 CLEAN CMOS 跳线，可采用放电法，就是取下 CMOS 的电池，使存储在 CMOS 里面的信息（包括密码）丢失。

（3）进入 DOS 方式下使用 DEBUG。

若只有 BIOS 设置密码，可在 DOS 方式下输入 DEBUG，然后输入如下字符：

-O 70 10

-O 71 11

-Q

重启计算机进入 CMOS 时，密码就会消除。但若是设置有开机密码时，无法进入 DOS 状态，就不能使用这个方法了。

习 题 11

一、填空题

1．BIOS 是________的简称，它是由硬件和软件构成的一种固件。

2．早期的 BIOS 有________、________和________3 种。

3．以前流行的是________BIOS，现在流行的是________BIOS。

4．在 Award BIOS 中，把 Quick Power On Self Test 设置为________时，可以加速计算机的启动。

5．Award BIOS 设置时，选择________可以载入 BIOS 默认安全设置。

6．在 Award BIOS 中，________选项可用来设置计算机在闲置多少时间后，进入休眠状态；________选项则可用来设置计算机进入休眠状态后的省电模式。

7．启动计算机后，计算机自动搜索所有安装在计算机上的硬件设备状态的步骤，称为________。

8．要在开机进入任何设置前，系统出现输入密码提示，可以在 Award BIOS 特性设置的 Secunty Option 中选择________。

9．如果用户不经意更改了某些设置值，可以选择________来恢复，以便于发生故障时进行调试。

10．UEFI BIOS 设置有两种模式：________和________。可按 F7 键切换。

二、选择题

1．BIOS 存放在主板上一块特殊的存储芯片中，它的名称是________。

A．ROM　　B．AMI　　C．CMOS　　D．AWARD

2．开机后，一般情况下，按________即可进入 BIOS 设置。

A．Shift 键　　B．Ctrl 键　　C．Delete 键　　D．Alt 键

3．主板上的 CMOS 是一种________。

A．电池　　B．存储器　　C．设置程序　　D．二极管

4．硬盘参数设置是在 Award BIOS 设置的________项中。

A．标准设置　　B．高级设置　　C．芯片组设置　　D．外围接口设置

5. 有关 Award BIOS 的说法，_________是错误的。

A．以低级语言编写的控制程序　　B．负责管理计算机各项基本组件的操作

C．专供用户程序利用的工作区域　　D．负责管理主机和外围设备之间的数据传输

6. 当要求进入 Award BIOS 设置需要密码时，需将 BIOS 设置中的 Security Option（安全选项）设置为_________，并在密码设置中设置口令密码。

A．Setup　　B．User Password

C．Supervisor Password　　D．System

7. 在不了解硬盘容量的情况下，进入 Award BIOS 的 Standard CMOS Setup（标准 CMOS 设置），应把硬盘的 MODE 设为_________。

A．Normal　　B．Large　　C．None　　D．Auto

8．CMOS RAM 的供电电池电压约为_________。

A．1.5V　　B．3V　　C．4.5V　　D．6V

9．UEFI BIOS 是用_________语言编写的。

A．C　　B．Basic　　C．汇编　　D．Fortran

10．下面的_________项目是 UEFI BIOS 没有的。

A．My Favorites　　B．Ai Tweaker　　C．Boot　　D．System

三、判断题（正确的在括号中打“√”，错误的打“×”）

1．开机自检时，屏幕提示 CMOS Battery state low，则应更换主板小电池。　（　　）

2．如果每次开机都发现 CMOS 数据丢失，必须重新设置才能继续运行，最可能的原因是 CMOS 芯片烧坏了。　（　　）

3．BIOS 是以低级语言编写的控制程序。　（　　）

4．CMOS 是一种设置程序。　（　　）

5．在 CMOS 芯片旁边的 CMOS RESET 跳线用于清除 CMOS 中的信息。　（　　）

6．将主板 CMOS 的跳线设为写禁止，可以防止 CIH 等病毒对 BIOS 程序的破坏。　（　　）

7．系统 BIOS 是系统最基本的输入、输出程序，它是“固化”在主板 ROM 内的。　（　　）

8．可用鼠标来进行 UEFI BIOS 设置。　（　　）

9．UEFI BIOS 有两种模式：EZ Mode 与 Advanced Mode。可按 F5 键切换。　（　　）

10．大部分 UEFI BIOS 的设置项目是在 EZ Mode 里完成的。　（　　）

四、简答题

1．如何在 Award BIOS 中设置硬盘参数？

2．怎样在计算机中设置开机密码？

3．如何设置键盘开机功能？

4．请叙述 BIOS 设置的重要性。

5．什么叫 CMOS 复位？如何对 CMOS 进行复位？

6．当 BIOS 设置错误时，应如何处理？

7．为什么要对 BIOS 进行升级？

8．当计算机出现问题不能启动时，计算机的加电自检程序 BIOS 就会发出报警声，提示发生故障的部件，请说明 BIOS 响铃的具体含义。

9．在 BIOS 中，将 CPU 频率设置为 100 MHz×10（或 100 MHz×13）时，BIOS 总是报告成 1000 MHz，这是为什么？

实践 11　BIOS 设置

目的：掌握计算机 BIOS 设置的基本方法。

步骤：

（1）启动一台计算机；

（2）根据 BIOS 的不同，按 Delete 或 Del 键或 Esc 键或 F2 键，进入 BIOS 设置界面；

（3）查看原有 BIOS 的设置情况；

（4）修改 BIOS 设置；

（5）重启计算机，查看 BIOS 设置后计算机的运行情况。

项目 12

计算机系统测试及其优化

项目分析

计算机系统的性能如何，可通过相关的系统测试软件来测试，通过测试，可了解计算机的配置、各部件的运行性能及整机性能等参数。

注册表是 Windows 操作系统中的一个核心数据库，其中存放着各种参数，直接控制着 Windows 的启动、硬件驱动程序的装载以及一些 Windows 应用程序的运行，因此，有必要了解注册表的基本情况和查找、修改等基本方法。

计算机运行的效能如何，与计算机的软硬件有着很大的关系，当计算机的软硬件安装完以后，则与计算机的优化程度有很大的关系，因此，有必要通过各种系统优化软件对计算机进行优化，尽可能提高其运行速度。

任务 12.1　掌握计算机系统综合测试

任务提出

计算机有什么样的系统测试软件？如何进行系统测试？如何通过测试结果评价计算机？

任务实施要求

小组成员对照教材的相关内容，用各种系统测试软件对计算机进行测试，并做出评价。

任务相关知识

1. CPU-Z 软件

CPU-Z 是一款集 CPU、主板、内存等信息查询为一体的软件，如图 12.1 所示。通过该软件，可查询到 CPU 的名称、生产厂家、CPU 运算速度、缓存大小、制造工艺和支持的指令集等信息。CPU-Z 支持的 CPU 种类相当全面，软件的启动速度及检测速度都很快。

（1）CPU 信息。

在 CPU 选项卡下，可查看处理器、时钟和缓存的信息。

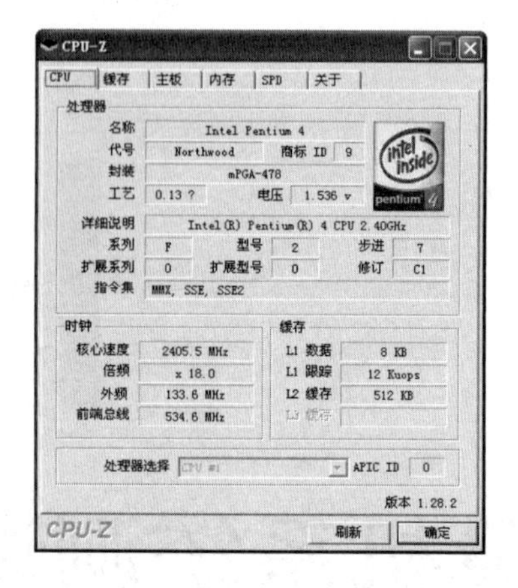

图12.1　CPU信息界面

（2）缓存信息。

单击“缓存”选项卡，可以查看CPU缓存的具体信息，包括CPU的一级数据、指令缓存和二级缓存。

（3）主板信息。

单击“主板”选项卡，可查看主板信息，可以查看主板的生产厂家、主板型号、主板的芯片组、南桥芯片等信息；在“BIOS”栏可以查看BIOS的开发商、BIOS的版本以及生产日期等信息；在“图形接口”栏中可以查看图形接口的版本、传输速率等信息。

（4）内存信息。

单击“内存”选项卡，显示内存的相关信息。在“常规”栏中可以查看内存的类型以及大小；在“时序”栏中可以查看内存的频率、内存的外频等信息。

（5）SPD信息。

单击“SPD”选项卡，可以查看每个插槽上内存的详细信息。在“内存插槽选择”栏中选择一个插槽，以显示该插槽上内存的详细信息，包括模块大小、最大带宽、制造商和颗粒编号等信息。

2. AIDA软件

AIDA软件是一款功能非常强大的计算机测试软件，除了可以检测出计算机的基本信息外，还可对计算机的性能进行简单的测试。AIDA软件的运行界面如图12.2所示。

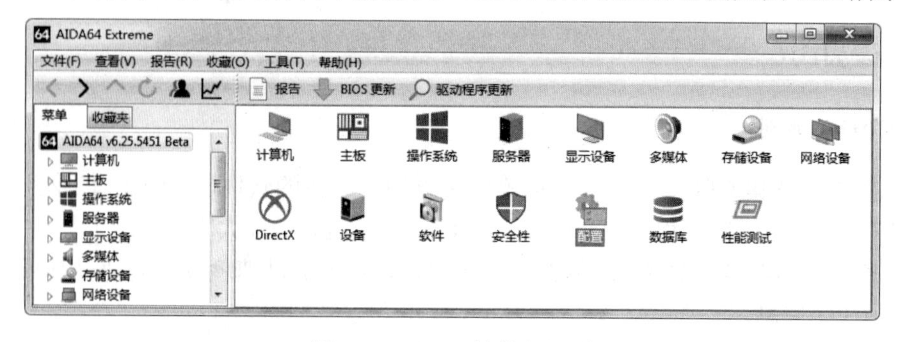

图12.2　AIDA软件主界面

（1）计算机。

单击“计算机”图标，显示了系统概述、计算机名称、DMI、IPMI、超频、电源管理、便携式计算机和传感器等项目。

（2）主板。

单击“主板”图标，显示了中央处理器、CPUID、主板、内存、SPD、芯片组、BIOS 和 ACPI 等项目。

（3）操作系统。

单击“操作系统”图标，显示了操作系统、进程、系统驱动程序、服务、AX 文件、DLL 文件、证书和已运行时间等项目。

（4）服务器。

单击“服务器”图标，显示了共享、已打开文件、账户安全性、登录、用户、本地组和全局组等项目。

（5）显示设备。

单击“显示设备”图标，显示了 Windows 视频、PCI/AGP 视频、图形处理器、显示器、桌面、多显示器、视频模式、OpenGL、GPGPU、Mantle、Vulkan 和字体等项目。

（6）多媒体。

单击“多媒体”图标，显示了 Windows 音频、PCI/AGP 音频、HD Audio、OpenAL、音频编码解码器、视频编码解码器、MCI 和 SAPI 等项目。

（7）存储设备。

单击“存储设备”图标，显示了 Windows 存储、逻辑驱动器、物理驱动器、光盘驱动器、ASPI、ATA 和 SMART 等项目。

（8）网络设备。

单击“网络设备”图标，显示了 Windows 网络、PCI/AGP 网络、RAS、网络资源、IAM、Internet、路由、IE Cookie 和浏览器历史路由等项目。

（9）设备。

单击“设备”图标，显示了 Windows 设备、物理设备、PCI 设备、USB 设备、资源、输入设备和打印机等项目。

（10）性能测试。

单击“性能测试”图标，显示了内存读取、内存写入、内存复制、内存潜伏、CPU Queen、CPU PhotoWorxx 和 CPU ZLib 等项目。

菜单的其他项目还有 DirectX、软件、安全性、配置和数据库。

任务 12.2　了解 Windows 注册表

任务提出

了解计算机注册表，注册表有什么重要性？如何修改注册表？

任务实施要求

小组成员对照教材的相关内容，查看计算机的注册表，然后对注册表进行修改。

任务相关知识

1. 注册表的作用

注册表保存了计算机系统和应用程序的配置信息、Windows 系统与应用程序初始化信息、计算机硬件设备信息和各种状态信息及其数据，它直接控制着 Windows 的启动、硬件驱动程序的装载以及一些Windows应用程序正常的运行。如果注册表由于种种原因被破坏，轻则使 Windows 的启动过程出现异常，重则可能会导致整个 Windows 系统的完全瘫痪。因此，及时地备份注册表，以便有问题时恢复注册表，对 Windows 用户来说很重要。

2. 注册表的文件组成

从 Windows XP 操作系统以来，注册表数据被保存在 5 个文件中，分别是 DEFAULT（默认注册表文件）、SAM（安全账户管理注册表文件）、SECURITY（安全注册表文件）、SOFTWARE（应用软件注册表文件）、SYSTEM（系统注册表文件）。

3. 注册表的根键介绍

选择“开始”→“运行”命令，在弹出的对话框中输入“regedit”，单击“确定”按钮，就可以运行注册表编辑器。一般情况下，注册表主要有 5 个根键，分别是 HKEY_CLASSES_ ROOT、HKEY_CURRENT_USER、HKEY_LOCAL_MACHINE、HKEY_USERS、HKEY_ CURRENT_CONFIG，如图 12.3 所示。

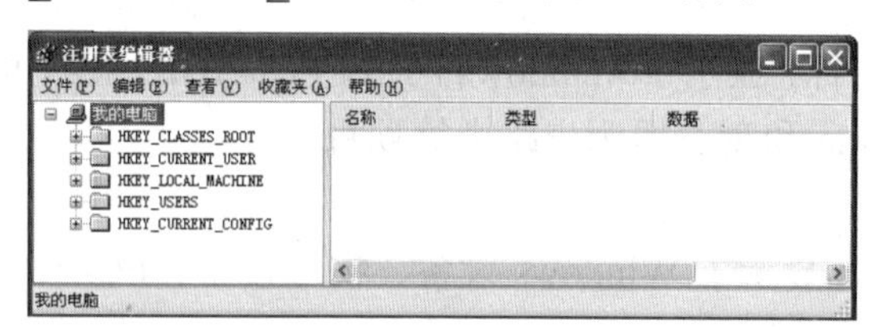

图 12.3 注册表主界面

在注册表中，每个键都包含一组特定的信息，每个键的键名是和它所包含的信息相关的。如果这个根键包含子键，则在注册表编辑器窗口中代表这个根键的文件夹的左边将有“+”号，单击“+”号，则可展开子键，同时“+”变成“−”；单击“−”号，则可收缩子键。

（1）HKEY_CLASSES_ROOT。

该根键包含了有关文件关联的信息，以便在系统工作过程中实现对各种文件和文档信息的访问。具体内容包括已经注册的各类文件扩展名、文件类型、文件图标和从 win.ini 文件引入的扩展名数据等。此外，还包括“我的计算机”“回收站”等图标。

该根键下的子键可分为两种：一种是已经注册的各类文件的扩展名，另一种是各种文件类型的有关信息。文件扩展名子键均以“.”开头，后跟文件扩展名，可以包括任意多个字符，扩展子键中指明了该类文件的关联文件类型以及打开方式等。

另外，还有“*”子键和其他的不以“.”开头的子键是类存储子键，其中包括文件类型、类标识符以及程序标识符。

（2）HKEY_CURRENT_USER。

该根键保存了当前用户的配置信息和登录信息，实际上它是 HKEY_USERS 中.DEFAULT 分支下的一部分，展开即可看见它包含的主键。

① AppEvents：包含了已经注册的各种应用事件，也包含 EventLables 和 Scheme 两个子键，其中 EventLables 子键将各种应用事件按照字母顺序进行列表，Scheme 则按照 Apps 和 Names 对事件进行分类。

② Control Panel：包含了与控制面板设置有关的内容。改变它们的值将改变相应的工作环境或参数设置。

③ Keyboard Layout：包含了键盘的设置信息。

④ Network：包含了网络的设置信息。

⑤ Software：包含了所安装的应用程序信息。

（3）HKEY_LOCAL_MACHINE。

该根键包含当前计算机的所有硬件配置信息和已安装的软件信息以及安全和网络连接配置数据等。它们与用户的登录或注销无关，适用于所有用户，如 CPU、端口、总线数据以及即插即用设置等。HKEY_LOCAL_MACHINE 包括 5 个子键。

① HARDWARE：该子键存放一些有关超文本终端、数学协处理器和串口等信息。

② SAM：SAM 数据库中包含所有组、账户（含密码等）等，系统自动将其保护起来。

③ SECURITY：包含了安全设置的信息，同样也让系统保护起来。

④ SOFTWARE：包含了系统软件、当前安装的应用软件及用户的有关信息。

⑤ SYSTEM：该子键存放的是启动时所使用的信息和修复系统时所需的信息，其中包括各个驱动程序的描述信息和配置信息等。

（4）HKEY_USERS。

该根键中保存的是默认用户（.DEFAULT）、当前登录用户（如 S-1-5-20）与软件（Software）的信息，还保存了存放在本地计算机口令列表中的用户标识和密码列表。默认用户和当前登录用户的子键内容是基本一样的，与 HKEY_CURRENT_USER 也基本相同。

（5）HKEY_CURRENT_CONFIG。

如果在 Windows 中设置了两套或者两套以上的硬件配置文件，则在系统启动时将会让用户选择使用哪套配置文件。而 HKEY_CURRENT_CONFIG 根键中存放的正是当前配置文件的所有信息，它相当于 HKEY_LOCAL_MACHINE\Current Control Set\Hard ware Profiles\ Current 的一个镜像。

4. 注册表调用与修改

调用与修改注册表必须启动注册表编辑器。进入 Windows 系统后，选择“开始”→“运行”命令，在弹出的对话框中输入“regedit”，就会弹出“注册表编辑器”窗口。

（1）将注册表中的所有内容导出到一个文本文件中。

① 选择“文件”→“导出”命令，打开“导出注册表文件”对话框。

② 为导出的文件选择保存路径，输入文件名后保存。

（2）导入或局部导入注册表。

① 选择“文件”→“导入”命令。

② 在“导入注册表文件”对话框中找到要导入的注册表文件，单击“打开”按钮。

（3）添加子键。

① 打开注册表列表，找到要添加子键的文件夹。

② 右击要加入子键的文件夹。

③ 选择“编辑”→“新建”→“子键”命令。

④ 新的子键以一个临时名字显示，需为新的子键输入一个名字，然后按 Enter 键即可。

（4）添加键值。

① 打开注册表列表，选中要添加新键值的文件夹。

② 右击要添加新键值的文件夹。

③ 选择“新建”命令，然后在弹出的菜单中选择需要添加键值的类型，这些类型包括“字符串值”“二进制值”和 DWORD 值。

④ 新添加的键值以一个临时键值显示，输入新值，然后按 Enter 键即可。

（5）查找键名、键值。

① 打开注册表列表，选择“编辑”→“查找”命令，弹出“查找”对话框。

② 输入需要查找的键名或键值，单击“查找下一个”按钮，开始查找。

③ 当查找到键名或键值后，自动停止查找，选中后右击，可进行新建、删除、重命名、导出、权限等操作。

④ 按 F3 键，可继续进行查找。

任务 12.3　掌握计算机系统优化

任务提出

为什么要对计算机进行优化？优化方法有哪些？如何进行优化？

任务实施要求

小组成员对照教材的相关内容，查看计算机工作情况，然后对计算机进行优化。

任务相关知识

Windows 及应用软件在使用过程中，会产生大量垃圾文件，使计算机的运行越来越慢。

① 软件运行时会产生缓存、日志、注册表信息，这些文件，Windows 不会自动删除。

② 当将硬盘读出的文件写回且写回的文件大于读出时，文件就会放在几个地方，使文件不连续，导致调取文件时，速度变慢。

③ 安装和卸载一些软件的时候，会留下一些无用的垃圾文件。

因此，要优化电脑系统，清除垃圾文件，使硬盘的文件在存储时尽量连续存储，更快地响应计算机使用者的操作。系统可用手动优化，但采用优化软件使优化更方便。常用的优化软件有 Windows 优化大师、360 安全卫士、腾讯电脑管家、鲁大师、超级兔子等。

1. Windows 优化大师

Windows 优化大师是一款优秀的系统优化软件，其主要的功能包括开始、系统检测、系统优化、系统清理、系统维护等。Windows 优化大师的主界面如图 12.4 所示。

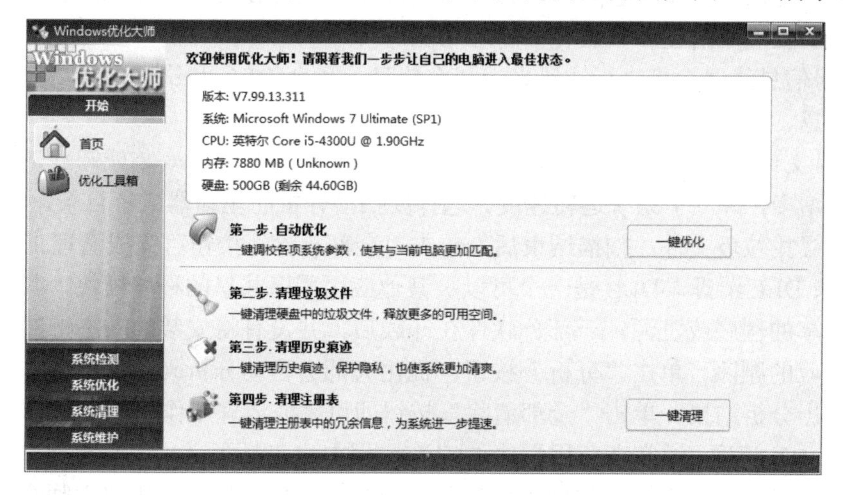

图 12.4　Windows 优化大师主界面

（1）开始。

“开始”菜单中包含首页和优化工具箱。首页中含有“一键优化”和“一键清理”，自动对计算机进行优化和清理，加快计算机的运行速度。

（2）系统检测。

系统检测对系统性能进行测试，并提供系统硬件、软件情况报告。通过右边的“自动优化”和“自动恢复”等按钮，优化大师根据计算机的配置对系统进行自动优化或自动恢复。

（3）系统优化。

系统优化提供了磁盘缓存优化、桌面菜单优化、文件系统优化、网络系统优化、开机速度优化、系统安全优化、系统个性设置、后台服务优化和自定义设置项等功能。

① 磁盘缓存优化。扩大缓存，可使数据传递更为流畅，但缓存将耗费相同数量的系统内存，因此，设置多大的尺寸要视物理内存的大小和运行任务的多少来定。

② 桌面菜单优化。开始菜单速度和运行速度调到最快，可以减少这两项的运行时间；桌面图标缓存的优化可以提高桌面上图标的显示速度，建议调整到 Windows 默认值。

③ 文件系统优化。调整这个选项能够使 Windows 更好地配合 CPU 利用二级缓存获得更高的数据预读命中率。可单击“自动匹配”按钮来获取最佳值。

④ 网络系统优化。网络列在该界面上方，选择上网方式，单击“优化”按钮即可优化。

⑤ 开机速度优化。设定启动信息停留时间和开机时自动运行的程序。

⑥ 系统安全优化。可进行黑客和病毒扫描。可对开始菜单、应用程序、控制面板和收藏夹中的内容是否显示做选择。

⑦ 系统个性设置。可对右键设置、桌面设置和其他设置的内容进行选择。

⑧ 后台服务优化。服务是一种应用程序类型，它可在后台运行。每个服务都有特定的权限。服务的启动类型分为“自动”“手动”“禁用”三种，建议不要修改。

（4）系统清理。

系统清理提供了注册信息清理、磁盘文件管理、冗余 DLL 清理、ActiveX 清理、软件智能卸载、历史痕迹清理和安装补丁清理功能。

① 注册信息清理。可进行注册表中冗余信息、冗余 DLL 和错误信息清理，进行无效的反安装信息、用户操作的历史信息等清理。

② 磁盘文件管理。随着 Windows 的使用和各类应用软件的安装或卸载，使得硬盘上的垃圾文件增多，降低了系统运转速度。选择要扫描分析的驱动器或者目录，单击“扫描”按钮，开始寻找垃圾文件。扫描结束后，单击“全部删除”按钮可完成清理工作。

③ 冗余 DLL 清理。DLL 是一个可以被其他应用程序共享的程序模块，其中封装了一些可以被共享的程序或资源。一部分软件在卸载后，并没有将安装的动态链接库文件从系统中进行相应的删除。单击“分析”按钮，优化大师会自动分析硬盘上的动态链接库是否有用，并列出分析结果。单击“全部清除”按钮即可完成清理工作。

④ ActiveX 清理。通常在应用程序的安装过程中也包括了 ActiveX 组件的安装，而很多应用程序在卸载时没有同时删除这些组件。单击“分析”按钮，优化大师会自动分析硬盘上的 ActiveX 组件是否有效。检查结束后，单击“全部修复”按钮可以在分析结果列表中将绿色图标（绿色图标表示该组件无效）的 ActiveX 组件进行删除。

⑤ 软件智能卸载。选择要分析的软件后，单击“分析”按钮，优化大师开始智能分析与该软件相关的信息。分析结束后，单击“卸载”按钮，进行卸载操作。

⑥ 历史痕迹清理。历史痕迹包括网络历史痕迹、Windows 使用痕迹和应用软件历史记录。当选择要扫描的项目后，单击“扫描”按钮，扫描后单击“全部删除”按钮即可清除。

（5）系统维护。

系统维护提供了系统磁盘医生、磁盘碎片整理、驱动智能备份、其他设置选项、系统维护日志等功能。

① 系统磁盘医生。该功能能帮助使用者检查和修复由于系统死机、非正常关机等原因引起的文件分配表、目录结构、文件系统等系统故障。

进入系统磁盘医生界面，选择要检查的磁盘，单击“检查”按钮即可。用户可以一次选择多个磁盘（分区）进行检查，在检查的过程中用户也可以随时终止检查工作。

② 磁盘碎片整理。系统使用久了，会产生磁盘碎片，过多的碎片会使系统性能降低。

单击“分析”按钮对卷进行分析。分析完毕后，弹出的一个对话框显示该卷中碎片文件和文件夹的百分比，以及建议是否进行碎片整理。建议用户按分析报告中“Windows 优化大师建议”进行后续操作。

③ 驱动智能备份。进入驱动智能备份页面，窗口的上方列出了 Windows 优化大师检

测到的需备份的设备驱动程序，列表内容包括驱动程序描述和驱动程序类型。用户选中列表中要备份的驱动程序，单击“备份”按钮即可进行备份。

④ 其他设置选项。该功能包括禁止浏览网页时安装 ActiveX 插件、系统文件备份与恢复界面设置、密码设置等。

2. 360 安全卫士

360 安全卫士的功能模块分为我的电脑、木马查杀、电脑清理、系统修复、优化加速、功能大全、软件管家和游戏管家等，如图 12.5 所示。

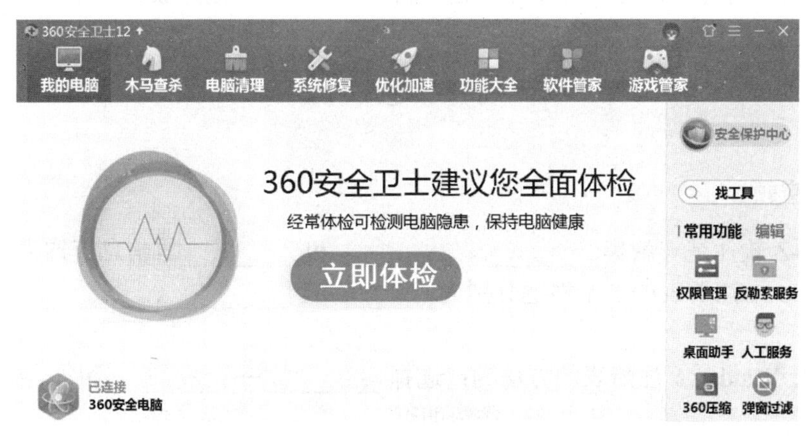

图 12.5　360 安全卫士主界面

① 我的电脑。此选项下有“立即体检”按钮，可对计算机进行故障检测、垃圾检测、安全检测。检测后有问题的项目单独显示出来，并显示体检分，告知计算机的安全情况，决定是否一键修复。定期体检可以有效地保持计算机的健康。

② 木马查杀。此选项下有“快速查杀”按钮，对计算机进行木马查杀，还可以“全盘查杀”和“按位置查杀”，以及是否强力查杀。扫描中，会显示该项目是否“安全”或“危险”。扫描后可单击“一键处理”按钮来处理危险项。

③ 电脑清理。此选项下有“全面清理”按钮，可对计算机进行垃圾清理，也可以进行“单项清理”“经典版清理”“照片清理”。单击“全面清理”按钮扫描后，可单击“一键清理”来清理垃圾；也可单击打开项目，查看需清理的内容，来决定这些内容是否要清理。

④ 系统修复。此选项可以对常规、漏洞、软件和驱动进行全面修复或单项修复。扫描后，单击“一键修复”按钮来进行修复。

⑤ 优化加速。此选项可以对开机、软件、系统、网络和硬盘进行全面加速或单项加速。扫描后，单击“立即优化”按钮来进行加速。

⑥ 功能大全。该功能是 360 安全卫士所携带的关于安全、优化和工具方面可下载安装使用的软件和可直接使用的功能。

⑦ 软件管家。此选项聚合了众多安全优质的软件，用户可以方便、安全地下载应用。软件管家包括宝库、游戏、商城、净化、升级和卸载等功能。

❖ 打开“净化”选项，单击“全面净化”按钮，对计算机软件进行净化。扫描后，选择需净化的项目，单击“一键净化”按钮来进行净化。
❖ 如有需要升级的软件，会在“升级”图标上显示需升级的个数。打开“升级”选项，会显示需升级的软件名称、当前和升级后的版本号。选择软件后，可进行“一键升级”，也可以单个软件升级。单击最右边的“▼”，会显示“查看详情”和“卸载”选项。
❖ 打开“卸载”选项，将显示已装软件的名称、评分、大小、安装和使用情况，根据这些情况来决定是否要卸载这些软件。单击“一键卸载”就可以卸载这个软件。

习　题　12

一、填空题

1．CPU-Z 软件是一款集_________、_________和_________等信息查询为一体的软件。

2．Windows 注册表的 5 个根键分别为_________、_________、_________、_________、_________。

3．进入 Windows 注册表的方法为：选择_________→_________命令，在弹出的对话框中输入_________，单击_________按钮即可。

4．Windows 优化大师的主要功能包括：_________、_________、_________、_________、_________。

5．比较常用的软件卸载方法有：_________、_________、_________。

二、选择题

1．下列不是计算机测试软件的是_________。

A．CPU-Z　　B．SiSoftware Sandra
C．AIDA32　　D．Norton

2．进入注册表编辑器的命令是_________。

A．regedit　　B. rigedit　　C．regadit　　D．reg

3．下列不是计算机优化软件的是_________。

A．Windows 优化大师　　B．360 安全卫士
C．超级兔子　　D．SiSoftware Sandra

4．继续进行注册表中字段查找的快捷键是_________。

A．F1 键　　B．F2 键　　C．F3 键　　D．F4 键

5．计算机系统优化的目的是_________。

A．运行更快　　B．运行更好
C．运行更稳定　　D．没什么用

三、判断题（正确的在括号中打“√”，错误的打“×”）

1．计算机系统检测的目的是查看计算机系统的性能。（　　）
2．计算机没有注册表照样可以运行 DOS。（　　）
3．计算机运行 Windows，一定要有注册表。（　　）
4．一般情况下不要随意修改注册表。（　　）
5．计算机系统优化的目的是使计算机运行得更快。（　　）
6．不要经常进行磁盘碎片整理。（　　）

四、简答题

1．注册表有哪五大根键？
2．请叙述注册表的重要性。
3．为什么要进行计算机系统的优化？
4．如何进行计算机系统的优化？
5．如何清除计算机系统中的垃圾文件？

实践 12.1　计算机系统测试软件的使用

目的：掌握计算机系统测试软件的使用方法。
步骤：
（1）启动一台计算机；
（2）安装计算机系统测试软件；
（3）运行测试软件；
（4）查看测试结果。

实践 12.2　计算机优化软件的使用

目的：掌握计算机优化软件的使用方法。
步骤：
（1）启动一台计算机；
（2）查看计算机优化前的性能；
（3）安装计算机优化软件；
（4）运行优化软件；
（5）查看优化后的性能。

项目13

计算机病毒防治

项目分析

在当代信息社会里，计算机的应用已经深入到各个角落，计算机的安全问题自然也就成为人们关注的问题。

当存储在计算机里的重要数据突然丢失时；当计算机突然不能正常使用时；当银行账号、游戏账号被盗，造成经济上的损失时；当隐私被暴露在公众面前时……我们是否想过，这些是什么原因造成的呢？

计算机病毒对软件的维护、数据的修改和计算机系统运行的安全会造成极大的威胁。因此有必要研究计算机病毒，防止计算机病毒对计算机产生危害。

任务 13.1　了解计算机病毒

任务提出

什么叫计算机病毒？有哪些计算机病毒？计算机病毒对计算机会产生什么样的危害？

任务实施要求

小组成员对照教材的相关内容，用病毒模拟软件来了解计算机病毒。

任务相关知识

1. 计算机病毒的定义

计算机病毒是指编制或在计算机程序中插入的破坏计算机功能或数据，影响计算机使用，并且能够自我复制的一组计算机指令或程序代码。

2. 计算机病毒的发展

计算机病毒的起源应该从 1949 年算起，计算机之父冯 •诺伊曼在《复杂自动机组织论》中便定义了病毒的基本概念。

1982 年 7 月 13 日，世界上第一个计算机病毒（Elk Cloner）诞生，它仅仅是美国匹兹堡一位高中生的恶作剧，对计算机不产生危害，只是对 Apple II 的用户进行骚扰。

最早攻击 PC 的病毒是诞生于 1986 年的 Brain，攻击目标是微软的 DOS 操作系统。该病毒由两个巴基斯坦兄弟编写。Brain 病毒是一个引导区病毒。兄弟俩曾经公开对媒体表示，他们编写这个程序是为了保护自己出售的软件免于被盗版。

从 1986 年至今，计算机病毒经过多代演变，危害性和攻击性都变得越来越强。而且病毒通过网络传播，蔓延迅速，影响和损失巨大。

3. 曾经产生较大危害的计算机病毒

（1）CIH。

1998 年 4 月 26 日诞生了 CIH 病毒。同年 7 月 26 日，CIH 病毒在美国开始大面积肆虐。8 月 26 日，该病毒入侵中国。1999 年 4 月 26 日，CIH 病毒使全球大量的计算机用户的硬盘数据遭到严重破坏，同时主板的 BIOS 被破坏，计算机无法启动。

（2）冲击波（Blaster）。

2003 年夏天该病毒爆发。该病毒会不停地利用 IP 扫描技术寻找网络上系统为 Windows 2000 或 Windows XP 的计算机，找到后就利用 DCOM RPC 缓冲区漏洞攻击该系统，攻入后，使操作系统异常、不断重启计算机，甚至导致操作系统崩溃。

（3）熊猫烧香。

2006 年 10 月 16 日出现熊猫烧香病毒，2007 年 1 月初肆虐网络。由于感染该病毒的计算机的可执行文件会出现熊猫举着三根香的“熊猫烧香”图案，所以被称为熊猫烧香病毒。用户计算机中毒后可能会出现蓝屏、频繁重启以及硬盘中数据文件被破坏等现象。

4. 计算机病毒产生的原因

① 出于好奇或兴趣。一些计算机爱好者为了满足自己的表现欲，故意编制出一些特殊的计算机程序，让别人的计算机出现一些动画，或播放声音。此类病毒破坏性一般不大。

② 个别人的报复心理。如某人购买了一些杀病毒软件，可并不如厂家所说的那么厉害，于是就想亲自编写一个能避过各种杀病毒软件的病毒（CIH 病毒就是这样诞生的）。

③ 来源于软件加密。一些软件公司为了不让自己的软件被非法复制和使用，运用加密技术编写一些特殊程序附在正版软件上，如遇到非法使用，则此类程序自动激活，于是会产生一些新病毒，如巴基斯坦病毒。

④ 产生于游戏。编程人员在无聊时编写一些程序输入计算机，让程序去销毁对方的程序。

⑤ 用于政治、经济和军事等目的。一些组织或个人也会编制一些程序用于进攻对方计算机，给对方造成灾难或经济损失。

5. 计算机病毒的特性

（1）传染性。

计算机病毒的传染性是其重要的特征，计算机病毒只有通过传染性，才能完成对其他程序的感染，附在被感染的程序中，再去传染其他的计算机系统或程序。

（2）流行性。

计算机病毒出现后，会影响到一定地域或领域内网络中的每一台计算机。

（3）繁殖性。

计算机病毒进入系统后，利用系统环境进行繁殖和自我复制，使自身数量增多。

（4）表现性。

计算机病毒进入系统后，系统在病毒表现及破坏部分作用下，出现屏幕显示异常、系统速度变慢、文件被删除、操作系统不能启动等现象。

（5）针对性。

一种计算机病毒并不传染所有的计算机系统和计算机程序。如有的仅传染可执行文件。

（6）欺骗性。

计算机病毒在发展、传染和演变过程中可以产生变种，如小球病毒就有十几种变种。

（7）危害性。

病毒不仅会破坏系统和数据，而且还占用系统资源，干扰计算机的正常运行等。

（8）潜伏性。

病毒传染计算机后，潜伏在系统中，并不影响系统运行。满足条件后才会破坏系统。

（9）隐蔽性。

计算机病毒通常是一小段程序，附在正常程序之中，很难被发现。

（10）触发性。

计算机病毒在传染和攻击时都需要一个触发条件。这个条件由病毒制造者决定，它可以是系统的内部时钟、特定字符、特定文件、文件的使用次数和系统的启动次数等。

6. 计算机病毒程序的结构

计算机病毒包括三大模块，即引导模块、传播模块和破坏/表现模块。引导模块将病毒由外存引入内存，使后两个模块处于活动状态；传播模块用来将病毒传染到其他对象上去；破坏/表现模块实施病毒的破坏作用，如删除文件、格式化磁盘等。后两个模块各包含一段触发条件检查代码，它们分别检查是否满足传染触发的条件和表现触发的条件，只有在相应的条件满足时，病毒才会进行传染或表现/破坏。必须指出的是，不是任何病毒都必须包括这三个模块，有些病毒没有引导模块，而有些病毒没有破坏模块。

7. 计算机病毒的分类

计算机病毒按对计算机系统的破坏性划分为良性病毒和恶性病毒，按病毒的感染对象又可分为引导型病毒、文件型病毒和混合型病毒（引导、文件双重型病毒）。

病毒的一般格式为：<病毒前缀>.<病毒名>.<病毒后缀>。

病毒前缀用来区别病毒的种类，如木马病毒的前缀是 Trojan，蠕虫病毒的前缀是 Worm；病毒名用来区别和标识病毒家族，如 CIH 病毒的家族名都是 CIH，振荡波蠕虫病毒的家族名是 Sasser；病毒后缀用来区别具体某个家族病毒的某个变种，一般采用英文中的 26 个字母来表示，如 Worm.Sasser.b 就是指振荡波蠕虫病毒的变种 b。

（1）系统病毒。

系统病毒的前缀是 Win32、PE、Win95、W32 和 W95 等，感染 Windows 操作系统的*.exe 和*.dll 文件，并通过这些文件进行传播。如 CIH 病毒：Win95.CIH Spacefiller、Win32.CIH、PE_CIH。

（2）蠕虫病毒。

蠕虫病毒的前缀是 Worm，这种病毒的公有特性是通过网络或者系统漏洞进行传播，大部分的蠕虫病毒都有向外发送带毒邮件、阻塞网络的特性，如熊猫烧香（Worm.WhBoy.h）、冲击波（Worm_MSBlast.D，阻塞网络）、小邮差（Worm.Mimail，发带毒邮件）等。

（3）木马病毒和黑客病毒。

木马病毒的前缀是 Trojan，黑客病毒前缀名一般为 Hack。木马病毒的特性是通过网络或者系统漏洞进入用户的系统并隐藏，然后向外界泄露用户的信息；而黑客病毒则能对用户的计算机进行远程控制。木马、黑客病毒往往是成对出现的，即木马病毒负责侵入用户的计算机，而黑客病毒则会通过该木马病毒来进行控制。如 QQ 消息尾巴木马 Trojan.QQ3344、网络游戏木马 Trojan.LMir.PSW.60、黑客程序如网络枭雄（Hack.Nether.Client）等。

注意：病毒名中有 PSW 或者 PWD 之类的一般都表示这个病毒有盗取密码的功能，如密码杀手 PSW.PassKiller.2004.c。

（4）脚本病毒。

脚本病毒的前缀是 Script，还会有如下前缀：VBS、JS（表明是何种脚本编写的），如欢乐时光（VBS.Happytime）、十四日（JS.Fortnight.c.s）等。

（5）宏病毒。

宏病毒也是脚本病毒的一种，前缀是 Macro，第二前缀可能是 Word 和 Excel。能感染 Office 系列文档，然后通过 Office 通用模板进行传播，如著名的梅丽莎病毒(Macro.Melissa)。

（6）后门病毒。

后门病毒的前缀是 Backdoor。该类病毒的特性是通过网络传播，给系统开后门，给用户计算机带来安全隐患，如 IRC 后门病毒 Backdoor.IRCBot。

（7）病毒种植程序病毒。

病毒种植程序病毒的前缀是 Dropper。运行时会释放出一个或几个新的病毒到系统目录下，并产生破坏，如冰河播种者（Dropper.BingHe2.2C）、MSN 射手（Dropper.Worm.Smibag）等。

（8）破坏性程序病毒。

破坏性程序病毒的前缀是 Harm。本身具有好看的图标，当用户单击这类图标时，病毒便会直接对用户计算机产生破坏，如格式化 C 盘（Harm.formatC.f）、杀手命令（Harm.Command.Killer）等。

（9）玩笑病毒。

玩笑病毒的前缀是 Joke，也称恶作剧病毒。本身具有好看的图标，当用户单击这类图标时，病毒会出来吓唬用户，其实病毒并没有对用户计算机进行任何破坏，如女鬼病毒

（Joke.Girlghost）。

（10）捆绑机病毒。

捆绑机病毒的前缀是 Binder。特性是病毒作者会使用特定的捆绑程序将病毒与一些应用程序（如 QQ、IE）捆绑起来，表面上看是一个正常的文件，当用户运行这些被捆绑的程序时，也运行捆绑的病毒，对系统进行破坏，如捆绑 QQ（Binder.QQPass.QQBin）、系统杀手（Binder.killsys）等。

还有的程序或软件不是病毒，但对计算机的运行会产生一定的影响，如流氓软件、网页恶意代码和恶意插件等。

8. 计算机病毒的传播途径

编制计算机病毒的计算机是病毒第一个传染载体，由这台计算机传播病毒有以下途径。

（1）通过不移动的计算机硬件设备进行传染。

常见为硬盘对拷或系统安装等。当在一台有病毒的计算机上制作源盘时，硬盘可能带有病毒，用此源盘复制其他硬盘或安装系统时，就会将病毒传播出去。

（2）通过可移动式存储设备使病毒进行传播。

可移动式存储设备包括光盘、U 盘和移动硬盘等。携带病毒的存储设备在计算机上使用后，会使该计算机感染病毒，又会把病毒传染给在这台计算机上使用的其他存储设备。

（3）通过计算机网络进行病毒传染。

这种渠道传播速度快，能在短时间内传遍网上的计算机，CIH 病毒就是网上传播最厉害的一种病毒。

9. 计算机感染病毒的症状

（1）系统引导出现异常现象。

① 硬盘引导时出现异常现象。

② 引导时间比平时长。

③ 硬盘上的特殊标记或引导扇区、卷标等信息被修改。

④ 系统出现异常现象、死机或自动重启等。

（2）执行文件时出现异常现象。

① 计算机运行速度变慢。

② 硬盘文件长度、属性、日期和时间等被改变。

③ 文件丢失。

④ 文件装入时间比平时长。

⑤ 运行文件时，发生死机现象。

⑥ 运行较大程序时，显示 Program is too long to load 或 Divide overflow 或 Program too big to fit in memory。

⑦ 系统自动生成一些特殊文件。

（3）使用外部设备时出现异常现象。

① 扬声器发出异常声音和音乐。

② 正常的外部设备无法使用，如键盘输入的字符与屏幕显示的字符不一致。
③ 显示器上出现一些不正常的画面或信息。
④ 系统非法使用某些外部设备。

任务 13.2　常见计算机病毒防治软件的使用

任务提出

计算机防治病毒和木马的软件有哪些？应该如何使用？

任务实施要求

小组成员对照教材的相关内容，安装和使用计算机防治病毒和木马软件。

任务相关知识

1. 计算机病毒的预防

（1）尽量减少计算机的交叉使用。

如果条件允许，一般要一人一机，这样有利于管理，一旦发现病毒就能及时处理。

（2）建立必要的规章制度。

必须建立一套切实可行的规章制度，严格控制外来的移动存储器。

（3）软件备份。

对重要的可执行文件、磁盘引导扇区、程序和数据等要做一些备份。

（4）正确使用病毒工具软件。

了解各种病毒的特点、功能、发作的条件及攻击性，掌握计算机病毒消除工具的使用方法。

2. 常用杀毒软件

国产杀毒软件有腾讯电脑管家、360 安全卫士、百度杀毒、瑞星杀毒和金山毒霸等。国外的杀毒软件在中国最常用的有卡巴斯基、诺顿杀毒和小红伞等。

注意：一个操作系统中原则上只能安装一种杀毒软件，系统中多个杀毒软件运行时会产生冲突，使计算机的运行变慢。

3. 360 杀毒软件

360 杀毒软件有全盘扫描、快速扫描、自定义扫描等功能，主界面如图 13.1 所示。
① 全盘扫描。扫描所有磁盘，所用时间较长。
② 快速扫描。只扫描 C 盘中的关键区域，一般情况下用快速扫描。
③ 自定义扫描。扫描指定的目录。

360 杀毒扫描到病毒后，会首先尝试清除文件所感染的病毒，如果无法清除，则会提示是否删除感染病毒的文件。

木马和间谍软件由于并不采用感染其他文件的形式，而是其自身即为恶意软件，因此会被直接删除。

图 13.1　360 杀毒软件主界面

4. 360 系统急救箱

360 系统急救箱是一款不需要安装的强力查杀木马病毒的系统救援工具。解压后单击 SuperKiller，出现如图 13.2 所示界面。该程序对各类流行的顽固木马查杀效果极佳。在系统需要紧急救援、普通杀毒软件查杀无效，或是计算机感染木马导致 360 无法安装和启动的情况下，360 系统急救箱能够强力清除木马和可疑程序，并修复被感染的系统文件，抑制木马再生，它是计算机需要急救时的好帮手。

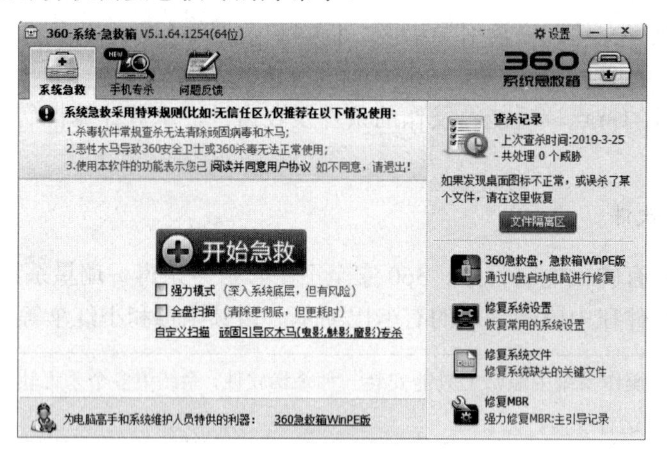

图 13.2　360 系统急救箱主界面

（1）系统急救。

① 升级。使用系统急救箱，首先需要升级。升级会在进入系统急救箱界面后自动开始。

② 扫描。升级完成后，确定是“强力模式”还是“全盘扫描”，再单击“开始急救”按钮，360 系统急救箱会对计算机进行扫描。

③ 完成急救。系统急救箱会自动处理有威胁的程序，并提醒重启计算机。如果出现了误删，可以在恢复区进行手动恢复。

（2）手机专杀。

360 系统急救箱还可以对手机进行病毒和木马查杀。

① 手机连接。首先连接好计算机和手机之间的 USB 线，手机处于 UBS 调试状态。

② 启动“手机专杀”。单击“手机专杀”按钮，先升级，后连接手机。

③ 选择“快速扫描”或“深度扫描”，进行手机病毒和木马查杀。

5. 腾讯电脑管家

腾讯电脑管家具有首页体验、病毒查杀、垃圾清理、电脑加速、权限雷达、工具箱、软件管理等功能，如图 13.3 所示。腾讯电脑管家独有 QQ 账号防御体系，腾讯电脑管家的木马查杀升级为专业杀毒，查杀更彻底，一款杀毒软件满足杀毒防护和安全管理双重需求。

① 首页体检。单击“全面体验”按钮，进行计算机全面检测，发现问题单击“一键修复”。

② 病毒查杀。可选择“闪电杀毒”“全盘杀毒”和“指定位置杀毒”。发现问题后，单击“一键处理”按钮进行处理。病毒查杀界面下还有“系统急救箱”，可进行“快速急救”或“强力急救”。病毒查杀界面下还有“修复漏洞”，发现漏洞后，可“一键修复”。

图 13.3　腾讯电脑管家主界面

③ 垃圾清理。单击“扫描垃圾”按钮，对垃圾进行扫描，选择后，单击“立即清理”。垃圾清理界面下还有“系统盘瘦身”和“文件清理”的功能。

④ 电脑加速。单击“一键扫描”按钮，对计算机系统进行扫描，选择后，单击“一键加速”。电脑加速界面下还有“游戏加速”和“开机时间管理”。“文件清理”中可进行“清理垃圾”“清理痕迹”“插件清理”“文件清理”“系统加速”。

⑤ 极限雷达。单击“立即扫描”按钮，对软件权限进行扫描，选择后，单击“一键加速”。

⑥ 工具箱。里面有各种各样的工具软件。

⑦ 软件管理。可对已安装的软件进行升级或卸载。

习　题　13

一、填空题

1．计算机病毒按对计算机系统的破坏性划分可分为_________和_________两类。

2．现代网络病毒主要包括_________病毒和木马病毒。

3．木马病毒一般是通过电子邮件、在线聊天工具和恶意网页等方式进行传播，多数是利用了操作系统中存在的_________。

4．提高计算机系统安全性的常用办法是定期更新操作系统，安装系统的_________程序，也可以用一些杀毒软件进行系统的“漏洞扫描”，并进行相应的安全设置。

5．计算机病毒的实质是_________。

6．计算机预防病毒感染的有效措施是_________。

7．计算机病毒造成的危害是_________。

8．以 Trojan 为前缀的计算机病毒是_________。

二、选择题

1．计算机病毒是破坏计算机软件和硬件的_________。

A．程序　　B．黑客　　C．传染病　　D．病菌

2．在计算机网络中，能从后门攻击计算机的工具是_________。

A．病毒　　B．网关　　C．木马　　D．防火墙

3．为防止计算机被别人攻击，必须建立_________。

A．病毒　　B．木马　　C．防火墙　　D．黑客

4．CIH 病毒会破坏计算机主板的_________。

A．CPU　　B．RAM　　C．CMOS　　D．BIOS

5．目前绝大多数计算机病毒主要通过_________传播。

A．软盘　　B．硬盘　　C．光盘　　D．网络

6．关于计算机病毒的说法，正确的是_________。

A．计算机病毒像感冒病毒一样，可以在人群中传播

B．计算机病毒只能感染计算机文件

C．计算机病毒只存在于计算机硬盘中

D．计算机病毒可以通过光盘、U 盘、网络等许多途径传播

7．下列软件中，不是杀毒软件的是_________。

A．360 杀毒　　B．瑞星杀毒　　C．金山毒霸　　D．超级解霸

8．以下软件中，不能加强计算机软件系统安全的是_________。

A．360 安全卫士　　B．天网防火墙　　C．瑞星防火墙　　D．千千静听

9．计算机病毒的危害性表现在_________。

A．能造成计算机硬件永久性失效

B．影响程序的执行，破坏用户数据与程序

C．不影响计算机的运行速度

D．不影响计算机的运算结果，不必采取措施

三、判断题（正确的在括号中打“√”，错误的打“×”）

1．计算机病毒对计算机和人体都有直接伤害。　　（　　）

2．“黑客”是指专门在夜晚上网的人。　　（　　）

3．计算机病毒是人为编制的特殊程序。（　　）

4．杀毒软件只能清除病毒，而不能预防病毒。（　　）

5．计算机病毒有传染性、隐蔽性、潜伏性。（　　）

6．对已经感染病毒的 U 盘只能丢弃，不能再使用。（　　）

7．黑客是指利用系统安全漏洞对网络进行攻击或窃取资料的人。（　　）

8．为确保学校局域网的信息安全，防止来自互联网的黑客入侵，可以采用防火墙软件以实现一定的防范作用。（　　）

9．计算机病毒不会感染操作计算机的人。（　　）

10．对于已感染病毒的 U 盘，最彻底的清除病毒的方法是格式化。（　　）

四、简答题

1．什么叫计算机病毒？

2．计算机病毒有哪些特性？

3．计算机感染病毒的症状有哪些？

4．计算机病毒有哪些种类？

5．计算机病毒的传播途径有哪些？

6．怎样预防计算机病毒？

7．病毒的命名规则是什么？解释命名规则中的每种类型并举例。

实践 13.1　计算机病毒防治软件的使用

目的：掌握计算机病毒防治软件的基本使用方法。

步骤：

（1）启动一台有计算机病毒的计算机；

（2）安装计算机病毒防治软件；

（3）运行计算机病毒防治软件；

（4）检测和查杀计算机中的病毒。

实践 13.2　计算机木马防治软件的使用

目的：掌握计算机木马防治软件的基本使用方法。

步骤：

（1）启动一台有计算机木马病毒的计算机；

（2）安装计算机木马防治软件；

（3）运行计算机木马防治软件；

（4）检测和查杀计算机中的木马。

岗位情景 4 计算机硬件维修

岗位情景分析

本岗位情景是如何当好计算机系统维护工程师。首先要对计算机的硬件组成有一个深入的了解，并熟知计算机各硬件的结构、性能、用途、特点、型号和参数，掌握各硬件的合理配合情况；其次能根据故障现象来进行故障分析，通过一定的手段检测和判断硬件的故障范围或故障部件，从而快速处理故障，使计算机恢复正常工作。

计算机硬件故障占整个计算机故障的20%～30%。计算机硬件中故障率较高的部件为光驱（最常见的故障为激光头老化）、硬盘（最常见的故障为盘片有坏块）、内存（最常见的故障为接触不良）、鼠标（最常见的故障为左、右按键开关接触不良）、键盘、主板等。

根据计算机硬件和软件的发展趋势，计算机整机的使用寿命一般为 5～8 年。新购计算机的第一年故障率较高，第二年和第三年故障率相对较低，第四年以后由于部件的老化，故障率又开始上升。因此有必要掌握计算机硬件的故障分析、维护与维修方法。

项目 14

计算机维护与维修的基本技能

项目分析

计算机在使用过程中，由于多种因素的影响，难免会出现各种故障，某些部件（如内存）的故障率尤其高。排除计算机故障，首先需要对出现的故障现象进行分析，然后找出故障点，再进行正确的维修。

任务 14.1　了解计算机的日常维护

任务提出

环境对计算机有什么影响？主要影响因素有哪些？计算机的日常维护有哪些项目？应怎样进行计算机的日常维护？

任务实施要求

小组成员对照教材的相关内容，查看所用的计算机环境情况，进行定性或定量的相关测定，并提出改善环境的建议。确定使用的计算机是否进行了日常维护，如果进行了维护，了解维护是如何进行的。

任务相关知识

1．运行环境对计算机的影响

根据《数据中心设计规范》（GB 50174—2017），计算机对工作环境的要求主要包括温度、湿度、清洁度、噪声、静电、电磁干扰、防震、接地和供电等方面的要求，只有在良好的环境中计算机才可以长期正常工作。

（1）温度和湿度对计算机的影响。

① 温度。计算机各部件和存储介质对温度都有严格的规定。如温度过高时，各部件运行过程中产生的热量不易散发，此时因半导体器件的热敏性使工作电流增大，极易造成部件过热烧毁，同时元器件会加速老化，明显缩短计算机的使用寿命。而温度过低时，又会使

计算机的启动产生困难，并对一些机械装置的润滑作用不利，同时还会出现水汽凝聚或结露现象。

夏季当室温达到 30℃及以上时，缩短使用时间，每次使用时间不要超过 2 h；当室温在 35℃以上的时候，最好不要使用计算机。计算机工作环境温度为 18～28 ℃。

② 湿度。计算机的工作环境应保持干燥，潮湿环境中计算机电路板表面和器件都容易氧化、发霉或结露。但过分干燥容易产生静电，也会影响计算机的正常工作，甚至损坏芯片，所以干燥的地方可用加湿器来提高湿度。计算机机房的相对湿度为 35%～75%。

（2）灰尘对计算机的影响。

灰尘可以说是计算机的隐形杀手，往往很多硬件故障都是由它造成的，如灰尘沉积在电路板上，会造成散热不良、接触不良和电路板漏电。灰尘还会吸附在光器件表面，影响光的传输效果，造成激光打印机字迹不清和检不到纸，光驱不读盘等故障。因此，计算机场所一定要远离灰尘和污物源，计算机机房的地面和墙面要进行防尘处理。

（3）噪声对计算机的影响。

噪声对计算机不会产生什么影响，但对计算机的使用者会产生一定的影响。在操作员位置测量噪声应小于 60 dB（A）。

（4）电磁干扰对计算机的影响。

计算机应避免电磁干扰，电磁干扰会造成系统运行故障、数据传输和处理错误，甚至会出现系统死机。这些电磁干扰一方面来自于计算机外部的电器设备，如手机、音响、微波炉等，还有可能是机箱内部的组件质量不过关造成电磁干扰。

（5）静电对计算机的影响。

静电极易造成计算机电路中集成器件的损坏，因此在安装维修前，最好用手触摸一下接地的导电体，也可以在手上带一个除静电环，以释放身上可能携带的静电。计算机机房最好安装抗静电地板。

（6）机械振动对计算机的影响。

计算机在工作时不能受到震动，主要是因为硬盘和光驱怕震。目前硬盘转速都在 7200 r/min 及以上高速运转，由于采用了温切斯特技术，硬盘的盘片旋转时，磁头是不碰盘面的（离盘面 0.1～0.3 μm），但震动就很容易使磁头碰击盘面，而划伤盘面形成坏块。震动也会使光盘读盘时脱离原来光道，而无法正常读盘。因此，放置计算机的工作台应平稳且要求结构坚固，击键和其他操作应轻柔，运行中的计算机绝对不允许搬动。

（7）接地条件对计算机的影响。

由于漏电等原因，计算机设备的外壳极有可能带电，为保障操作人员和设备的安全，计算机设备的外壳一定要接地，对于公用机房和局域网内计算机的接地尤为重要。

所以计算机机房的供电应采用三相五线制，有专用的接地线，导线截面应与零线相当，接地系统的接地电阻应小于 4 Ω。

（8）供电条件对计算机的影响。

在供电质量方面，要求 220 V 电压和频率稳定，电压偏差≤±5%。过高的电压极易烧毁计算机设备中的电源部分，电压过低又会使计算机设备无法正常启动和运行。因此，最好采用交流稳压净化电源给计算机系统供电。

为保证供电连续性，建议购置一台计算机专用的UPS，它不仅可以保证输入电压的稳定，而且遇到意外停电等突发性事件时还能用存储的电能继续为计算机供电一段时间，这样就可以从容不迫地保存当前正在进行的工作，保证计算机数据的安全。

2. 计算机的日常预防性维护

① 对计算机运行环境进行经常性检查。计算机运行环境经常性检查的项目主要包括温度、湿度、清洁度、静电、电磁干扰、防震、接地系统和供电系统等方面，对不合要求的运行环境要进行及时调整。

② 对计算机各部件要定期进行清洁。如用毛刷和吸尘器清洁机箱内灰尘、打印机灰尘、光盘驱动器内灰尘和键盘等。

③ 正常开关机。开机顺序是先打开外设（如显示器、打印机和扫描仪等）的电源，再开主机。关机顺序则相反，应先关闭主机电源，再关闭外设电源。使用完毕后，应彻底关闭计算机系统的电源。

④ 不要频繁开关机。每次开、关机的时间间隔应大于30 s，频繁开关机易损坏硬盘。

⑤ 禁止带电插拔计算机部件及信号电缆线。

⑥ 在接触电路时，不应用手直接触摸电路板上的铜线及集成电路的引脚，以免人体所带的静电击坏集成电路。

⑦ 计算机在运行时，不应随意地移动和震动计算机。

⑧ 经常性地对硬盘中的重要数据进行备份，保证数据的安全性。

⑨ 经常进行病毒的检查和清除，对外来的软件在使用前要进行查病毒处理。

⑩ 计算机及外设的电源插头要使用三线插头，以确保计算机可靠接地。

任务 14.2　常用维修工具和维护软件的使用

任务提出

常用的维修工具和维护软件有哪些？应如何使用这些工具和维护软件？

任务实施要求

小组成员对照教材的相关内容，查看常用的维修工具和维护软件，熟练使用常用的维修工具和维护软件。

任务相关知识

1. 常用维修工具

（1）螺钉旋具。

它是拆装计算机所需的必备工具，俗称起子、螺丝刀、改锥。应选用长杆和短杆的十字螺钉旋具各一把，小一字螺钉旋具一把，且要求螺钉旋具头部带磁性。

（2）尖头镊子。

它可以用来夹持小物件，如螺钉和跳线等，应选用不锈钢镊子。

（3）尖嘴钳。

尖嘴钳用来拧紧固定主板的铜柱螺母和拆卸机箱上铁挡片。

（4）毛刷、吹尘或吸尘器。

毛刷用来清扫计算机内部的灰尘，然后用吹尘或吸尘器清除灰尘。

（5）主板检测卡。

主板检测卡可插在主板的 PCI 槽上，通过计算机启动时的 POST 信息在检测卡上的数字显示，来判断主板损坏的部位。主板检测卡如图 14.1 所示。

2. 常用维护软件

为方便对计算机进行保养和维护，必须准备常用软件，如启动 U 盘、常用操作系统软件、应用软件、各配件的驱动程序、杀毒软件和工具软件等。

（1）启动 U 盘。

当进行硬盘分区、安装操作系统或 Windows 出现故障时，都需采用 U 盘启动，进入 DOS 状态，或再进入 Windows PE。当启动计算机后，再运行 U 盘上的软件（包含但不限于下列软件）。

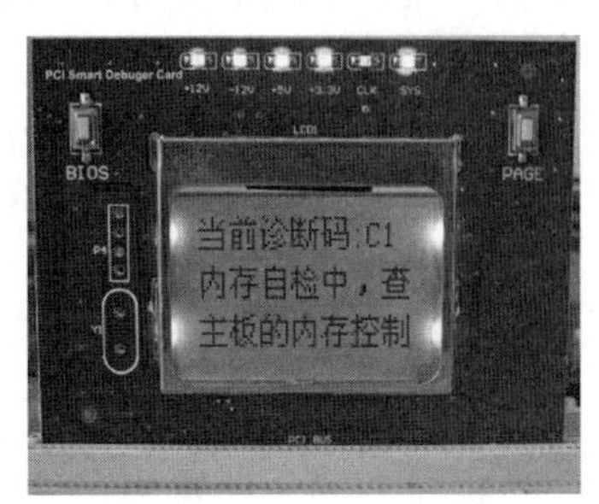

图 14.1　主板检测卡

（2）常用操作系统软件。

操作系统常用的有 Windows 7、Windows 10 等 64 bit 的 Ghost 版本。

（3）测试诊断软件。

计算机组装好或当出现问题时，通常需要检测各部件，这就需要用到测试诊断软件，这种软件可以诊断各种硬件问题。

（4）实用工具软件。

这些工具软件使用方便、功能强大，维修人员最好多准备几种，以保证有多种手段及时对系统进行有效的维护。常用的工具软件有 Ghost、Diskedit、分区软件等。

（5）病毒检测软件。

随着计算机的网络化，也给计算机病毒打开了方便之门。在计算机的维护工作中，大多数时间是用在对计算机病毒的检查和清除工作上的，所以应准备常用的病毒检测软件。

（6）常用应用软件。

计算机常用的应用软件有 Office、RAR、影音播放软件等。

任务 14.3　了解计算机系统故障的分类

任务提出

计算机系统的故障有哪些？是如何分类的？

任务实施要求

小组成员对照教材的相关内容，了解计算机系统故障，掌握故障与现象的关系。

任务相关知识

计算机系统故障分为硬件系统故障和软件系统故障。

1. 硬件系统故障

硬件系统故障是指计算机中的电子元器件损坏或外部设备的电子元器件损坏而引起的故障。硬件系统故障分为元器件故障、机械故障、介质故障和人为故障等。

（1）元器件故障。

元器件故障主要是元器件、接插件和印制板引起的故障。例如，二极管、三极管、电容短路和开路及电阻变大等使电路工作状态发生变化，器件参数漂移造成计算机系统工作不稳定，集成电路逻辑功能失效，接插件因接触不良使设备无法工作，印制电路板虚焊或断线引起逻辑功能错误等，这些都能导致计算机无法工作。

（2）机械故障。

机械故障主要发生在外部设备中，如驱动器、打印机等设备，而且这类故障也比较容易发现。系统外部设备的常见机械故障有以下几种。

① 打印机断针或磨损、色带损坏、电动机卡死、走纸机构不灵和打印头不能归位等。

② 光驱光盘头移动不畅、不出盒。

③ 键盘按键接触不良、卡键或失效等。

（3）介质故障。

介质故障主要因操作不当或主机震动，使硬盘磁道划伤；由于硬盘长期不断地工作，硬盘上大量的数据存放混乱，某些地方反复读写，使硬盘片的某个地方损坏。

（4）人为故障。

人为故障主要是由计算机的运行环境恶劣或用户操作不当产生的，主要有以下几方面。

① 在通电情况下，随意拔插器件造成损坏；硬盘运行时突然关闭电源或搬动主机箱，容易使硬盘磁头碰击盘面而造成磁道的损坏。

② 电源插头或 I/O 通道接口插反或位置插错，电缆线、信号线接错或接反。电源插头接错或接反可能会造成器件损坏。

③ 操作使用不当。常见的有写保护错、读写数据错、设备（如打印机）未准备好和磁盘文件未找到等。错删、错改系统文件将导致系统无法启动或无法运行。

2. 软件系统故障

软件系统故障是指由软件出错或不正常的操作引起文件丢失或损坏而造成的故障。软件系统故障最重要的是要看出现什么样的错误信息，根据错误信息和故障现象才能查出故障原因。软件系统故障可分为系统故障、程序故障和病毒故障等。

（1）系统故障。

系统故障通常是由系统软件被破坏、驱动程序安装不当或软件程序中有关文件丢失造成的。例如，在 Windows 下的设备管理器中黄色的“?”表示未知设备，是设备未被 Windows 识别；黄色的“!”表示设备驱动程序安装不正确；红色的“×”表示所安装的设备已停用。

（2）程序故障。

应用程序故障主要反映在应用程序无法正常使用。这时需要检查程序本身是否有错误（这要靠提示信息来判断），程序的安装方法是否正确，计算机的配置是否符合该应用程序的要求，计算机中是否安装有相互影响和制约的其他软件等。

（3）病毒故障。

计算机病毒轻则影响软件和操作系统的运行速度，重则破坏文件或造成死机，甚至破坏硬件。此外，计算机病毒还影响打印机、显示器的正常工作。此种故障可使用防病毒软件和防火墙软件等，进行预防和解毒。计算机病毒的防范必须做到防杀结合、管理手段与技术措施相结合，经常检查计算机是否感染病毒就显得尤其重要。

任务 14.4　掌握故障诊断的基本方法

任务提出

如何判断计算机系统的故障？计算机故障的处理过程是怎么样的？常用的故障判断方法有哪些？

任务实施要求

小组成员对照教材的相关内容，掌握如何来判断计算机系统故障，掌握计算机故障的处理过程，最重要的是掌握故障的判断方法，特别是板级维修方法。

任务相关知识

当计算机遇到故障时，应结合自己对计算机系统原理的理解和日常的维修经验，确定故障的类别，判断故障的部件和原因。

计算机维修可分为一级维修和二级维修。一级维修又叫板级维修，手段为“换”，是指更换板卡和部件的维修，其诊断过程是针对故障部件的确认；二级维修也称片级维修，手段为“修”，是指更换芯片和元器件的维修，其诊断过程是对故障元器件的确认。在实际的维修过程中，维修人员一般都使用一级维修，这里也仅介绍一级维修诊断方法。这些故障诊断方法，它们之间彼此并不是独立的，排除任何一种故障，都是多种诊断方法的综合。

1. 计算机系统故障的判断方法

处理计算机故障，首先要判断究竟是软件故障还是硬件故障。

① 开机后电源指示灯正常，而显示器无显示，喇叭无声，一般是硬件故障。

② 开机后无法进入 CMOS 设置，一般是硬件故障。

③ 开机自检时，屏幕有提示的故障一般为硬件故障或 CMOS 设置问题。

④ 开机虽有显示，硬盘、光驱有反应，但不能完成自检，不显示系统提示符，则一般

为硬件故障。

⑤ 开机后，不能进入 Windows，但能用 U 盘启动，则一般是软件故障。

2. 计算机故障处理的一般步骤

① 先静后动。检修前先要向使用者了解情况，根据用户的故障叙述，分析判断问题可能在哪，再开机，依据现象直观检查，最后才采取技术手段进行诊断处理。

② 先外后内。首先检查计算机外部电源、设备和线路，如插头接触是否良好、机械是否损坏，然后再打开机箱检查内部。

③ 先硬后软。因为硬件是计算机的基础，所以故障应从硬件开始查起。从计算机的启动过程中故障出现的时间，可以判断是硬件故障还是软件故障。

④ 先简后繁。先处理简单的和一般的故障，再处理复杂的和特殊的故障。

对于开机后电源指示灯正常，而显示器无显示，喇叭无声的硬件故障来说，可采用最小化系统来处理。所谓最小化系统，是指主板上只剩下 CPU 和内存，然后接上电源和喇叭（当然也可以插上显卡和显示器），通过喇叭的声响来判断故障部件。

3. 计算机故障诊断的基本方法

（1）直观检查法。

① 看。观察板卡是否插紧，电缆是否松动、损坏或断线，元器件引脚是否相碰，芯片表面是否开裂，有无烧焦痕迹，铜箔是否烧断或锈蚀，机械是否松动或卡死，有无氧化、虚焊，是否有异物掉进主板元器件之间（这可能造成短路），风扇转动是否正常。

② 听。听计算机喇叭报警声和各风扇、硬盘电机或寻道声是否正常。如风扇声音大，一般为风扇轴承润滑油干涸所致，可用在轴承上滴润滑油的方法来解决。

③ 闻。闻主机中是否有烧焦气味，因烧焦处气味大，便于确定故障部位。

④ 摸。用手按压芯片或者内存、显卡、声卡等，判断是否松动或接触不良。另外，在系统运行时用手触摸某个部件温度是否正常也可诊断故障。若一些电流较小、使用率不高的芯片忽然烫手就可能有短路故障；而一些温度高的芯片忽然变冷了，就可能未工作。

（2）拔插法。

拔插法是通过将部件“拔出”或“插入”系统来检查故障。拔插法是一种有效的检查方法，最适于诊断计算机死机或无任何显示的故障。将故障系统中的部件逐一拔出，每拔出一个部件，测试一次计算机当前状态，一旦拔出某部件后，计算机能处于正常工作状态，那么故障原因就在这个部件上了。

（3）交换法。

交换法就是将原部件与相同或相似且性能良好的插卡、部件、器件进行交换，观察故障的变化，如果故障消失，说明换下来的部件是坏的。交换法是常用的一种简单、快捷的维修方法。当故障机为主板故障时，应将故障机除主板以外的所有配件采用交换法插在好的计算机上运行。交换时，尽量用同一种型号的部件交换，否则现象可能不一样。

（4）最小系统法。

最小系统法是指保证计算机能开机的最小配置。计算机只包含主板、CPU、内存、电源和机箱喇叭，显卡和显示器看情况是否保留。

（5）软件法。

软件法是计算机维修中使用较多的一种维修方法，因为很多计算机故障实际上是软件问题，即所谓的“软故障”，特别是病毒引起的问题，更需依靠软件手段解决。软件维修法常用在开机自检、系统设置、硬件检测、硬盘维护等方面。但是计算机应能基本运行，才能使用软件法。

习　题　14

一、填空题

1．计算机系统故障分为________和________。

2．硬件维修分为板级维修和________维修，即一级维修和________。

3．板级维修的基本方法有________。

4．计算机的开机顺序是________，关机顺序是________。

5．计算机上的 Reset 功能是________。

6．计算机软件系统故障主要有：________、________和病毒故障三大类。

二、选择题

1．下列________与计算机的安全运行关系不大。

A．温度　　B．湿度　　C．电压　　D．气压

2．一台计算机开机后既无报警声也无图像，电源指示灯不亮，应先从________方面入手检查计算机。

A．主板　　B．电源　　C．显卡　　D．内存

3．一台计算机在正常运行时突然显示器黑屏，主机电源指示灯熄灭，电源风扇停转，判断故障为________。

A．显示器故障　　B．主机电源故障

C．硬盘驱动器故障　　D．软盘驱动器故障

4．如果一开机显示器就黑屏，故障原因不可能是________。

A．显卡坏或没插好　　B．显示驱动程序出错

C．显示器坏或没接好　　D．内存条坏或没插好

5．正确的开机、关机顺序是________。

A．先开外设的电源，再开主机的电源；先关外设的电源，再关主机的电源

B．先开主机的电源，再开外设的电源；先关主机的电源，再关外设的电源

C．先开外设的电源，再开主机的电源；先关主机的电源，再关外设的电源

D．先开主机的电源，再开外设的电源；先关外设的电源，再关主机的电源

6．在诊断故障时将内存、声卡、显卡依次拔下，换上好的部件看看故障有无变化，这种诊断方法称为________。

A．加电自检法　　B．替换法　　C．最小系统法　　D．拔插法

7．维修所用的基本工具为________。

A．十字螺钉旋具　　B．镊子　　C．钳子　　D．万用表

三、判断题（正确的在括号中打“√”，错误的打“×”）

1．从运行的角度来看，计算机故障分为硬件故障和软件故障两大类。　（　）

2．开机时应先开显示器，后开主机，关机时应先关主机，后关显示器。　（　）

3．杀毒软件只能清除病毒，而不能预防病毒。　（　）

4．对于大多数使用者甚至很多维修人员来说，片级维修是最简单可靠、最常采用的一种方法。　（　）

5．简单来说，硬件更换法就是利用好的设备来逐一替换现有设备从而确定故障所在。　（　）

6．最小系统法为二级维修方法。　（　）

7．当接收客户需维修的计算机，应先询问客户故障现象。　（　）

8．计算机不需要日常维护。　（　）

四、简答题

1．日常环境中对计算机运行有较大影响的有哪些？

2．试写出几种维修中常用的维修工具。

3．人为故障产生的原因有哪几种？

4．计算机故障的基本维修方法有哪几种？如何使用？

5．计算机开机后屏幕上无任何显示，未听到喇叭响，请判断故障在何处（显示器正常）。

6．计算机关机的一般顺序是什么？

7．主机的故障判断流程是什么？

8．计算机故障处理要遵循哪些原则？

实践 14　计算机维修的基本方法

目的：掌握计算机维修的基本方法。

步骤：

（1）启动一台有故障的计算机；

（2）通过启动过程来发现故障现象；

（3）通过故障现象来判断故障范围；

（4）运用计算机维修的基本方法来进行故障检查；

（5）通过维修手段，对故障进行维修，消除故障。

项目15

主板的维护与维修

项目分析

主板是计算机系统中的核心部件，当主板发生故障时，整个计算机系统将不能正常工作。由于主板为多层电路板结构，集成度高，故对主板故障的维修侧重于检测和定位。

任务 15.1 掌握主板的故障判断方法

任务提出

如何判断主板故障部位？主板故障诊断卡如何使用？

任务实施要求

小组成员对照教材的相关内容，判断计算机故障是不是因为主板损坏引起的。使用主板故障诊断卡判断主板故障。

任务相关知识

1. 凭经验判断主板故障部位

（1）对主板进行目测。

目测主要是检查主板上的元器件及线路，观察是否有虚焊、烧断和腐蚀等情况，如电阻、电容的引脚是否虚焊，电解电容是否鼓包、漏液，芯片的表面是否有烧焦或者开裂现象，主板上的铜箔是否有烧断的痕迹等。还要查看的是有没有异物掉进主板的元器件之间。

（2）用交换法判断主板故障。

用最小系统法检查故障计算机能否启动。如不行，再用交换法来判断，即将故障计算机中的 CPU 和内存放到好的计算机中，如好的计算机能启动，则可以判断故障计算机的主板坏了。

2. 主板故障诊断卡使用

当计算机黑屏或喇叭不响时，使用故障诊断卡能快速准确地查出有故障的部件。

（1）主板故障诊断卡原理。

BIOS 在每次开机时，对系统的电路、存储器、键盘、视频部分、硬盘和软驱等各个组件进行测试，并分析系统配置，对已配置的基本 I/O 设置进行初始化，一切正常后，再引导操作系统。关键性部件发生故障时，强制计算机转入停机，此时屏幕无任何反应。然而对非关键性部件进行测试时，如有故障计算机仍可以继续运行，同时显示器显示出错信息。

当 BIOS 要进行某项测试动作时，首先将该 POST 代码写入 80H①地址，如果测试顺利完成，再写入下一个 POST 代码，因此如果发生错误或死机，根据 80H 地址的 POST 代码值，就可以了解问题出在什么地方。

（2）主板故障诊断卡的使用。

① 拔除主板上的各种板卡（只保留 CPU 和内存），将诊断卡插入 PCI E 扩展槽。

② 打开电源，看故障诊断卡上的显示，如果从 00 变到 FF，则主板没有问题。

③ 如果开机时数码停在 00 或 FF 不动，则为主板或者 CPU 故障。再用手摸 CPU，如果 CPU 没有任何热量，则为主板故障；如果 CPU 有热量，则用替换法，判断是 CPU 故障还是主板故障。

④ 如果提示为 C6 或 C1，则为内存故障。

⑤ 把各种板卡插上去，再用故障诊断卡试一试，如果数码从 00 变到 FF，则主机正常。

（3）板载故障诊断卡的使用。

有些主板上具有故障诊断功能，通过数码或不同颜色的发光二极管来显示故障代码，然后通过主板说明书来判断故障。

任务 15.2　掌握主板的常见故障处理

任务提出

主板的常见故障有哪些？应该如何处理？

任务实施要求

小组成员对照教材的相关内容，查看故障主板的故障现象，分析讨论产生故障的原因，并决定用什么方法来处理和排除故障。

任务相关知识

1. CPU 常见故障和处理

（1）CPU 超频故障。

故障：一台计算机 CPU 超频使用几天后，再一次开机时，显示器黑屏，重启后无效。

处理：因为 CPU 超频使用，可能引起不稳定。清除 COMS 数据，恢复 CPU 频率，启动计算机，系统恢复正常。

---

① 80H 指 80 是十六进制数字，H 表示十六进制。

（2）CPU 温度过高故障。

故障：一台计算机使用初期表现稳定，但后来性能大幅下降，偶尔伴随死机现象。

处理：计算机性能大幅下降的原因是 CPU 都配备了热感式监控系统，当 CPU 温度达到一定值，系统就会降低 CPU 的工作频率，直到核心温度恢复到安全值以下。另外，CPU 温度过高也会造成死机。若打开机箱发现 CPU 散热风扇不转，则更换新散热器，故障即可解决。

（3）CPU 散热故障。

故障：误将一台计算机 CPU 散热片的扣具弄掉了，后来又照原样把扣具安装回散热片，重新安装好风扇加电开机后，计算机总是重启。

处理：应该是 CPU 温度过高所致。因为是散热器扣具重新扣好后出现的故障，所以可能是散热器与 CPU 未贴紧。检查散热器和 CPU 表面是否有异物，重新扣好散热器扣具。

（4）CPU 温度故障。

故障：一台计算机启动运行半个小时后死机或启动后运行较大的游戏软件死机。

处理：这种有规律性的死机现象一般与 CPU 的温度有关。若打开机箱发现 CPU 散热器上的风扇转动时快时慢，叶片上还沾满了灰尘，则需要关机取下散热器，用刷子把风扇上的灰尘刷干净；把风扇上的贴纸揭起一大半露出轴承，发现轴承处的润滑油已干涸，此时可以在轴承处滴上润滑油，擦去多余的润滑油并重新粘好贴纸，把风扇装回即可。启动计算机后，发现风扇的转速明显快了许多，运行时不再出现死机状况。

2. 内存常见故障和处理

（1）频繁死机。

故障：一台计算机安装 Windows XP 系统时频繁死机，始终无法正常安装。

处理：经过对硬件的仔细察看，发现其内存上有一处不是很明显的硬划伤，伤及了印制电路板上的电路，所以问题出在这里。经过换用其他内存，故障消失。

（2）开机黑屏，蜂鸣器不停地发出短促的“嘀”报警声。

故障：一台计算机某天突然开机黑屏，蜂鸣器不停地发出短促的“嘀”报警声。

处理：从报警声判断，可能是内存或者内存插槽有问题。仔细查看内存，发现金手指部分有厚厚的污垢。此时可以用橡皮在金手指部分擦拭几次，重新插入插槽，故障消失。

3. 主板总线扩展槽常见故障检修

故障：开机无显示，发出一长两短的蜂鸣声。

处理：此类故障一般是因为显卡与主板接触不良、主板插槽或显卡有问题，可用替换法来判断是插槽的问题还是显卡的问题。要是显卡在其他主板中使用一切正常，但到了这台计算机，没有图像出现，那么这很有可能是显卡和主板不兼容引起的。对于接触不良引起的故障可用橡皮擦拭显卡金手指。对于一些集成显卡的主板，显存是共用主内存的，则需注意内存的位置，第一个内存插槽一定要插内存。

4. 主板接口电路常见故障检修

（1）无法正确识别出 PS/2 接口的键盘和鼠标。

这可能是键盘和鼠标与计算机连接时，出现接口连接松动所致。另外，可能键盘、鼠标本身有故障。当然，如果键盘和鼠标互相插错了，也将无法识别。

（2）打印机不能正常工作。

在排除打印机本身故障以及驱动程序故障外，打印机不能正常工作很有可能是由于经常带电插拔打印线缆，造成了打印机接口和主板的并行接口损坏。

5. 主板 BIOS 常见故障检修

（1）启动报错 CMOS battery failed。

说明 CMOS 电池的电力已经不足，请更换新的电池。

（2）启动报错 CMOS check sum error-Defaults loaded。

通常这种状况都是因为电池电力不足，所以不妨先换个电池试试看。如果问题依然存在，则说明 CMOS RAM 可能有问题。

（3）BIOS 损坏造成开机后系统无反应。

造成 BIOS 损坏的原因有两种，具体如下。

① 电压不稳或电源质量不佳，使输出的电压中有尖峰脉冲，造成 BIOS 芯片硬件损坏。

② 主板 BIOS 的保护措施不当，BIOS 芯片被病毒破坏。

（4）内存损坏导致 BIOS 设置故障。

一台正在使用的计算机突然不能正常启动，开机时发出报警信息。根据报警信号推断为内存故障，但更换新内存后，仍然不能启动，若将内存安装到其他计算机上检测正常，则可以确定为主板有问题。因此判断为损坏的内存与主板发生冲突，导致 BIOS 设置出现错误。清除 CMOS 后启动计算机，即可恢复正常。

6. 板载声卡检修

故障：一台计算机的板载声卡始终不发音。

处理：有可能是设置问题，主板上的集成声卡必须在 BIOS 中设置和打开才能使用。还有就是驱动问题，安装正确的驱动程序后板载声卡就会发声。另外，也可能是板载声卡损坏，更换板载声卡即可。

习　题　15

一、填空题

1．CMOS 电池的作用是_________。

2．CMOS 跳线的作用是_________。

3．屏幕上显示“CMOS battery state low”的错误信息，其含义是_________。

4．CMOS RAM 的供电电池电压为_________。

5．CMOS 是主板上一块特殊的________芯片，用来保存当前系统的硬件配置和用户对某些参数的设定。

二、选择题

1．下面不属于主板中的芯片的是________。
A．南桥芯片　　B．I/O 芯片　　C．CPU　　D．BIOS 芯片
2．下面不属于 USB 接口连接线的是________。
A．+5 V 电源线　　B．数据输入线　　C．数据输出线　　D．−5 V 电源线
3．CMOS 电池的电压为________V。
A．1.5　　B．3　　C．3.7　　D．5
4．CMOS 电池的型号为________。
A．2032　　B．2016　　C．2025　　D．都不是
5．开机后，主板电源灯亮，但主机无法启动，不可能损坏的是________。
A．主板　　B．CPU　　C．内存　　D．光驱

三、判断题（正确的在括号中打“√”，错误的打“×”）

1．CMOS 是存储器。（　）
2．在主板检修中，目测检测是相当重要的。（　）
3．在主板检测中，主板诊断卡发挥着很重要的作用。（　）
4．主机故障中，比较常见的故障是死机故障。（　）
5．内存有故障时，会发出断续的“滴”声。（　）

四、简答题

1．计算机出现死机故障，大概哪些地方有问题？
2．主机开不了机，应怎么检查？
3．板载声卡坏了，应如何处理？

实践 15　用主板检测卡检测主板故障

目的：掌握用主板检测卡检测主板的基本方法。
步骤：
（1）打开一台有故障的计算机；
（2）将主板检测卡插入 PCI 槽；
（3）通过启动过程来发现故障现象；
（4）通过数码显示来判断损坏的部位。

项目16

硬盘的维护与维修

项目分析

随着操作系统和应用软件功能的不断增加，软件的“体积”也不断增大，使得大多数的应用系统没有大硬盘就无法运行。本项目就是通过不同手段，保证硬盘的良好运行状态，对整个计算机系统来说具有重要意义。

任务 16.1　了解硬盘的基本结构

任务提出

硬盘的内部结构是怎样的？

任务实施要求

小组成员对照教材的相关内容，用螺钉旋具打开一块有问题的硬盘，观察硬盘的内部结构。

任务相关知识

1. HDD 机械硬盘结构

HDD 机械硬盘（简称硬盘，以下如未特指，均指 HDD 机械硬盘）是一种精密电子、机械结构的高技术产品，要求在超净化环境下组装。硬盘由主轴系统、磁头定位系统、读/写系统和控制电路四大部分组成，主轴、盘片及磁头均密封在金属盒中。工作时，高速旋转的盘片带动空气流动，根据空气动力学原理，传动臂前端产生一定的上升力，使磁头悬浮在盘片的上方，而不与盘片接触，磁头和盘片之间的距离仅为 0.1～0.3 μm。硬盘结构如图 16.1 所示。

（1）盘片。

盘片采用铝合金或玻璃片为盘基，如图 16.2 所示。表面用电镀或溅射工艺镀一层 0.15 μm 厚的连续性、高磁性的金属磁性材料，使用金属磁性材料可以提高记录密度和剩磁。

盘片的两面均可记录数据，每面对应一个磁头（实际磁头）。每个盘面上的磁道划分是完全一样的，各盘面上磁道号相同的磁道所对应的圆柱面称为柱面。每一个磁道又可分为若干个扇区（一般为 63 个扇区），每个扇区的大小为 512 B。一般硬盘上会标注磁头数、柱面数和扇区数，故可按公式计算硬盘的标称容量：硬盘容量=磁头数×柱面数×每柱扇区数×512/1000^3 GB。

图 16.1　硬盘内部结构

图 16.2　硬盘盘片

硬盘参数中的磁头数、柱面数、扇区数均为逻辑值。硬盘数据存储方式早期为等容量存储（每一个磁道的扇区数量是一样）（见图 16.3），所以外道存储密度低，内道存储密度高。为了有效利用存储空间，采用了等密度存储（Logical Block Address，LBA，逻辑区块地址数据模式）（见图 16.4），即每个扇区的弧长是一样的，所以读外道时，数据传输率高。

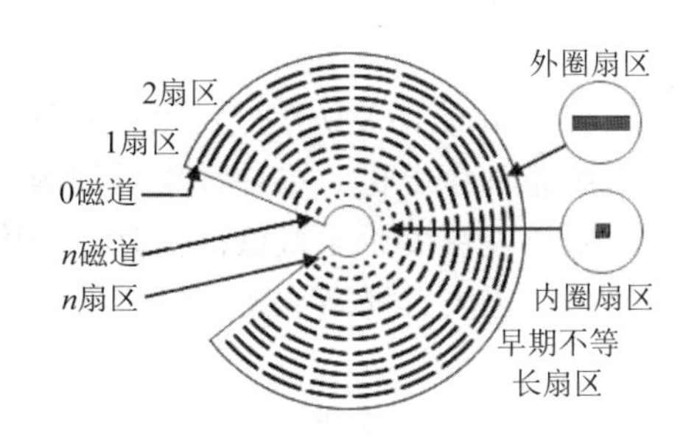

图 16.3　等容量存储方式示意图

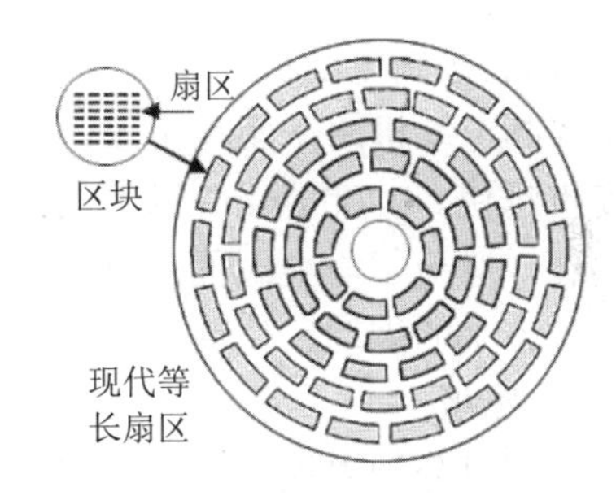

图 16.4　等密度存储方式示意图

文件在磁盘中是以“簇”的方式存储的，一个簇包含若干个扇区。当一个簇被占用后，这个簇的剩余空间就不可以再放其他文件。可见簇越大，浪费的存储空间就越大。

（2）磁头组件。

磁头组件是硬盘中最复杂、最精密的部件，它由读写磁头、转动臂、转轴和音圈电动机（对于伺服类电动机习惯简称电机）等组成，如图 16.5 和图 16.6 所示。磁头被安装在转动臂的末端，磁头的径向移动是由控制电路和音圈电机来控制的，通过盘片的旋转和磁头的径向运动，使磁头可以定位到盘片的任何位置去读写数据。控制电路和音圈电机的精密配合可以使磁头的移动精确到 0.1 μm 以下，从而可得到极高的磁道密度。

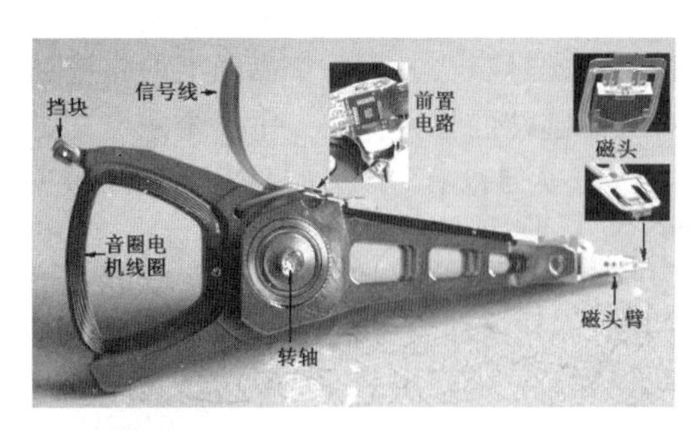

图 16.5 磁头组件

图 16.6 音圈电动机

磁头是读写数据的电磁转换部件，读数据时将磁信号转换成电信号，写数据时将电信号转换成磁信号，如图 16.7 所示。硬盘磁头采用了 GMR 巨磁阻磁头和 CPP-GMR 磁头，GMR 磁头是一种半导体磁头，体积相当小，工作原理类似于霍尔元件，可以大大提高硬盘容量。

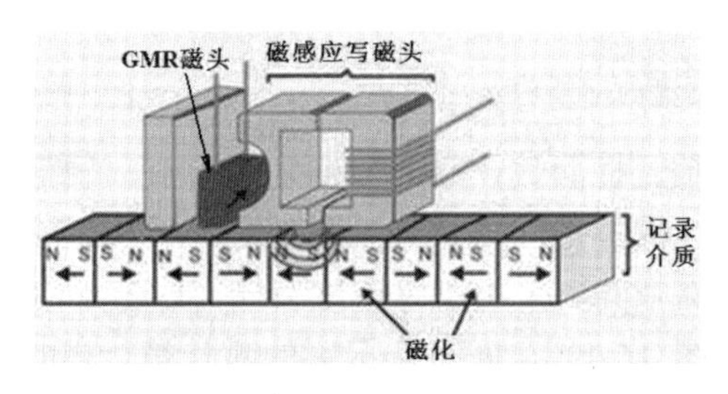

图16.7 磁头读写原理示意图

（3）伺服控制电动机。

伺服控制电动机用来驱动主轴带动盘片高速旋转，如图 16.8 所示。电动机转速越快，读写速度也越快。7200 r/min 以上的硬盘电机采用液态轴承电机。这种轴承以油膜代替了原先的滚珠，避免了与金属面的摩擦，将电动机的噪声及温度降至最低；另外，油膜可以有效地吸收外来的震动，使硬盘的抗震能力大大提高，也大大提高了硬盘的使用寿命。

（4）电路板。

硬盘电路可分为主控电路、接口电路和前置电路，如图 16.9 所示。前置电路与机械结构一起被密封在盘体内，负责磁头读写信号的放大和处理。主控电路与接口电路一起放置在主电路板上，主电路板被固定在硬盘的背面。

图 16.8 伺服控制电动机

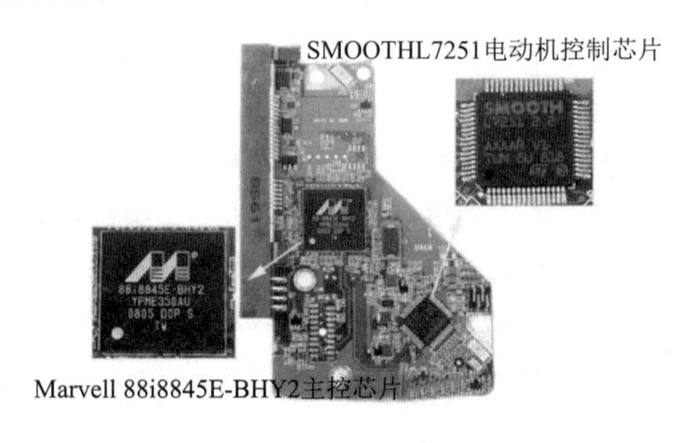

图 16.9 电路板

2. SSD 固态硬盘结构

SSD 固态硬盘就是一块电路板，电路板上有主控芯片、缓存芯片（有些无缓存）和用于存储数据的闪存芯片，通过接口和主板相连。SSD 固态硬盘采用 SATA 3 接口、PCI E 接口和 M.2 接口。图 16.10 为 M.2 接口的 SSD 固态硬盘结构。

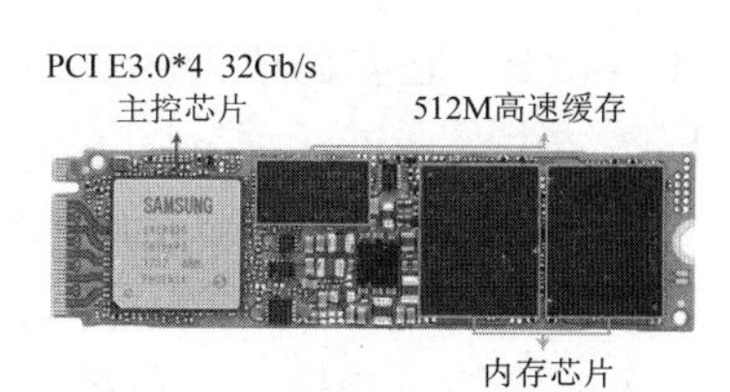

图 16.10　SSD 固态硬盘结构

任务 16.2　了解硬盘的信息结构

任务提出

硬盘的信息结构是什么样的？有哪些信息？如何产生的？用什么方法来读取？

任务实施要求

小组成员对照教材的相关内容，查看硬盘的信息结构情况，并读出分区数据，然后对硬盘重新进行分区和格式化，再查看硬盘的信息结构情况。

任务相关知识

硬盘根据容量和 Windows 操作系统要求分为 MBR 和 GPT 分区方式，下面分别介绍。

1. 主引导记录（MBR）

厂家生产的硬盘经低级格式化后形成了磁道和扇区，分区后写上了 MBR，高级格式化后写上了 OBR、FAT 和 FDT，然后就可以安装软件。

目前还在使用的早期操作系统的硬盘数据包括主引导记录和分区信息结构两大部分。主引导记录与操作系统无关，仅与分区有关，所有硬盘的主引导记录结构都是相同的；分区信息结构则与分区类型有关，但与主引导记录基本相似，以 DOS 分区为例，分区信息结构包括 DOS 引导记录、文件分配表、根目录表和数据存储区 4 个部分，如图 16.11 所示。

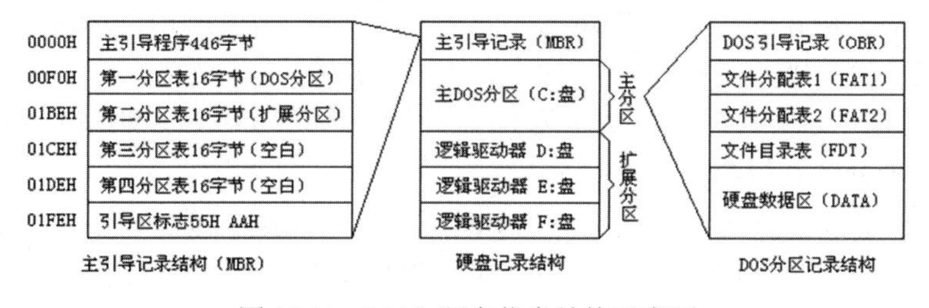

图 16.11　32 bit 硬盘信息结构示意图

（1）主引导记录的信息。

主引导记录（Main Boot Record，MBR）位于整个硬盘的 0 磁头 0 柱面 1 扇区，字节数为 512 B，包括硬盘引导程序、硬盘分区表和引导区结束标志 3 个部分。

① 硬盘引导程序（Disk Boot Program，DBP）。硬盘引导程序位于 MBR 的首部，共

计 446 B，它要完成分区表的检查以及确定哪个分区为可引导操作系统的活动分区，并在程序结束时通过活动分区的引导记录启动相应的操作系统。

② 硬盘分区表（Disk Partition Table，DPT）。硬盘分区表从主引导记录的 1BE（16 进制）字节开始，共占用 64 B，包含 4 个分区表项，每个分区表项的长度为 16 B，它包含一个分区的引导标志、系统标志、起始和结尾的柱面号、扇区号、磁头号以及本分区起始扇区数和本分区所占用的扇区数。

③ 引导区结束标志。引导区结束标志位于主引导记录的最后两个字节，正常的引导区结束标志应为“55 AA”，如果此标志被破坏，将造成硬盘无法自举。

（2）分区表的具体含义（见图 16.12）。

Offset	0	1	2	3	4	5	6	7	8	9	A	B	C	D	E	F
000001B0	00	00	00	00	00	00	00	00	00	00	00	00	00	00	80	01
000001C0	01	00	07	FE	FF	FF	3F	00	00	00	41	39	40	06	00	FE
000001D0	FF	FF	0F	FE	FF	FF	80	39	40	06	C1	12	F8	33	00	00
000001E0	00	00	00	00	00	00	00	00	00	00	00	00	00	00	00	00
000001F0	00	00	00	00	00	00	00	00	00	00	00	00	00	00	55	AA

图 16.12　某 500 GB 硬盘的 MBR 分区表

硬盘分区表的 16 个字节分配如下。

- 第 1 字节：分区的激活标志，80 表示系统可引导，00 表示非活动分区。
- 第 2 字节：该分区起始磁头（Head）号，8 位可表示 256（0～255）个磁头。
- 第 3 字节：该分区起始扇区（Sector）号，实际仅用该字节的低 6 位，表示 63（1～63）个扇区。
- 第 4 字节：该分区起始的柱面（Cylinder）号，与第 3 字节高 2 位合成 10 位二进制数，表示 0～1023 柱面，但实际柱面可能已超过 1024 个。
- 第 5 字节：该分区系统类型标志。06-FAT16，0B-FAT32，05 或 0F-表示扩展分区，07-NTFS 表示分区。
- 第 6～8 字节：该分区终止磁头号、分区结束的扇区号、分区结束的柱面号。
- 第 9～12 字节：该分区之前的扇区号。
- 第 13～16 字节：该分区占用的扇区总数。

① 某 500 GB 硬盘第一分区的 16 字节内容如图 16.12 中的 1BE～1CD。

- 80 是一个分区的激活标志，表示此分区可引导。
- 01 01 00 表示分区开始磁头号为 01，开始扇区号为 01，开始柱面号为 00。
- 07 表示分区系统类型是 NTFS。
- FE FF FF 表示分区结束磁头号为 FE，分区结束扇区号为 FF 中的低 6 位即 3F，分区结束柱面号为 FF 加上 FF 中的高 2 位即 3FF，但当柱面号大于 3FF 时，只能显示 3FF，而实际结束柱面号为 197F。也可计算：结束柱面号=（本分区总扇区数+63）/16 065−1。（104 872 257+63）/16 065−1=6527，结束柱面号为 197F。
- 3F 00 00 00 表示本分区之前的扇区号，应反过来读即 00 00 00 3F。扇区的十六进制数字在分区表上的排列为左低右高，转换成十进制时，应反过来读。

- 41 39 40 06 表示总扇区数，反过来读为 06 40 39 41，即 104 872 257 个扇区。主分区总扇区数也可按公式计算：255×63×（本分区末柱面数+1）−63。该分区容量为 104 872 257×512 B =53 694 595 584 B=50 GB。

② 某 500 GB 硬盘第二分区的 16 字节内容见图 16.12 中的 1CE～1DD。

- 00 表示分区未激活。
- FE FF FF 表示分区开始磁头号为 FE，开始扇区号为 FF 中的低 6 位即 3F，开始柱面号为 FF 加上 FF 中的高 2 位即 3FF，而实际开始柱面号为 1980。
- 0F 表示分区的系统类型是扩展分区。
- FE FF FF 表示分区结束磁头号为 FE，分区结束扇区号为 FF 中的低 6 位即 3F，分区结束柱面号为 FF 加上 FF 中的高 2 位即 3FF，而实际结束柱面号：结束柱面号=本分区总扇区数/16 065+前一个分区末柱面号，871 895 745/16 065+6 527 =60 800，结束柱面号为 ED80。
- 80 39 40 06 表示本分区之前的扇区号，反过来读即 06 40 39 80 扇区。
- C1 12 F8 33 表示总扇区数，反过来读为 33 F8 12 C1，即 871 895 745 个扇区。扩展分区总扇区数也可按公式计算：255×63×（本分区末柱面数−前一个分区末柱面数）。该分区的容量为 871 895 745×512 B=446 410 621 440 B =416 GB。

从每一个分区的总扇区数最大为 FF FF FF FF（2^{32}）可以看出，每一个分区总容量为 $2^{32}\times512/1024^4$ TB =2 TB，而 64 B 的硬盘分区表，使得每个硬盘只可分为 4 个主分区，因此，这种分区方式的硬盘总容量不能超过 8 TB。

（3）主引导记录的查看方式。

在 DOS 下可用磁盘编辑器 Diskedit 来查看和修改硬盘主引导记录。在 Windows 下可用分区软件 DiskGenius（5.0 以上版本）和十六进制编辑软件 Winhex 来查看。Winhex（见图 16.13）有完善的分区管理功能和文件管理功能，能自动分析分区链和文件簇链，能对硬盘进行不同方式和不同程度的备份，可备份整个硬盘；它能够编辑任何一种文件类型的二进制内容（十六进制显示），其磁盘编辑器可以编辑物理磁盘或逻辑磁盘的任意扇区。

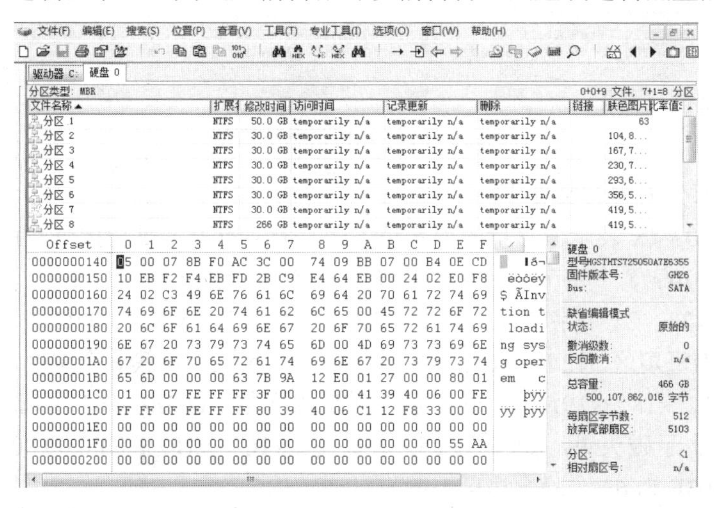

图 16.13　Winhex 主界面

2. 操作系统引导记录

操作系统引导记录（OS Boot Record，OBR）是由 DOS 引导记录 DBR（Dos Boot Record）演变来的，是由高级格式化产生的，每一个逻辑盘都有 OBR。第一个逻辑盘的 OBR 位于硬盘的 0 磁头 1 柱面 1 扇区，即位于活动分区的第一个逻辑扇区中，是操作系统可以直接访问的第一个扇区，它包括跳转指令、文件系统、BPB、OS 引导程序及结束标志（55 AA）。跳转指令的任务是将程序指针指向 OS 引导程序。OS 引导程序的任务如下：当 MBR 将系统控制权交给它时，判断本分区根目录前几个文件是不是操作系统的引导文件（如 DOS 的 IO.SYS 和 MSDOS.SYS）。如果存在，就读入内存，并把控制权交给该文件，BPB（BIOS Parameter Block）记录着本分区的磁头数、扇区数、本分区扇区数等重要参数。

OBR 的查看方式与查看 MBR 一样，只要找到相应的起始磁头号、起始扇区号和起始柱面号即可，如第一个 OBR 位于 0 磁道 1 磁头 1 扇区。OBR 信息结构如图 16.14 所示。

图 16.14 OBR 信息结构图

OBR 中各部分内容含义如下。

❖ x00～x02（x 表示偏移量的前 8 位）：3 个字节表示跳转指令，跳转到引导代码。

❖ x03～x0A：8 个字节表示文件系统，4E 54 46 53 表示 NTFS。

❖ x0B～x23：25 个字节表示基本 BPB。其中 x0B～x0C：00 02 表示每扇区字节数，0200 为每扇区 512 B。x0D：08 表示每簇扇区数，每簇 8 个扇区。x15：80 表示介质类型。x18～x19：3F 00 表示每磁盘扇区数，003F 为 63 个扇区。x1A～x1B：FF 00 表示磁头数，00FF 为 255 个磁头。x1C～x1F：3F 00 00 00 表示隐含扇区，0000003F 为 63 个隐含扇区。

❖ x24～x53：48 个字节表示扩展 BPB。其中 x28～x2F：41 39 40 06 00 00 00 00 表

示本分区扇区数，0000000006403941 为 104 872 257 个扇区。x30～x37：00 00 0C 00 00 00 00 00 表示 SMFT 的逻辑簇号，为 C0000。x38～x3F：01 00 00 00 00 00 00 00 表示 SMFTMirr 的逻辑簇号，为 1。x40～x43：F6 00 00 00 表示每 MFT 记录簇号，为 F6。x44～x47：01 00 00 00 表示每索引簇号，为 1。x48～x4F：AC A8 A7 A2 D0 A7 A2 20 表示卷标。

- x54～yFD（注：$y=x+1$）：426 个字节表示引导程序代码。
- yFE～yFF：2 个字节为结束标志 55 AA。

以上仅对 NTFS 的文件系统而言，若文件系统不同，偏移量和代表的含义都不一样。

3. 文件分配表

文件分配表（File Allocation Table，FAT）位于 OBR 之后第一个扇区，记录着文件在硬盘上的具体分布情况。FAT 根据记录项所占二进制位数的不同有 FAT16、FAT32 和 NTFS 等几种不同的格式，由于 FAT 对于文件管理的重要性，所以为了安全起见，FAT 都有一个备份，即 FAT2。

4. 文件目录表

文件目录表（File Directory Table，FDT）位于第二个 FAT 表之后，记录着根目录下的每个文件或子目录的名称、起始位置（簇号）、文件大小、文件属性（子目录也是一种文件）和创建日期等信息。定位文件位置时，操作系统根据记录在 FDT 中的文件起始簇号，结合 FAT 表就可以知道文件在硬盘中的具体位置和大小了。

5. 数据存储区（DATA）

在 FDT 之后就是数据存储区（DATA）。所有文件的实际内容都存放在各分区的数据区中，数据区占据着硬盘的绝大部分存储空间。

6. GUID 分区表

GUID 分区表（GUID Partition Table）简称 GPT，包含保护性 MBR 信息和 EFI 信息两大部分。EFI 信息包含 GPT 头、分区表、GPT 分区、备份区域等部分，如图 16.15 所示。

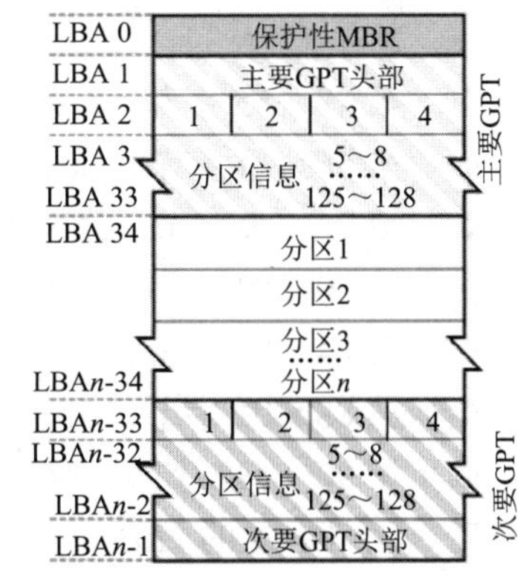

图 16.15　GPT 分区信息示意图

- LBA（扇区）0：和传统 MBR 分区一样，仍然为主引导记录 MBR。
- LBA 1：称为主要 GDP 头。
- LBA 2~33：共计 32 个扇区，称为分区表，每个扇区存放 4 个分区的信息。
- LBA *n*-1：称为次要 GPT 头，是主要 GDP 头的一个备份。
- LBA(*n*-2)～(*n*-33)扇区：共 32 个扇区，称为备份分区表，是分区表的备份。
- LBA 34～(*n*-34)：正常的 GPT 分区内容，文件系统就构建在这里。

（1）LBA 0。

GPT分区为了兼容MBR分区，LBA 0数据格式与MBR分区一致。但为了与传统的MBR分区进行区分，分区类型为EE（根据EE就能知道是GPT分区）。在传统的MBR中，EE类型的分区表示保护类型，作用是阻止不能识别GPT分区的磁盘工具试图对硬盘进行分区和格式化等操作，所以该扇区被称为“保护性MBR”，结束标志仍为55 AA，如图16.16所示。

Offset	0	1	2	3	4	5	6	7	8	9	A	B	C	D	E	F
000001B0	00	00	00	00	00	00	00	00	3C	43	BD	A6	00	00	00	00
000001C0	01	00	EE	FF	FF	FF	01	00	00	00	FF	FF	FF	FF	00	00
000001D0	00	00	00	00	00	00	00	00	00	00	00	00	00	00	00	00
000001E0	00	00	00	00	00	00	00	00	00	00	00	00	00	00	00	00
000001F0	00	00	00	00	00	00	00	00	00	00	00	00	00	00	55	AA

图16.16　LBA 0信息表

（2）LBA 1。

LBA 1中存放的内容称为“主分区头”，主分区头的数据格式如下。

- 第0～7字节：签名（“EFI PART”，均为45 46 49 20 50 41 52 54）。
- 第8～11字节：修订版本号（如为1.0版，值是00 00 01 00）。
- 第12～15字节：分区头的大小，通常是92 B，即5C 00 00 00。
- 第16～19字节：分区头的CRC 32校验和，计算时将此内容全看作0。
- 第20～23字节：保留，必须是0。
- 第24～31字节：GPT头起始扇区号，通常为01 00 00 00 00 00 00 00，也就是LBA 1。
- 第32～39字节：GPT头备份位置的扇区号，也就是EFI区域结束扇区号。通常是整个磁盘最末一个扇区。
- 第40～47字节：GPT分区区域的起始扇区号，通常为22 00 00 00 00 00 00 00，也就是LBA 34。
- 第48～55字节：GPT分区区域的结束扇区号，通常是倒数第34扇区。
- 第56～71字节：硬盘GUID（在类UNIX系统中也叫UUID）。
- 第72～79字节：分区表起始扇区号，通常为02 00 00 00 00 00 00 00，也就是LBA 2。
- 第80～83字节：分区表总项数，通常为80 00 00 00，也就是128个。
- 第84～87字节：一个分区表项的大小，通常是80 00 00 00，也就是128 B。
- 第88～91字节：分区表CRC校验和。
- 第92～511字节：保留，通常全部为0。

某一个硬盘的LBA 1信息如图16.17所示，硬盘的最末一个扇区号为AF 9E A1 12 00 00 00 00，倒过来为0000000012A19EAF，即312 581 807个扇区。312 581 807×512 B =160 041 885 184 B =149 GB。这个硬盘的容量为149 GB。

Offset	0	1	2	3	4	5	6	7	8	9	A	B	C	D	E	F
00000200	45	46	49	20	50	41	52	54	00	00	01	00	5C	00	00	00
00000210	30	96	F0	F6	00	00	00	00	01	00	00	00	00	00	00	00
00000220	AF	9E	A1	12	00	00	00	00	22	00	00	00	00	00	00	00
00000230	8E	9E	A1	12	00	00	00	00	17	14	0D	5C	80	D7	F9	43
00000240	B1	65	CF	E1	0D	A4	80	55	02	00	00	00	00	00	00	00
00000250	80	00	00	00	80	00	00	00	70	1C	62	47	00	00	00	00
00000260	00	00	00	00	00	00	00	00	00	00	00	00	00	00	00	00

图 16.17 LBA 1 信息表

（3）LBA 2～33。

LBA 2～33 一共 32 个扇区，是用于存储分区表项的，每一个分区表项描述了一个分区，分区表项的数据格式如下。

- 第 0～15 字节：用 GUID 表示的分区类型。
- 第 16～31 字节：用 GUID 表示的分区唯一标示符。
- 第 32～39 字节：该分区的起始扇区，用 LBA 值表示。
- 第 40～47 字节：该分区的结束扇区，用 LBA 值表示，通常是奇数。
- 第 48～55 字节：该分区的属性标志。
- 第 56～127 字节：UTF-16LE 编码的分区名称，最大 32 个字符。

某 149 GB 硬盘的 LBA 2 信息如图 16.18 所示，第一个分区的起始扇区号为 00 80 00 00 00 00 00 00，倒过来为 0000000000008000，即扇区号为 32768。分区的结束扇区号为 FF 0F 40 06 00 00 00 00，倒过来为 0000000006400FFF，即扇区号 104 861 695。104 861 695-32 768+1=104 828 928，104 828 928×512 B=53 672 411 136 B =50 GB。这个分区的容量为 50 GB。

Offset	0	1	2	3	4	5	6	7	8	9	A	B	C	D	E	F
00000400	A2	A0	D0	EB	E5	B9	33	44	87	C0	68	B6	B7	26	99	C7
00000410	98	74	10	F0	7E	10	31	4F	B2	19	B1	D6	A2	CD	9B	EF
00000420	00	08	00	00	00	00	00	00	FF	0F	40	06	00	00	00	00
00000430	00	00	00	00	00	00	00	00	42	00	61	00	73	00	69	00
00000440	63	00	20	00	64	00	61	00	74	00	61	00	20	00	70	00
00000450	61	00	72	00	74	00	69	00	74	00	69	00	6F	00	6E	00
00000460	00	00	00	00	00	00	00	00	00	00	00	00	00	00	00	00
00000470	00	00	00	00	00	00	00	00	00	00	00	00	00	00	00	00
00000480	A2	A0	D0	E8	E5	B9	33	44	87	C0	68	B6	B7	26	99	C7
00000490	DE	77	C3	BA	95	B2	72	49	8D	68	F6	5F	4C	9E	FF	19
000004A0	00	10	40	06	00	00	00	00	FF	17	80	0C	00	00	00	00
000004B0	00	00	00	00	00	00	00	00	42	00	61	00	73	00	69	00
000004C0	63	00	20	00	64	00	61	00	74	00	61	00	20	00	70	00
000004D0	61	00	72	00	74	00	69	00	74	00	69	00	6F	00	6E	00
000004E0	00	00	00	00	00	00	00	00	00	00	00	00	00	00	00	00
000004F0	00	00	00	00	00	00	00	00	00	00	00	00	00	00	00	00
00000500	A2	A0	D0	EB	E5	B9	33	44	87	C0	68	B6	B7	26	99	C7
00000510	51	73	A6	41	59	18	10	4B	8E	4A	7B	66	40	D4	54	A6
00000520	00	18	80	0C	00	00	00	00	FF	97	A1	12	00	00	00	00
00000530	00	00	00	00	00	00	00	00	42	00	61	00	73	00	69	00
00000540	63	00	20	00	64	00	61	00	74	00	61	00	20	00	70	00
00000550	61	00	72	00	74	00	69	00	74	00	69	00	6F	00	6E	00
00000560	00	00	00	00	00	00	00	00	00	00	00	00	00	00	00	00
00000570	00	00	00	00	00	00	00	00	00	00	00	00	00	00	00	00

图16.18 LBA 2信息表

用同样的方法，可计算出第二个分区的容量为 50 GB，第三个分区的容量为 49 GB。

从上可知，GPT 不再定义磁头和柱面，只定义了 8 个字节的扇区号。

DiskGenius 可将 MBR 分区转换为 GPT 分区，也可进行 GPT 分区删除和重建分区。

任务 16.3　硬盘信息的保护与恢复

任务提出

硬盘的信息应该怎么保护？用什么软件来进行保护？硬盘信息是如何恢复的？

任务实施要求

小组成员对照教材的相关内容，查看硬盘的信息结构情况，并读出分区数据，然后用多种软件对硬盘的信息进行保护，再对硬盘的信息进行恢复。

任务相关知识

1. 硬盘数据结构的保存与恢复

DiskGenius 软件提供了分区表的备份与还原功能，可以将硬盘分区表及各分区的引导扇区等重要数据备份到一个文件中。当硬盘分区表或分区引导扇区遭到破坏时，可以通过分区表备份文件来还原。

启动 Windows 版的 DiskGenius，选择“磁盘”菜单下的“备份分区表”选项，如图 16.19 所示。确定文件名和文件保存的路径，最好将文件复制到 U 盘上。还原时由于硬盘分区已被破坏，应启动 DOS 下或 Windows PE 下的 DiskGenius 软件，从 U 盘找到还原分区表项进行还原。

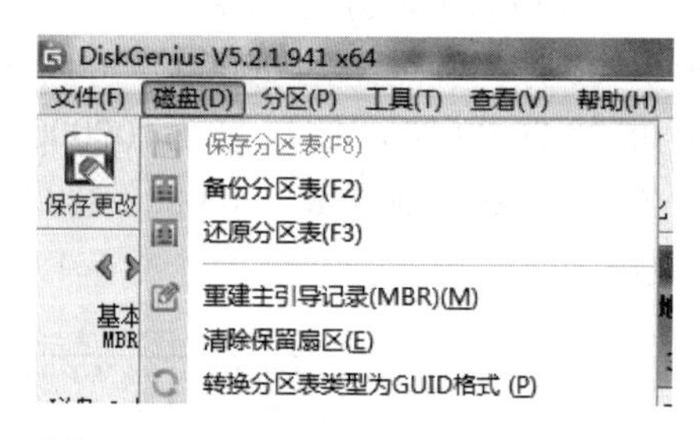

图 16.19　DiskGenius 的“磁盘”菜单

2. 克隆软件 Ghost

Ghost（General Hardware Oriented Software Transfer）是面向通用型硬件传送软件。

（1）Ghost 的主要功能。

Ghost 工作的基本方法是将硬盘的一个分区或整个硬盘作为一个对象来操作，可以完整复制对象，功能包括硬盘与硬盘之间相互复制、硬盘与硬盘分区之间相互复制、两台计算机之间的硬盘相互复制、将整个硬盘或一个分区的数据压缩备份成镜像文件、将备份的镜像文件恢复到硬盘或硬盘的一个分区中和硬盘数据的检测等。

在网吧和网络机房中经常碰到几十台相同配置的计算机需安装相同的操作系统和应用软件，此时采用 Ghost 的整盘复制或网络安装，就显得非常方便。单机也可采用 Ghost 版的操作系统安装，当全部软件安装和设置完成后，再将 C 盘备份成一个镜像文件，以后若 C 盘被破坏，只要在 DOS 下用 Ghost 恢复即可，给维护人员带来了很大方便。

（2）Ghost 的功能及使用方法。

Ghost 的主菜单中共有 6 个选项，如图 16.20 所示，其中各选项功能解释如下。

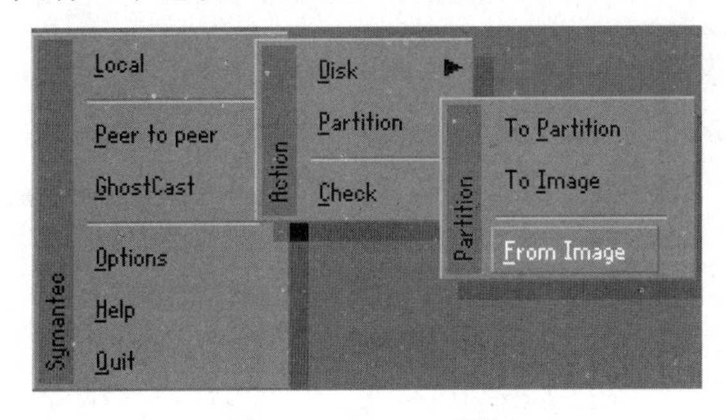

图 16.20　Ghost 菜单

① Local，操作本地磁盘。

a. Disk，对整盘操作，至少要两个硬盘。

❖ To Disk，从一个硬盘复制到另一个硬盘，又称整盘复制。

❖ To Image，将硬盘的整盘数据备份压缩成镜像文件。

❖ From Image，选择一个镜像文件来恢复整盘数据。

b. Partition，对分区进行操作，至少要两个分区。

❖ To Partition，将一个分区的内容完整地复制到另一分区中。

❖ To Image，将一个分区的内容备份压缩成镜像文件。

❖ From Image，选择一个镜像文件来恢复分区数据。

c. Check，数据检测。

❖ Check Image，当镜像文件有损坏时用来检测和修复。

❖ Check Disk，当硬盘出现错误时用来检测和修复。

② Peer to peer，点对点连接。

③ GhostCast，建立局域网连接。

④ Options，参数设置，用来完成一些更高级的功能。

⑤ Help，使用说明。

⑥ Quit，退出程序。

（3）用 Ghost 对硬盘数据进行备份与还原。

① 用 Ghost 进行硬盘的克隆。硬盘的克隆就是对整个硬盘的备份和还原。先用 U 盘启动计算机到 DOS 模式，运行 Ghost.exe，在显示出 Ghost 主界面后，选择 Local→Disk →To Disk（用鼠标、方向键或按带下画线的字母来选择），在弹出的窗口中选择源盘（第一个硬盘），然后选择要复制的目标盘（第二个硬盘）。

Ghost 能将目标硬盘复制得与源硬盘几乎完全一样，并实现分区、格式化、复制系统和文件一步完成。只是要注意目标硬盘不能太小，必须能将源硬盘的数据内容装下。

② 用 Ghost 进行分区备份。在 Ghost 主界面选择 Local→Partition→To Image，屏幕显示出硬盘选择画面和分区选择画面，根据需要选择所需要备份的硬盘即源盘，如果只有一块硬盘按 Enter 键即可，然后选择需备份的分区，如图 16.21 所示。

接着屏幕显示出存储镜像文件的画面，选择相应的目标盘和文件名，默认扩展名为.gho，如图16.22所示。

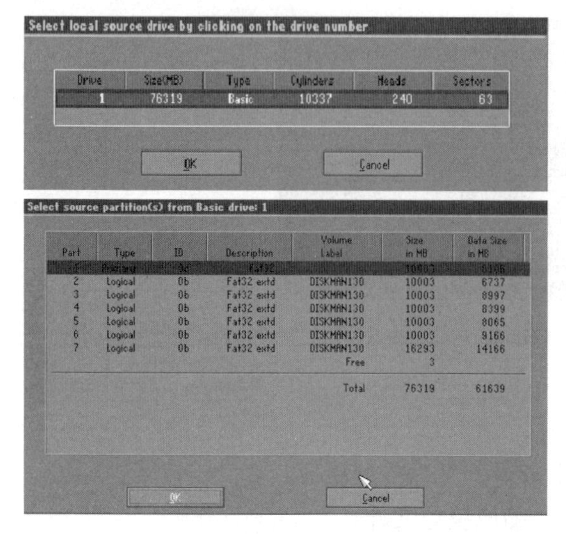

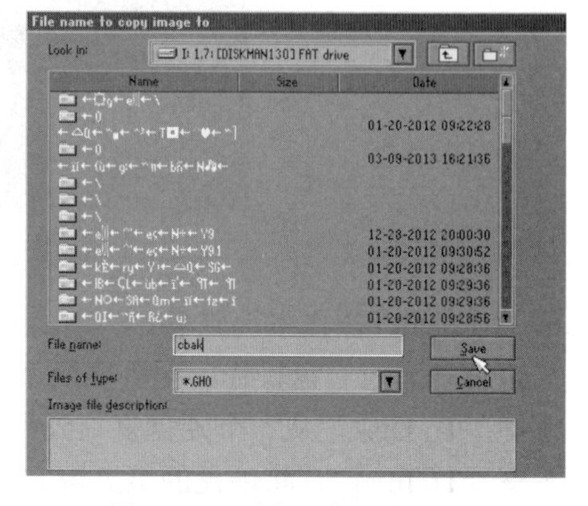

图16.21　选择需备份的硬盘和分区　　　　图16.22　选择目标盘和文件名

接下来在压缩镜像文件的对话框中选择No（不压缩）、Fast（低压缩比，速度较快）或High（高压缩比，速度较慢），选择相应选项后，在确认的对话框中单击Yes按钮，Ghost将开始生成镜像文件，如图16.23所示。

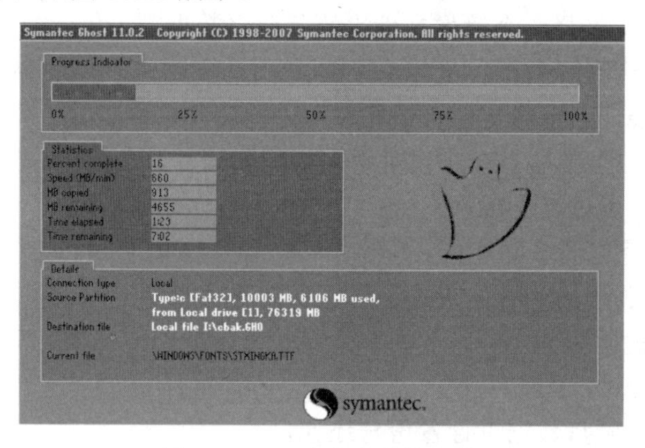

图16.23　正在生成镜像文件

③ 用Ghost进行分区备份的还原。在使用过程中系统出现了故障，可通过镜像文件将系统恢复成原始状态。

在Ghost主界面中选择Local→Partition→From Image，在出现的画面中选择源盘（即存储镜像文件的分区，如D:、E:等）和镜像文件，如图16.24所示。在接下来的对话框中选择目标分区（如C:），如图16.25所示，单击OK按钮。此处一定要注意选择正确的盘符，如果选择错误，此分区所有的资料将被全部覆盖，因此会出现确认界面，单击确认界面的Yes按钮，Ghost将开始进行数据的恢复工作。恢复工作结束后，软件会提示要重新启动计算机。

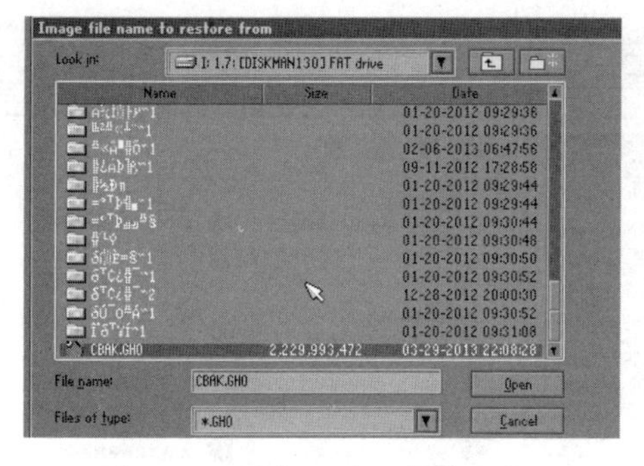

图 16.24　选择源盘和镜像文件

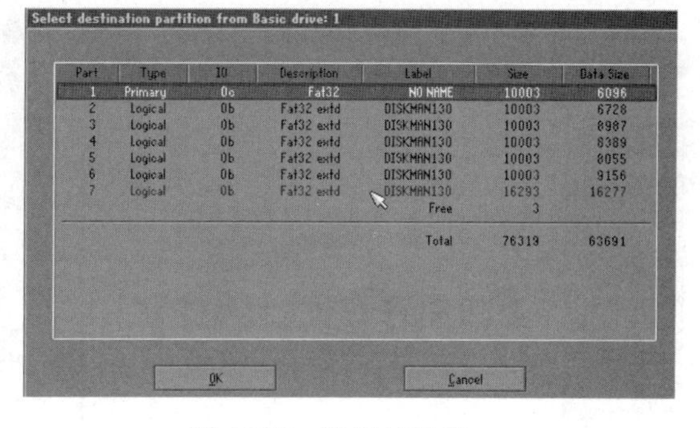

图 16.25　选择目标盘

（4）Ghost 鲜为人知的特殊用途。

① 用 Ghost 快速格式化大分区。如今硬盘的容量越来越大，每次对大分区进行 Format 时，都要花费很多时间，其实 Ghost 可以对大分区进行快速格式化。

首先在硬盘上划分一个很小的分区（如 40 MB），然后用 Format 命令对这个分区格式化，注意不要在该分区上存放任何文件。运行 Ghost，选择 Local→Partition→To Image 命令，将这个分区制作成一个 GHO 镜像文件，存放在其他分区中。

当要格式化某个大分区时，即可运行 Ghost，选择 Local→Partition→From Image 命令，选中上述制好的 GHO 镜像文件，选择要格式化的大分区，单击 OK 按钮，再单击 Yes 按钮即可。

② 用 Ghost 整理磁盘碎片。用 Ghost 备份硬盘分区时，Ghost 会自动跳过分区中的空白部分，只把其中的数据写到 GHO 镜像文件中。恢复分区时，Ghost 会把 GHO 文件中的内容连续地写入分区中，这样分区的头部都写满了数据，不会夹带空白。

在纯 DOS 模式下运行 Ghost，选择 Local→Partition→To Image 命令，把该分区制成一个 GHO 镜像文件，再将 GHO 文件还原到原分区即可。

3. 误删文件的恢复

当文件被删除时，实际上只有文件或者目录名称的第一个字符被删掉，与文件相关的文件分配表、数据都没有发生变化，只要没有重写硬盘，大多数文件是可以恢复的。

在 Windows 操作系统中采用回收站来暂存被删除的文件，如回收站已清空，可通过反删除软件 EasyRecovery、FinalData 2.0 和 DiskGenius 进行恢复。

EasyRecovery 是一个功能非常强大的硬盘数据恢复软件。被破坏的引导记录、BIOS 参数数据块、分区表、FAT 表和引导区都可以由它来进行恢复。

① 启动 EasyRecovery Professional 专业版，主界面左侧有“磁盘诊断”“数据恢复”“文件修复”“Email 修复”等项目，如图 16.26 所示。

② 选择“数据恢复”选项，右边即可出现“高级恢复”“删除恢复”“格式化恢复”“Raw 恢复”“继续恢复”“紧急启动盘”选项，如图 16.27 所示。

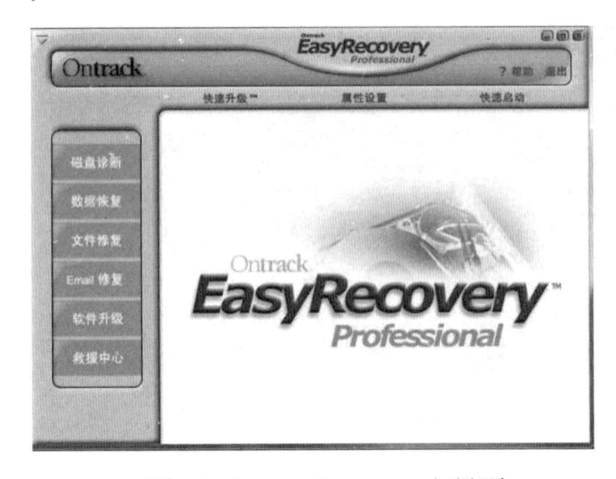

图 16.26　EasyRecovery 主界面

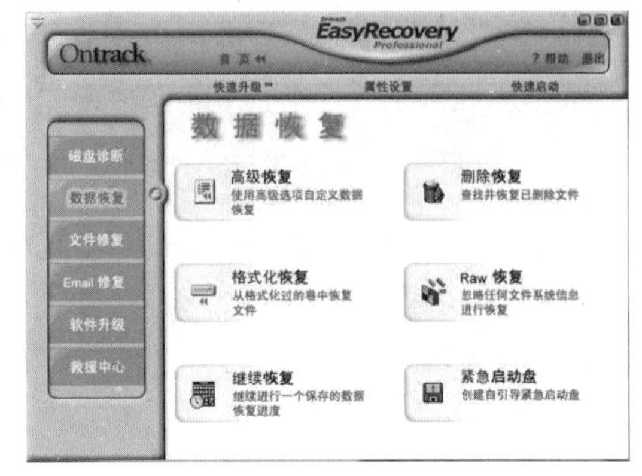

图 16.27　“数据恢复”界面

- ❖　“高级恢复”是功能最强大的模块，适用于对隐藏分区、移动存储介质的数据恢复。
- ❖　“删除恢复”用于一个文件在刚删除的情况下，使用此功能迅速找回该文件。
- ❖　“格式化恢复”用于格式化操作后的文件恢复。
- ❖　“Raw 恢复”用于忽略任何文件系统信息进行恢复。
- ❖　“继续恢复”用于继续进行一个保存的数据恢复进度。
- ❖　“紧急启动盘”用于创建自引导紧急启动盘。

③ 在“数据恢复”选项组中选择“高级恢复”选项，出现如图 16.28 所示的界面。该功能恢复误删的文件和误格式化的分区。选择需恢复的分区，如图 16.29 所示，单击“下一步”按钮进行此分区的扫描。

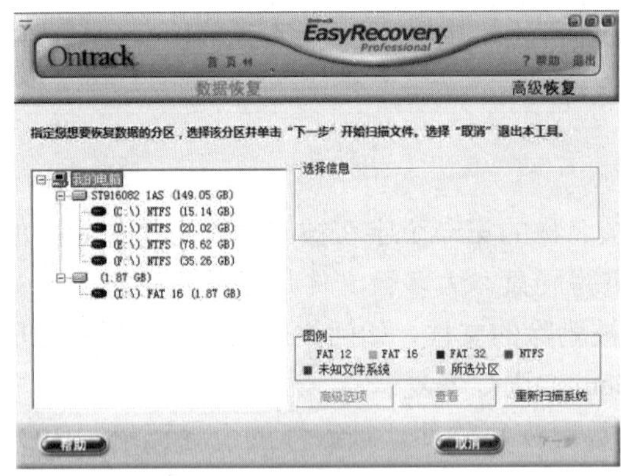

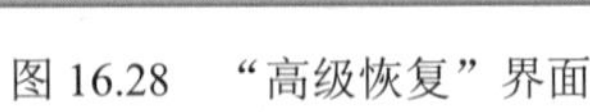

图 16.28　“高级恢复”界面

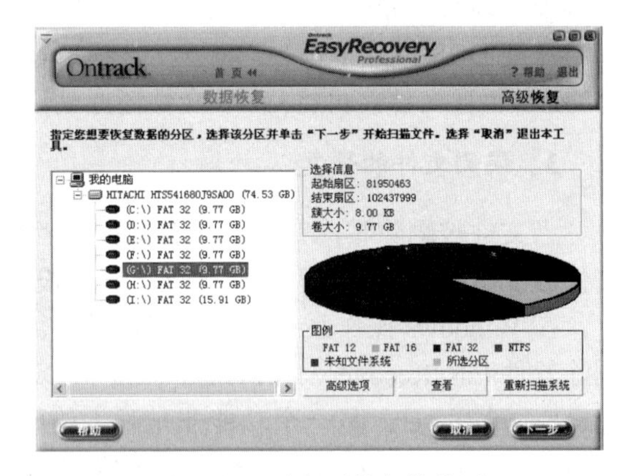

图 16.29　选择需恢复的分区

扫描完成后出现如图 16.30 所示的界面，前面有“_”的文件夹或文件表示已删除。然后选中希望恢复的文件夹或文件，单击“下一步”按钮，出现如图 16.31 所示的界面，输入保存到的盘符和文件夹，单击“下一步”按钮，直到恢复完成。

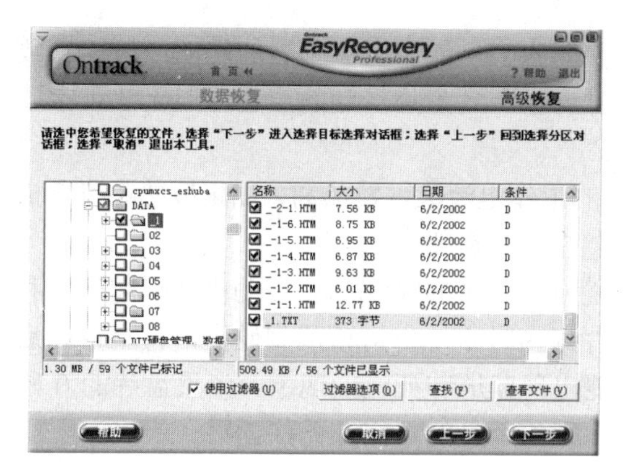

图 16.30　选中希望恢复的文件或文件夹

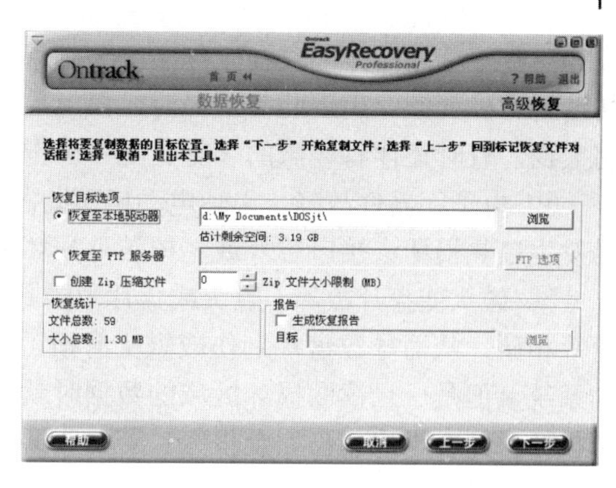

图 16.31　选择保存的分区和文件夹

任务 16.4　硬盘常见故障的分析与处理

任务提出

硬盘常见的故障有哪些？是怎样分类的？应怎样分析和处理硬盘故障？

任务实施要求

小组成员对照教材的相关内容，针对一块有故障的硬盘，查看在计算机启动、硬盘分区、格式化及运行过程中产生的故障现象，然后根据故障现象，进行故障分析和处理。

任务相关知识

硬盘的可靠性比较高，但因其使用率高，若使用不当、误操作或使用环境变化等因素的影响往往会使硬盘出现故障。

1. 硬盘的故障

硬盘的故障按性质可分为硬故障和软故障两大类。在维修时，首先要分清是硬故障还是软故障，在这两类故障中，软故障要占硬盘故障的 80%以上，故硬盘故障维修的重点是软故障的处理，而对硬故障的处理方法通常是更换硬盘。

（1）硬盘硬故障。

硬故障是指物理性损坏故障，是由硬盘的机械零件、电子元器件或盘片损坏引起的。

① 机械零件故障。机械零件位于盘体内部。由于盘体内部是超净环境，要打开盘体必须在超净环境下进行，因而，此类故障在一般条件下无法修复。易发生故障的机械零件主要有主轴电机和磁头组件两部分。

主轴电机故障：由于主轴电动机长期高速运转，加上震动、电压不稳等原因，会导致电机轴承磨损或电动机烧毁等故障。故障现象如下：硬盘工作时发出均匀的异常声响或震动，则为电动机轴承磨损；无任何声响，听不到盘片的转动声，则为主轴电动机或驱动电路损坏。

磁头组件故障：硬盘在工作中需要频繁地移动磁头，如果发生剧烈的震动，可能导致转动臂意外死锁。出现此类故障时，虽然启动时可以听到盘片转动的声音，但无法正常读写数据，有时还伴有轻微的“哒、哒……”声。

② 电子元器件故障。主轴电动机驱动芯片的工作电流大、发热高，如果散热不良，极易发生过热损坏。接口芯片或主控芯片损坏都会检测不到硬盘。

③ 磁头或盘片故障。磁头或盘片故障是硬盘中较常见的硬故障。震动极易引起磁头和盘片相碰，从而导致盘片划伤或磁头磨损。盘片划伤时系统仍可检测到硬盘，甚至可以启动系统，但是一旦读取损坏区域的数据时就可能出现蓝屏和死机的现象。如果盘片的0磁道损坏，则会导致硬盘完全报废。若磁头磨损，则整个盘的数据都无法读写。

（2）硬盘软故障。

软故障是指非物理性损坏故障，即磁盘表面信息故障，通常是由磁道记录格式受到局部破坏、硬盘结构信息被破坏或某些文件数据被破坏引起的。

① 磁道记录格式受损。磁道记录格式受损是指硬盘受到外部强磁场的影响，或使用时间太长，硬盘盘片上用以区分扇区格式记录的磁性逐渐退化或失去磁性，从而导致这些扇区无法进行读取，盘片上出现大量的坏扇区。这种现象与盘片物理损伤非常相似，不同的是，盘片物理损伤是不可修复的，而软故障则可以通过低级格式化来重新修复。

② 硬盘分区信息受损。硬盘分区信息受损导致硬盘无法正常读写。这类故障主要是由计算机病毒、操作系统或应用软件本身的缺陷以及误操作等原因引起的。

硬盘结构信息是由相应的管理软件建立的，因而可通过相应的管理软件来进行修复。

③ 文件数据被破坏。文件数据被破坏是指文件的内容被改变、数据部分丢失或全部丢失。这类故障通常是由计算机病毒、软件缺陷或误操作引起的，有时硬件故障使计算机突然死机或重启，也会导致数据丢失或损坏。因此，在使用计算机时一定要做好重要数据的备份工作。

2. 硬盘出现问题前的一般征兆

发现硬盘故障前兆，应及时备份数据。一般来说，硬盘出现故障前会有以下几种表现。

① 在BIOS里突然无法识别硬盘，或是即使能识别，也无法用操作系统找到硬盘。

② 出现 SMART 故障提示。该提示是硬盘厂家内置在硬盘里的自动检测功能在起作用，出现这种提示说明硬盘有潜在的物理故障，且很快就会出现不定期地不能正常运行的情况。

③ 在Windows初始化时死机。这种情况较复杂，应先排除其他部件出问题的可能性，如内存质量不好、风扇停转导致系统过热，或者是病毒破坏等。

④ 能进入 Windows 系统，但是运行程序出错，同时运行磁盘扫描也不能通过，经常在扫描时缓慢停滞甚至死机。这种现象可能是硬盘的问题，也可能是Windows长期积累的软故障，如果排除了软件问题的可能性后，那么就可以肯定是硬盘有物理故障了。

3. 硬盘故障提示信息

由于各计算机使用的 BIOS 版本不同，硬盘故障的不同，因而出错信息的表达方式和描述也不相同，但系统的自检过程和系统引导过程是基本相同的。

（1）硬盘自检时出现的错误信息。

计算机启动时，首先要对各部分硬件进行检测，这一过程称为系统自检。硬盘自检时常见的故障信息提示有如下几种。

❖ Hard Disk Error。

❖ C: driver error。

❖ HDD controller error。

出错的原因大多是由硬盘、接口和数据线故障或 CMOS 设置的硬盘参数错误引起的。排除此类故障时，首先应检查 CMOS 参数设置是否有错误，然后再检查数据线、电源线连接是否有错误，最后检查硬盘和接口。

（2）硬盘自举时出现的错误信息。

从硬盘复位到完成自举标志的检查，这一过程称为硬盘的自举。简单地说，就是执行硬盘的 MBR 的过程，此时的故障可能有以下几种。

① 提示 Invalid Partition table，即无效的分区表。出现这种情况的原因是硬盘的分区信息被破坏，属于软故障，可用 DiskGenius 软件修复硬盘分区信息。

② 提示 Invalid Boot Device，即无效的启动设备。出现这种故障往往是由硬盘 0 磁道损坏引起的，系统无法读取 MBR 信息所致，有时通过低级格式化可能修复。

③ 无任何提示信息，死机。这种故障通常是由 MBR 中的主引导程序错误或硬盘自举标志 55 AA 错误引起的，可用 U 盘启动计算机后用 DiskGenius 软件进行修复。

（3）系统引导时出现的错误信息。

在完成硬盘自检和自举后系统将读入 OBR 信息进行系统引导，通过 OBR 将系统文件读入内存的过程称为系统引导。系统引导时常见的错误信息有以下两种。

❖ Error loading Operating System。

❖ Missing Operating System。

上述错误信息是由 OBR 信息被破坏或被病毒感染引起的，从而导致系统引导不能正常进行。当然，也不排除盘片的这一部分扇区物理损坏的可能性。

❖ Invalid restore Media（无效的存储介质）：表示分区还未格式化。

4. 硬盘故障的一般处理步骤

查找硬盘故障应遵循由简到繁、由易到难的原则，先排除软故障可能性，再进一步查找硬故障。在处理过程中，尽量不要轻易使用低级格式化操作。硬盘故障的一般处理步骤如下。

① 检查主板 BIOS 中硬盘工作模式，查看硬盘设置是否正确。

② 用相应操作系统的启动盘启动计算机，看能否启动。

③ 检查硬盘分区结束标志（最后两个字节）是否为 55 AA，活动分区引导标志是否为 80。用 DiskGenius 重建主引导记录。

④ 用杀毒软件查、杀病毒。

⑤ 如果硬盘无法启动，可用系统盘传送系统文件，命令为 SYS C:，看 DOS 能否启动。

⑥ 运行工具软件检查并修复 FAT 表或 FDT 区的错误。

⑦ 如果 Windows 运行出错，可重新安装操作系统及应用程序。

⑧ 如果软件运行依旧出错，可对硬盘重新分区、高级格式化后重装系统。必要时可对硬盘进行低级格式化。

5. 系统不认硬盘

系统不认硬盘是一种比较常见的故障现象。根据现象可知系统不认硬盘属于硬盘的自检故障。可能引起该故障的原因有：CMOS 中的硬盘参数设置错误，硬盘数据线、电源线连接错误，硬盘故障，BIOS 版本不支持此类型的硬盘，有时硬盘的 0 磁道损坏也会引起系统不认硬盘的现象。

① 启动计算机，进入 CMOS SETUP 程序，检查 CMOS 中的硬盘参数设置是否有误，最好将类型和模式均设为 AUTO。

② 重插或更换与硬盘相连的数据线和电源线。如果数据线松动、损坏或电源线松动等都会引发系统不认硬盘的现象。

③ 用交换法检查硬盘是否有故障。测试硬盘能否在其他计算机中被检出，如能检出，则说明硬盘没问题，而是主板有故障。

④ 有些硬盘如果 0 磁道损坏也会出现系统不认硬盘的现象，而且故障现象与硬件损坏一模一样，很难区分。如果遇到系统不认硬盘的故障时，也可用后面介绍的硬盘 0 磁道故障的修复方法。

6. 系统无法从硬盘启动

系统无法从硬盘启动是指系统无法从硬盘上正确地读出操作系统文件。根据计算机启动的过程可知，从硬盘启动需经历硬盘自检、自举和系统引导 3 个步骤。任何一个环节出问题都会使系统无法启动，故可能的原因有：自检时系统不认硬盘；MBR 信息出错，硬盘无法完成自举；OBR 信息出错，无法正确读取系统文件进行系统引导；系统文件出错，无法启动操作系统；计算机病毒造成系统损坏等。

（1）根据提示信息判断，如果是 MBR 信息出错，又可分为主引导程序错误、分区表错误和自举标志错误。

① 如为主引导程序错误或自举标志错误，处理的方法比较简单，可用 U 盘启动系统后，执行 DiskGenius 直接修复主引导程序和自举标志。

② 当发生分区表错误时，如已做过分区表的备份，则可用备份的信息进行恢复。否则，就要用 DiskGenius 的 DOS 版本进行恢复，选择“工具”→“搜索已丢失分区（重建分区表）”命令，如图 16.32 所示，进行丢失分区的查找，然后再进行修复，如图 16.33 所示。

（2）如果错误提示为 OBR 信息损坏或系统文件损坏，应根据硬盘中所装操作系统的不同采用不同的方法进行处理。对于 Windows 系统，可尝试进行系统覆盖性重装，或将 C 盘格式化后重装系统。

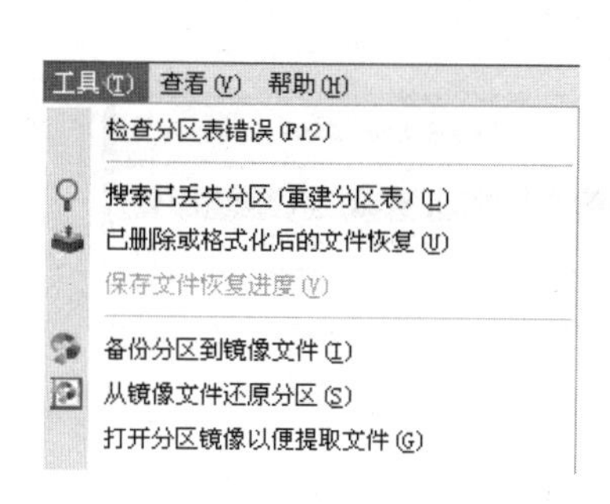

图 16.32　“工具”菜单

图 16.33　搜索已丢失分区

7. 硬盘数据读写错误

硬盘数据读写错误是指系统无法在指定的扇区中读出数据。可能的原因有文件目录表错误、文件分配表错误和盘片上的扇区故障。FAT 和 FDT 损坏可按前面叙述的方法进行修复。

盘片上的故障主要是盘片上产生了坏块，一般可对硬盘进行低级格式化。

低级格式化又叫物理格式化，主要作用就是为硬盘划分出柱面和磁道，再将磁道划分为若干个扇区，在每个扇区的地址场中标志出地址信息，并测试硬盘介质缺陷。通过低级格式化将扇区 ID 按设定的间隔因子放置到每个磁道上，同时剔除硬盘表面损坏的介质，但低级格式化会清除硬盘中所有的数据。

硬盘在出厂时已进行过低级格式化，使用者无须再进行低级格式化。由于低级格式化是一种损耗性操作，因此不到万不得已，不要对硬盘进行低级格式化。

当硬盘受到外部强磁场的影响，或因长期使用，硬盘盘片上的扇区格式磁性丢失，从而出现大量“坏扇区”时，可以通过低级格式化或高级格式化来重新划分。但前提是硬盘的盘片没有受到物理性划伤，否则无法通过低级格式化来修复。

用于硬盘低级格式化的软件有很多，如 DOS 下的 DM（Disk Manager）和 Lformat、Win PE 下的 HDDLFormat 等。下面就以 DM 为例，介绍如何对硬盘进行低级格式化。

（1）DM 的主菜单。

用 U 盘启动计算机，在 DOS 下输入 DM/M，即可进入 DM 的主菜单，如图 16.34 所示。接着将光标移动到(M)aintenance Options（维护选项）上，并按 Enter 键确认，进入 Maintenance Options 子菜单。

```
Disk Manager Main Menu

(E)dit/View Partitions
(F)ormat/Check Partitions
(M)aintenance Options
(C)MOS Options
(V)iew/Print Online Manual
(ALT-A) Go to Automatic Mode
Exit Disk Manager
```

图 16.34　DM 主界面

（2）选择要进行低级格式化的硬盘。

将光标移到(U)tilities（实用工具）选项位置，如图 16.35 所示，按 Enter 键确认。这时 DM 要求选择一个要进行低级格式化的硬盘，如图 16.36 所示。如果计算机中只有一个硬盘，直接选择就行了；如果有多个硬盘可移动光标进行选择。选择好要低级格式化的硬盘之后，按 Enter 键确认。

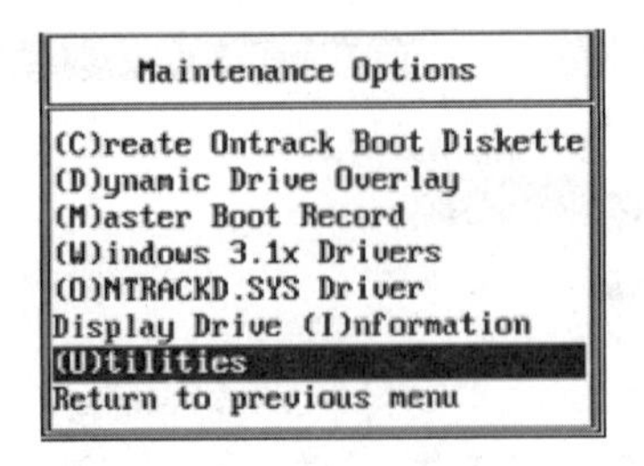

图 16.35　选择(U)tilities 选项

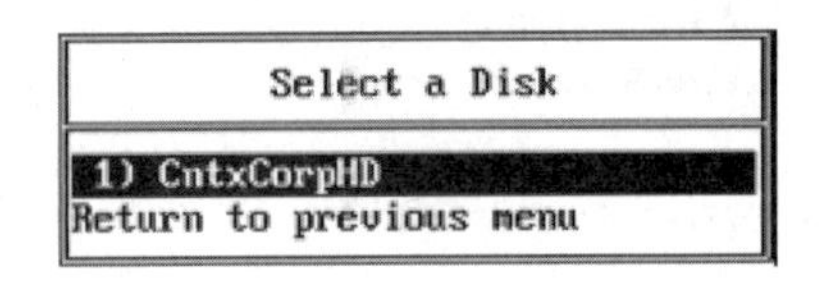

图 16.36　选择要低级格式化的硬盘

（3）开始进行低级格式化。

选完硬盘后，从 Select Utility Option 菜单中选择 Low Level Format 命令，如图 16.37 所示。此时 DM 会弹出一个警告窗口，为了避免无意之间对硬盘进行低级格式化，软件要求通过按 Alt+C 键来确认对硬盘的低级格式化操作；而按下其他键，则表示放弃低级格式化。按下 Alt+C 键之后，DM 还会要求再一次确认，选择 Yes 选项，然后按 Enter 键，DM 将正式启动对硬盘的低级格式化。低级格式化过程中，DM 会弹出进度指示窗口，从窗口中可以了解低级格式化的进程，如图 16.38 所示。

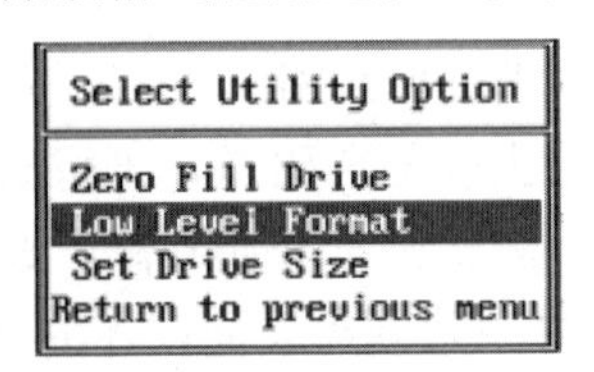

图 16.37　选择低级格式化功能

Please wait
Performing Low Level Format... (ESC to Cancel)
0% (\)

图 16.38　低级格式化的执行界面

8. 硬盘 0 磁道故障

硬盘 0 磁道故障实际上也是介质故障，但由于 0 磁道中记录着硬盘的 MBR 信息，0 磁道的故障有可能导致整个硬盘报废。常见的 0 磁道故障现象有：系统自检时能找到硬盘，但启动时无法完成硬盘自举；开机时硬盘不能通过自检，屏幕显示 HDD Controller Error，而后死机；进入 CMOS 设置程序无法对硬盘进行设置，自动检测也找不到硬盘。

硬盘 0 磁道故障也分为软故障和硬故障两种，软故障是由于盘片被磁化或退磁引起的，硬故障则是零道划伤，可用以下方法进行处理。

① 在纯 DOS 模式下运行 DiskGenius，在“磁盘”菜单中选择驱动器符号，这时主界面中显示该硬盘的分区格式、起始柱面和起始磁头。

② 再选择“工具”→“参数修改”命令，在修改分区对话框中，将起始柱面的值改为 1。

③ 按确定退回 DiskGenius 主界面并按 F8 键保存修改结果，再退出 DiskGenius。修改后需要重新格式化硬盘。

9. SSD 硬盘使用注意事项

固态硬盘有写入寿命，平均起来约为 3000 次 P/E（编程/擦写循环），1P/E 为硬盘存储上限，相当于只能写满 3000 次。为了延长固态硬盘的使用寿命，在日常使用中应该注意以下几点。

① 安装系统时要 4K 对齐。4K 对齐就是将每个扇区设为 4096 个字节。如 4K 不对齐，

写入点会介于两个 4K 扇区之间，造成跨区读写，读写次数增多，影响速度，寿命也会缩短。

② 为了减少固态硬盘的写入数据量，不要将计算机的虚拟内存放到固态硬盘上。

③ 不要将下载软件的存储目录设置为固态硬盘，尤其是下载电影这类大数据量的文件。

④ 固态硬盘会自己整理存储空间，不需要像机械硬盘那样整理磁盘碎片。

⑤ 固态硬盘不要装得太满，最好留一部分空间出来，这样有利于固态硬盘自我维护。

⑥ 尽量减少对固态硬盘的格式化次数。

习　题　16

一、填空题

1．硬盘由________、________、________和________4 个部分组成。

2．硬盘 MBR 结构信息分为________、________、________、________和________5 个部分。

3．硬盘的第一个 OBR 位于________柱、________面、________扇区。

4．硬盘 MBR 位于________柱、________面、________扇区。

5．GPT 分区用________字节表示分区的扇区大小。

6．硬盘的主引导记录包括________、________和________。

7．恢复硬盘分区表的工具有________。

8．硬盘的故障主要包括________和________。

9．要使两个硬盘的两个分区内容完全一样，应使用 Ghost 中的________to________功能。

10．如果硬盘运行时听到“哒、哒……”的声音，说明硬盘已经________。

二、选择题

1．硬盘的磁头通过________的变化来读取数据。

A．磁盘轨迹大小　　B．磁片轨迹

C．旋转速度　　D．感应盘片上磁场

2．硬盘的________是将磁盘划分为磁道和扇区，并为每个扇区标注地址和头标志。

A．低级格式化　　B．分区　　C．格式化　　D．BIOS 设置

3．硬盘的主引导记录位于________。

A．0 道 0 面 0 扇　　B．0 道 0 面 1 扇

C．0 道 1 面 0 扇　　D．0 道 1 面 1 扇

4．硬盘的 0 道故障不可能出现________的现象。

A．启动时可能检测到硬盘　　B．启动时可能检测不到硬盘

C．系统不能启动　　D．盘片不转

5．开机自检过程中，提示 Hard disk not present 或类似信息，可能是________。

A．硬盘主引导区损坏　　B．CMOS 硬盘参数设置有错误

C．操作系统损坏　　D．硬盘控制器与硬盘驱动器连接不正

6．下列表示硬盘主引导记录的是________。

A．FAT　　B．OBR　　C．MBR　　D．FDT

7．硬盘分区表的结束标志是________。

A．55 AA　　B．80　　C．00　　D．0F

8．以下软件能对硬盘进行对拷的是________。

A．Ghost　　B．PQmagic　　C．DM　　D．EasyRecovery

9．以下不是用于硬盘分区的软件是________。

A．Format　　B．Fdisk　　C．DiskGenius　　D．PQmagic

三、判断题（正确的在括号中打“√”，错误的打“×”）

1．硬盘故障的原因大多是软件损坏，而硬件损坏较少。（　　）

2．MBR 就是硬盘的主引导记录。（　　）

3．操作系统只能从硬盘的主 DOS 分区引导。（　　）

4．Lformat 可对硬盘做低级格式化。（　　）

5．如果屏幕上显示 HDD Controller Failure，表示硬盘方面的故障。（　　）

6．如果开机后找不到硬盘，应先检查硬盘是否感染了病毒。（　　）

7．如果不得已要重做硬盘，应先备份用户数据文件。（　　）

8．Ghost 软件可以进行两个硬盘之间的对拷。（　　）

9．装完操作系统和应用软件后，为便于以后的系统恢复，应对 C 盘做 Ghost。（　　）

10．硬盘中只有 MBR 上有 55 AA 的结束标志。（　　）

四、简答题

1．怎样保存硬盘主引导扇区的信息？

2．MBR 指的是什么？它由哪几部分组成？

3．硬盘常见的故障有哪些？

4．当硬盘出现物理损伤时，会出现哪些现象？

5．为什么硬盘的剩余空间不足可能导致死机？

6．开机测试时，硬盘不能启动，但 U 盘可以启动，这是什么原因？

7．某一块硬盘的分区信息如下，请问分了几个什么样的分区？分区大小是多少？起始的磁头号、柱面号和扇区号是多少？结束的磁头号、柱面号和扇区号是多少？每个分区的柱面数是多少？此硬盘容量多大？

```
000001B0: 00 00 00 00 00 00 00 00 00 00 00 00 00 00 80 01
000001C0: 01 00 07 FE FF FF 3F 00 00 00 AD 2C E2 04 00 FE
000001D0: FF FF 07 FE FF FF 00 30 E2 04 D8 29 E2 04 00 FE
000001E0: FF FF 0F FE FF FF D8 59 C4 09 A8 F2 34 30 00 00
000001F0: 00 00 00 00 00 00 00 00 00 00 00 00 00 00 55 AA
```

实践 16.1　Norton 工具软件的使用

目的：掌握 Norton 工具软件的使用方法。

步骤：

（1）用 U 盘启动计算机；

（2）运行 Norton 软件；

（3）运行 Diskedit 查看硬盘信息，保护硬盘信息；

（4）运行 NDD 查看对硬盘的检测情况。

实践 16.2　反删除软件的使用

目的：掌握反删除软件的使用方法。

步骤：

（1）在 Windows 下安装反删除软件；

（2）删除某个分区中的文件；

（3）用反删除软件进行查找，并予以恢复。

实践 16.3　克隆软件 Ghost 的使用

目的：掌握 Ghost 软件的使用方法。

步骤：

（1）用 U 盘启动计算机；

（2）运行 Ghost 软件；

（3）进行硬盘和分区间的对拷；

（4）进行 C 盘的备份和恢复。

实践 16.4　DM 软件的使用

目的：掌握 DM 软件的使用方法。

步骤：

（1）用 U 盘启动计算机；

（2）运行 DM 软件；

（3）用 DM 软件对硬盘进行低级格式化。

项目 17

光驱的维护与维修

项目分析

光盘的直径为 12 cm，存储容量可达 700 MB～200 GB，一张 4.7 GB 的 DVD 盘存储量可达 40 亿个数据字符以上，如果单纯存放文字，相当于 100 万张 16 开的纸。光盘存储成本低，理论上可永久保存，对环境无苛刻要求，保存寿命达 30 年以上。本项目要求了解光驱和光盘的基本结构、读盘原理，能对光驱的故障进行分析和处理。

任务 17.1　了解光驱的基本结构及原理

任务提出

光驱由哪几部分组成？各有什么作用？光盘的信息存储有什么特点？光驱是如何读盘的？

任务实施要求

小组成员对照教材的相关内容，查看光驱的结构情况及各部分相互的作用情况。

任务相关知识

1．光驱的结构

光驱由光盘头及驱动机构、光盘驱动机构、进出仓机构、读电路、伺服控制电路和光盘装/卸载电路等几部分组成，如图 17.1 所示。

（1）光盘头及驱动机构。

光盘头包括激光器、光电检测器和光学器件，其驱动机构包括驱动电动机、丝杆和导轨等。

光盘头是光盘的读出系统，它发射出来的激光束照射到光盘的反光面上，被反光层反射后，经光电检测器将反射回的激光束转换为电信号，再经数字电路处理后得到信号编码，经译码后便得到数

图 17.1　光驱的内部结构

字信号。光盘头的结构原理示意图如图 17.2 所示。

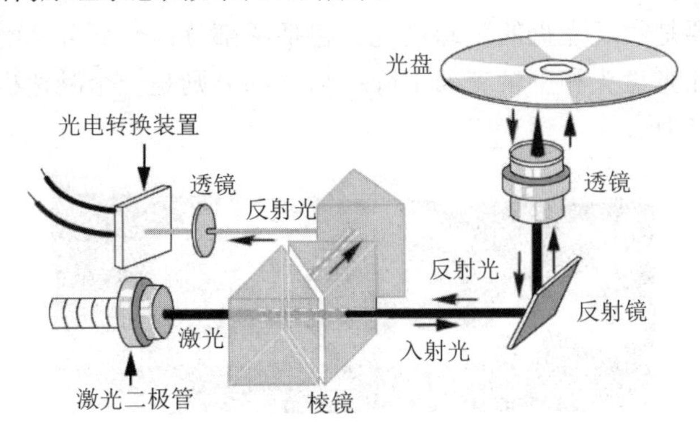

图 17.2　光盘头结构原理示意图

① 激光器。激光器由激光二极管和聚焦透镜等组成。半导体激光器发射出的波长为 650 nm（DVD 光驱）、405 nm（蓝光光驱）。

② 光电检测器。光电检测二极管将从光盘表面反射回的激光束转换为电信号，由电信号强弱的变化，便可检测出该信号是来自光盘的凹区、凸区还是两区交界处，并得到聚焦误差、光道跟踪误差及速度误差等，从而由伺服控制系统进行实时调整。

③ 光学器件。光学器件包括光栅、准直透镜、激光束分离器和物镜等，如图 17.3 所示。准直透镜将激光束变成圆柱形光束；激光束分离器（半反镜）使反射回的激光束射向光电检测二极管；物镜在音圈电机带动下上下移动和沿盘片的径向微量移动，使激光束焦点始终落在光盘的光道上，如图 17.4 所示。

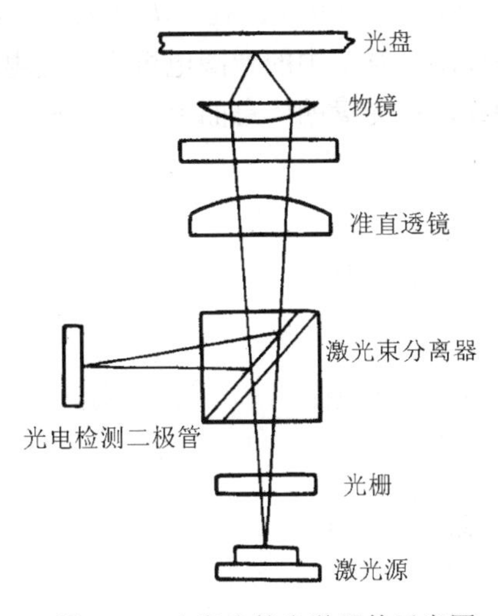

图 17.3　光盘头的光学器件示意图

图 17.4　物镜音圈电动机

④ 光盘头驱动机构。直流伺服电动机带动丝杆旋转，丝杆上的螺旋槽带动光盘头组件沿光盘的径向均匀移动，通过寻道，使激光束始终对准光道。

（2）光盘驱动机构。

光盘驱动机构用磁铁将光盘压在直流无刷电动机直接驱动的驱动头上，带动光盘旋转。

（3）进出仓机构。

进出仓机构主要是实现光盘的装卸过程。包括两部分：一部分是滑板机构，其作用是在光盘进出仓时，让光盘头和主轴支架下降；另一部分则是一个减速机构，其作用是带动托盘进出，如图 17.5 所示。

图 17.5　滑板和减速机构

（4）读电路。

读电路就是从光盘上读出信息，送至数字处理电路处理。

（5）伺服控制电路。

光盘头得到从光盘表面反射回的激光束信号，还可判断出聚焦误差、光道跟踪误差，这些误差信号使聚焦伺服系统和径向光道跟踪伺服系统动作将激光束调整到最佳位置。

在光驱中，有 3 个基本伺服控制系统：聚焦伺服系统、径向光道跟踪伺服系统和光盘转速控制系统。

① 聚焦伺服系统的目的是进行自动聚焦。聚焦误差检出方式一般采用非点收差法，就是根据光盘反射面位置的变化，反射光的聚焦位置移动，通过圆柱面透镜对投影光形状进行变化，用 4 分割 PD 差动检出，聚焦误差检出信号电压=$(U_A+U_B)-(U_C+U_D)/(U_A+U_B+U_C+U_D)$，如图 17.6 所示。利用该误差信号去控制光学头中的音圈电机，音圈电机带动物镜上下移动，使激光束焦点（直径约 1 μm）始终落在光盘的信息面上，此时检出信号为零。

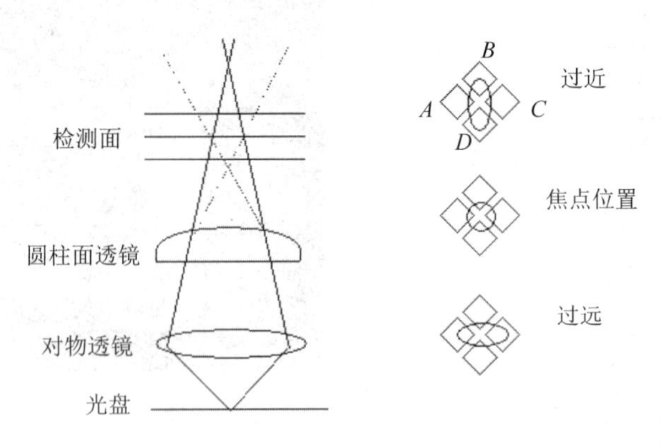

图 17.6　非点收差法示意图

② 径向光道跟踪伺服系统的目的是使激光束始终落在光盘的光道上。径向光道跟踪伺服系统采用了与聚焦伺服系统同一个音圈电动机，此电动机不但可以上下移动，还可以沿

光盘径向微量移动。所以物镜也可做径向微量移动，以使得激光束始终落在光盘的光道上。此时寻道误差检出信号电压=$(U_A+U_C)-(U_B+U_D)/(U_A+U_B+U_C+U_D)=0$。

③ 光盘转速控制系统的目的是用来控制光盘的转速。光盘转速的快慢是通过单位时间读出编码的多少来得知的，当读出的编码比规定的多时，表示转速快了，反之转速慢了。因而，可用激光束信号去控制光盘驱动电动机的转速，使其保持在要求的速度上。

❖ CAV（Constant Angular Velocity，恒定角速度）技术采用始终恒定的电动机转速读取光盘数据，使其外圈的数据传输率大大提高。

❖ PCAV（Partial-CAV，部分恒定角速度）技术则是早期低速（12 速以下）光驱采用的 CLV（Constant Linear Velocity，恒定线速度，即保持单位时间读出的编码不变）技术和 CAV 技术的结合，读取内圈数据时用 CLV 方式，此时转速很快。而当电动机的速度达到一定速度向外圈读取时，则采用 CAV 方式达到最大的读取速度，保持内外圈数据读取的稳定。

2. 光盘结构和光道

（1）光盘结构。

目前光盘的直径都为 12 cm，中心装卡孔为 15 mm，厚度为 1.2 mm，质量为 14～18 g。

① DVD 光盘分为单面单层（4.7 GB，见图 17.7）、单面双层（8.5 GB）、双面单层（9.4 GB）和双面双层（17 GB，见图 17.8）。DVD 光盘是由两层厚 0.6 mm 的聚碳酸脂透明基片组成，铝反射层在中间，对于双层信息的读取，首先激光聚焦于第一层读取，读第二层时，通过移动物镜，使激光聚焦在第二层来读取。

② 蓝光 DVD 光盘分为单层（25 GB）、双层（50 GB）、四层（100 GB）和八层（200 GB）。

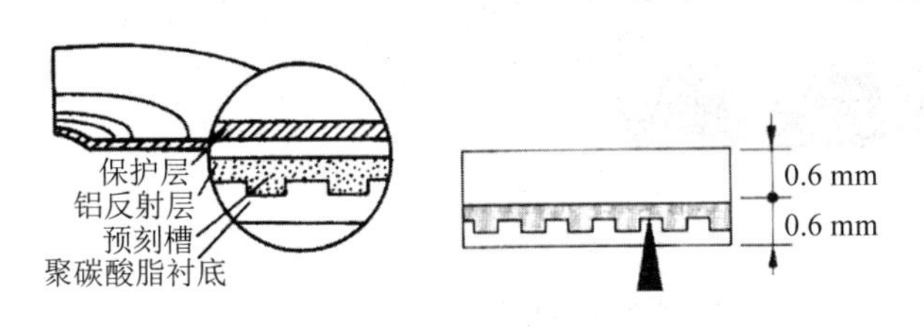

图 17.7　单层 DVD 光盘结构

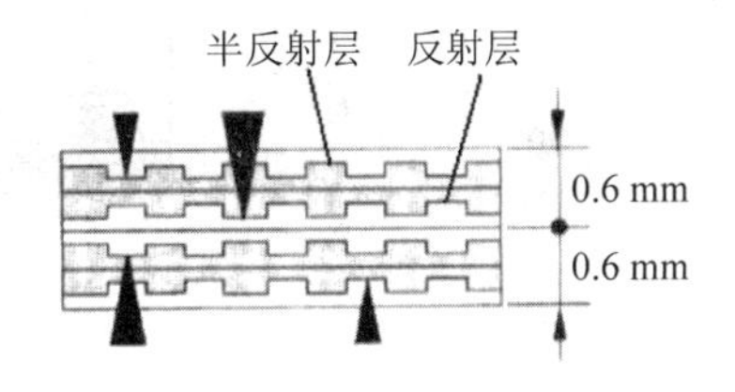

图 17.8　双面双层 DVD 光盘结构

（2）光道。

光盘的光道是一个完整的等距螺旋形，如图 17.9 所示，螺旋线开始于光盘中心的 0 道，其各处的存储密度相同（等密度存储方式）。光盘上的光道用凸坑、凹坑及凸坑和凹坑形成的坑边对激光束的反射率不同来区别 1 和 0 的信息。

DVD 上径向道密度为 35 000 条/in，螺旋线之间的距离为 0.74 μm，最短信息坑长为 0.4 μm。蓝光 DVD 上径向道密度为 85 000 条/in，螺旋线之间的距离为 0.3 μm，最短信息坑长为 0.17 μm。CD-ROM 与 DVD 光盘上光道的情况如图 17.10 所示。

3. 光驱的读盘原理

光盘的读出过程就是将在光盘中的凹凸区所表示的数字信息还原成二进制数字代码的

过程。读盘过程如下：从激光器发出的激光束经透镜准直和聚焦后，射向光盘铝反射层。当激光束照射到光盘的凹槽边界时，反射光束强弱发生变化，这时读出的为 1 数据信息；反之，当激光照射到槽底或凸面的平坦部分时，反射光强度没有变化，认为读出的是 0 数据信息。反射光导入光电检测二极管，由光电检测二极管根据反射光的强弱不同转换为用 1、0 表示的电信号，从而得到光盘中存储的编码信息，编码信息再经译码后，便可得到其所存储信息状态。如图 17.11 所示给出了读盘过程中光束路径的变化。

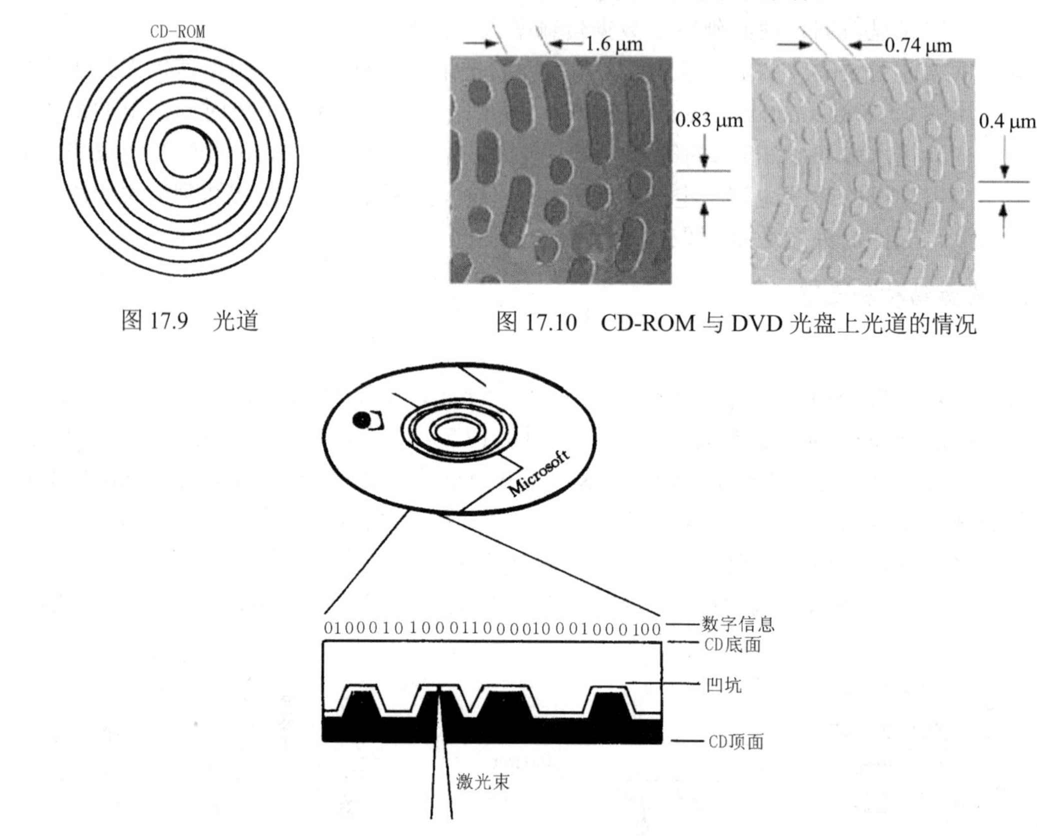

图 17.9　光道

图 17.10　CD-ROM 与 DVD 光盘上光道的情况

图 17.11　光盘驱动器读盘原理示意图

影碟机光驱与计算机光驱的读盘和信息处理是有区别的。影碟机当碰到光盘上的坏点时，可采用跳过不读，丢失的信息可用前面的数据补出来，在图像和声音上不会有什么影响，最多产生一点马赛克。但计算机光驱在读数据盘读不出来时，光驱会加大激光功率再读，直到激光功率调至最大，若还读不出来，那只能不读，久而久之，激光头就很容易老化。

任务 17.2　光盘子系统常见故障分析与处理

任务提出

光盘子系统常见的故障有哪些？是如何分类的？怎样进行故障分析？如何处理？

任务实施要求

小组成员对照教材的相关内容，对光驱的故障进行分析和排除。

任务相关知识

光驱是多媒体计算机硬件中使用寿命最短的配件之一，发生故障的可能性也很大。光驱故障有硬故障和软故障两类。常见的硬故障有接口故障、光学器件故障、机械器件故障、控制电路故障等。引起软故障的原因大多是由驱动程序不匹配或中断设置不正确造成冲突等，故障的具体表现有系统不能识别光驱、读盘错误、挑盘、不出仓和放 CD 音乐异常等。

1. 光盘子系统常见故障分析

（1）开机检测不到光驱或者检测失败。

可能出现的原因：光驱损坏或光驱接口插接不良、数据线损坏等。

（2）光驱已被检测到，但不能使用，并提示 Invalid drive specification 信息。

可能出现的原因：光驱没有驱动。

（3）进出盒故障。

可能出现的原因：进出盒仓电动机插针接触不良或电动机烧毁，皮带老化、变长、断裂，驱动电路损坏，进出盒机械结构中的传动机构损坏。

（4）进给系统故障。

故障现象：出入盒正常，但放入光盘后光驱做几次加速读盘动作（可以从声音上判断出来）仍读不出信息。如激光头在零道附近时，放入 CD 光盘，只能放前两分钟的音乐。

原因：进给电动机插针接触不良或者电动机烧毁、驱动电路损坏、激光头小车运动受阻。

（5）激光头故障。

故障现象：挑盘（有的盘能读，有的不能读）或者读盘能力差。

原因：光驱长时间使用或常用于看影碟片或听 CD，使激光头透镜变脏或激光头老化。

（6）主轴系统故障。

可能出现的原因：主轴电动机或驱动电路损坏，连接线接触不良。损坏后如放入光盘，指示灯闪动几下，但盘片不转。

2. 光盘子系统常见故障处理

（1）光驱挑盘。

光驱对一些光盘能顺利地读出来，而对另一些光盘却读不出来，这种现象称为光驱挑盘。光驱挑盘时，从原理上分析为光驱和光盘两个方面的原因。

① 光盘方面的原因有如下几种：光盘划伤磨损、盘片上信息被破坏、某些光盘背面铝涂层不好等。激光发射到盘片上，若光盘有问题会使反射强度不够或不反射，致使接收单元接收不到有关信号或接收到的信号有误。

②光驱方面的原因：激光发射功率减少，如激光二极管老化、激光头及物镜上积尘过多，使得好盘能读，差一点的盘不能读。

光驱挑盘的解决方法有以下两种。

- ❖ 用镜头纸轻擦物镜表面，清除灰尘，改善读盘能力。
- ❖ 加大激光二极管的发射功率。打开光驱，找到调节激光发射强弱的可调电阻，如图 17.12 所示，轻轻调整其阻值（一般为顺时针调节 5°～10°），如图 17.13 所示，直至光驱能读出盘为止。这种方法加大了二极管的发光，会使二极管加快老化。

图 17.12　激光功率调节电位器

图 17.13　用小十字螺钉旋具调节电位器

（2）系统找不到光驱。

进出仓时光驱的指示灯会闪烁，主轴电动机运转正常，但进入 Windows 系统后，在“我的电脑”中没有了光驱的盘符。右击“计算机”，进入设备管理器进行查看。

① 若找不到光驱，主要进行硬件检查：首先要检查连接光驱的数据线是否插牢，是否存在断路、接触不良等情况，然后检查光驱是否损坏等。

② 进入设备管理器，若光驱前面有“？”或“！”，表示光驱的驱动程序未安装或安装有问题。右击该设备，然后选择“更新驱动程序”，重新安装驱动程序。

（3）托盘无法弹出。

按光驱出仓键，只能听到光驱里有“咔嗒、咔嗒”的声音，但托盘弹不出来。拆开光驱，发现传动带有些松弛，于是把传动带取下后在松香粉中滚一下，使其沾满松香粉增加摩擦力。经过试验，托盘能弹出来。最好是更换传动带，更换时应选用比原来略短些的传动带。

任务 17.3　光驱和光盘的保养

任务提出

光驱和光盘的使用和保养的要求有哪些？应如何保养？

任务实施要求

小组成员对照教材的相关内容，了解光驱和光盘使用和保养的相关知识。

任务相关知识

1. 光盘驱动器的使用和保养

（1）注意防震。

光驱的防震是一个极为重要的指标。因为光驱激光头的光学透镜和光电器件非常脆弱，经不起大的撞击和震动，因此要轻拿轻放，防止跌落、碰撞。在安装时，一定要有良好的支撑和固定，以防止工作过程中的震动，这种震动极易产生跳道。

（2）注意防尘。

灰尘沉积在激光头的透镜和棱镜上，会影响光驱的正常使用，因此光盘托架不要长时间处于打开状态。

（3）不要随意拆卸光驱。

光驱是一个集光、机、电为一体的设备，随意地拆卸光驱会影响其内部光、机、电组件的位置精度，使光驱不能正常工作，甚至会导致损坏。

（4）操作时要轻。

光驱的光盘托架机构比较单薄，因此，在托盘上放取盘片时要小心，不能用力向下压或碰撞托架。放置或取出盘片后应及时按出盒按键将托架缩进光驱内，防止托架的意外损坏。

在将托架缩回光驱内部时，一定要通过按出盒按键将托架收回，而不应用手强行将托架推回光驱内，以防托架机械损坏。

（5）不用时一定要及时将光盘从光驱内取出。

因为光驱在检测到托盘上装有光盘时，将控制激光头对盘片进行正确的聚焦，驱动光盘转动并寻找光盘上的信息，即驱动器所有的部件都在工作，时刻准备读取数据。所以，不用时应及时将光盘从驱动器内取出，让光驱停止工作。

（6）不要使用质量差的光盘。

质量不好的光盘，激光头在读盘时比较费劲，物镜会不断地上下跳动和径向摆动，以保证激光束在高低不平和径向偏摆的信息轨迹上实现正确的聚焦和寻道，加重了系统的负担。

另外，也不要经常用光驱长时间地播放影音碟，因为影音碟的质量相对较差。

2. 光盘的维护

① 光盘虽然较耐用，但也会因刮伤而读不出数据。因此，光盘用完后应立即放入光盘盒内。不要在反射层上粘贴不干胶，因为光盘在光驱中运行时，光驱的热量会使不干胶翘起，影响光驱旋转，同时会粘掉铝反射层。

② 在放置或取出光盘时，手只能接触盘片的内外沿，不能触摸光盘的数据区，以免汗迹或油迹污染光盘的数据区。

③ 保持清洁。如果光盘较脏，可用水或中性清洁剂喷洒（不能用有机溶剂），然后用柔软的绒布沿径向方向从内到外轻轻擦拭。不可沿螺线方向擦拭，否则可能导致某一光道上数据丢失。沿径向擦拭时，划伤将分布到多条光道上，纠错码能纠正光道上少量的刮伤。

④ 避免高热。不要将光盘放置在高温环境或在阳光下暴晒，否则光盘盘基塑料会软化或逐渐老化，反射层的铝也会逐渐在空气中氧化，从而缩短光盘的使用寿命。

⑤ 光盘应入盒竖放保存。

习 题 17

一、填空题

1. 光驱主要由________、________、________、________、________和________等几部分组成。

2. 普通光盘尺寸为________，厚度为________。

3. 光驱的内部机芯按材料可分为________和________两种。

4. 光驱的伺服系统有________、________和________三种。

5. 光驱的转速控制方式有________、________和________三种。

6. 聚焦伺服系统的目的是让物镜进行________方向的微量移动，从而自动聚焦。

7. 径向光道跟踪伺服系统的目的是使________始终落在光盘的________上。

8. 激光是一种________波长的光。

9. 光驱最常见的故障是________。

10. 光盘是利用________和________形成的坑边反射激光不同来存储信息的。

二、选择题

1. 如果光驱的激光二极管老化，会造成________故障。

A．开机检测不到光驱　　B．不出现光驱盘符

C．不能进出仓盒　　D．不能读盘

2. 光驱的信号线连接错误，一般会________。

A．开机检测不到光驱　　B．系统死机

C．不能进出仓盒　　D．不能读盘

3. 光驱的进给电机发生故障，一般会________。

A．开机检测不到光驱　　B．不出现光驱盘符

C．不能进出仓盒　　D．不能读盘

4. 如果光驱发生挑盘、不认盘故障，最可能是________。

A．光驱与硬盘的主从关系设置有错误

B．激光头表面积尘太多，激光强度减弱

C．光驱的信号线松动

D．光驱的信号线断线

5. ________格式的DVD光盘的容量最大。

A．单面单层　　B．单面双层

C．双面单层　　D．双面双层

6．光驱不退盘时，可用________刺光驱面板上如同针眼大的小孔，即可强制退盘。

A．拉直的回形针　　B．螺钉旋具　　C．棉签　　D．钉子

7．光驱最常见的故障是________。

A．激光头脏污　　B．不能进出仓盒　　C．光盘不转　　D．挑盘

8．出现光盘不转的故障有可能是由________引起的。

A．激光头脏污　　B．光盘放入不正确

C．光学器件上脏污　　D．光驱设置有问题

三、判断题（正确的在括号中打“√”，错误的打“×”）

1．光盘采用等密度存储方式。（　）

2．光盘的 0 道在光盘的最内道。（　）

3．光盘的光道为等距螺旋线。（　）

4．光盘和软盘一样，最重要的数据在盘的外缘。（　）

5．光盘质量的好坏不会影响光驱的使用寿命。（　）

6．为了延长光驱的使用寿命，最好少用光驱看 VCD 影碟。（　）

7．光盘长时间放在光驱中，不会影响光驱的寿命。（　）

8．震动对光驱的影响不大。（　）

9．采用恒定线速度技术的光驱，激光头读取外圈时的数据传输速率会远大于内圈数据传输速率。（　）

10．采用恒定角速度技术的光驱，激光头读取外圈时经过的轨道弧线长度与读取内圈时相等。（　）

四、简答题

1．光盘存储信息的原理是什么？

2．光盘与磁盘存储信息有何不同？

3．光驱的维护要注意什么？

4．为何光驱会成为易损件？

实践 17　光驱的故障检修

目的：掌握光驱故障检修的基本方法。

步骤：

（1）启动一台光驱有故障的计算机；

（2）查看光驱自检过程，有故障时做相应处理；

（3）用光盘启动计算机看故障情况，有故障时做相应处理；

（4）查看 Windows 系统下光驱的故障情况，有故障时做相应处理。

项目18

显示系统的维护与维修

项目分析

显卡和显示器合称为计算机的显示系统，目前常用的显示器为液晶显示器。因此，有必要了解显示器的结构和基本工作原理，掌握液晶显示器的拆装方法，并了解显示控制原理，掌握显示系统故障的分析和处理方法。

任务 18.1　了解液晶显示器的组成及原理

任务提出

液晶显示器是由哪几部分组成的？各有什么作用？了解三基色显示原理和显示方法。

任务实施要求

小组成员对照教材的相关内容，查看液晶显示器的结构情况，了解液晶显示原理。

任务相关知识

1. 液晶显示器工作原理

（1）液晶。

液晶是一种特殊的有机化合物，既有固体的旋光性（可以改变光的偏振方向），又具有液体的流动性。其受冷后会变为固态，当持续加热后，又会变为全液态，如图 18.1 所示。

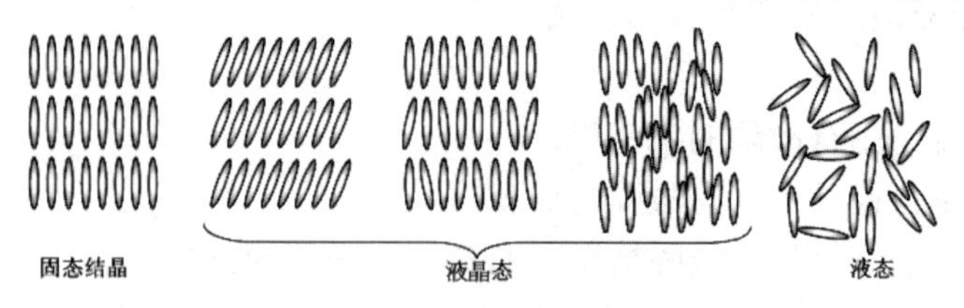

图 18.1　液晶态

线状液晶是 TFT 液晶显示器（薄膜晶体管液晶显示器）常用的液晶。

（2）液晶器件。

TFT 液晶器件由上偏光板、上玻璃基板、彩色滤光片、上配向膜、液晶、下配向膜、下玻璃基板、下偏光板、扩散板、反射板和 LED 灯带等组成，如图 18.2 所示。

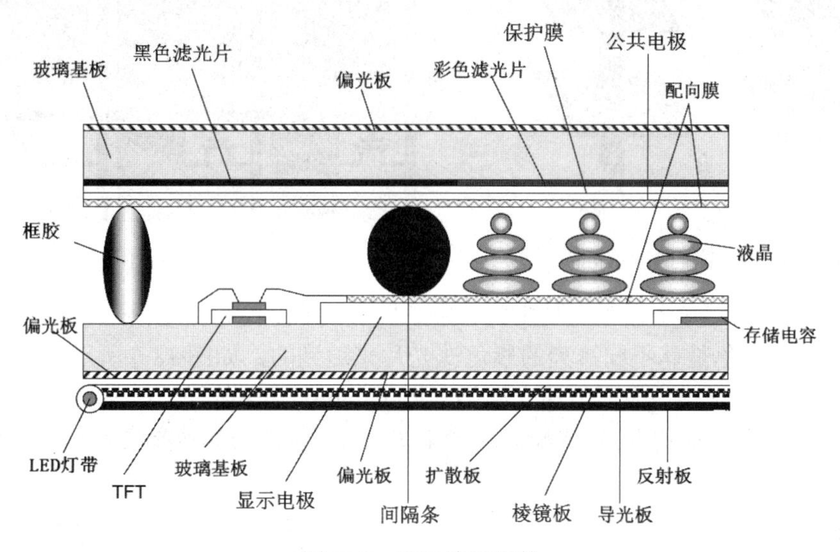

图 18.2　TFT 液晶器件

① 偏光板。光也是一种波动，而光波的行进方向是与电场及磁场互相垂直的。偏光板的作用就像是栅栏一样，会阻隔掉与栅栏垂直的分量，如图 18.3 所示。

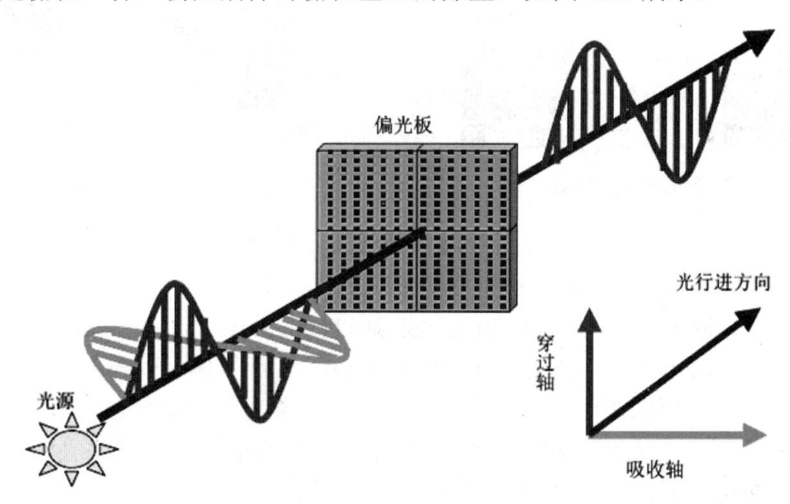

图 18.3　偏光板的光透过示意图

把两片偏光板叠在一起，旋转两片偏光板的相互角度时，光线的亮度会发生变化。当两片偏光板的角度互相垂直时，光线就无法通过了，如图 18.4 所示。液晶单元如图 18.5 所示。当某一根扫描线有信号时，此行液晶单元均被选中，TFT 管导通，显示电极与数据线接通，此时只有一根数据线有信号电压，控制液晶转动相应角度，形成不同的透光率（亮度）。

② 玻璃基板。玻璃基板、框胶和间隔条组成了一个个液晶单元。

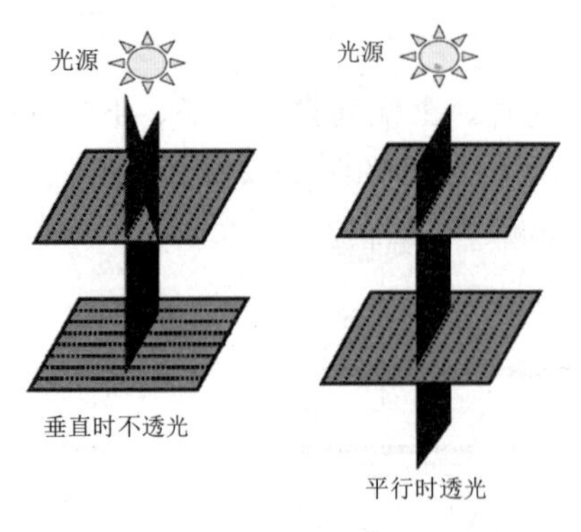

图 18.4　偏光板工作原理示意图

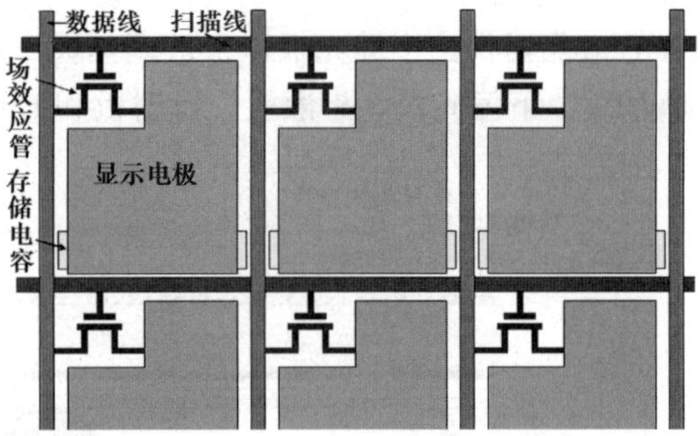

图 18.5　液晶单元

③ 彩色滤光片。一个像素点是由红、绿、蓝 3 个液晶单元组成，每个液晶单元都一样，所以液晶单元的颜色是靠不同排列的彩色滤光片来达到的，如图 18.6 所示。

④ 配向膜。在玻璃内表面上涂一层 PI（Polyimide，聚酰亚胺），然后进行极化，让 PI 的表面分子按同一方向排列，形成配向膜（见图 18.7），它会让液晶依照预定的顺序排列。

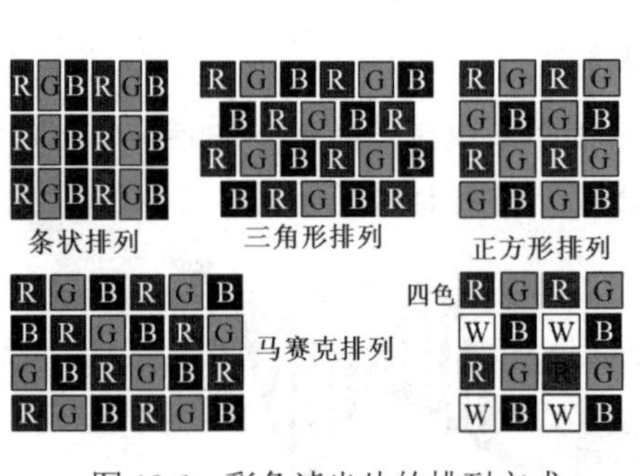

图 18.6　彩色滤光片的排列方式

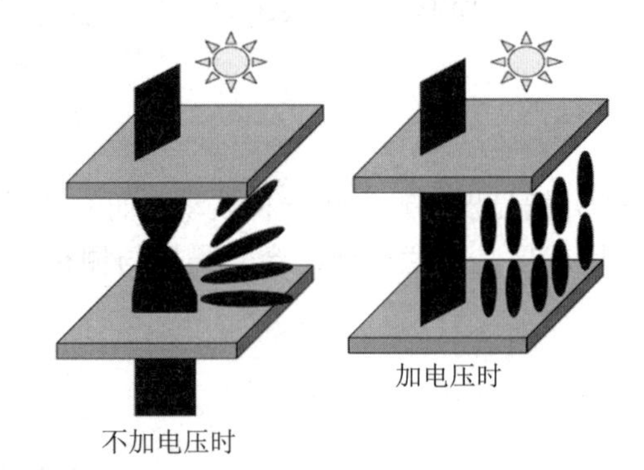

图 18.7　配向膜的作用原理示意图

图 18.7 中上下两块配向膜的角度差为 90°。上下配向膜之间没有施加电压时，液晶会依上下配向膜极化方向进行排列，所以液晶分子的排列由上而下会自动旋转 90°，当入射的光线经过上偏光板时，只剩下单方向的光波。通过液晶分子时，由于液晶分子旋转了 90°，所以当光波到达下偏光板时，光波的方向也转了 90°，而下偏光板与上偏光板之间的角度也是恰好相差 90°，所以光线便可以顺利地通过。如果对上下两块配向膜之间施加电压，则液晶分子的排列都变成站立状态，此时通过上偏光板单方向的极化光波，经过液晶分子时便不会改变极化方向，因此就无法通过下偏光板。

⑤ 背光板。液晶板仅能控制光线通过的亮度，本身并不发光。因此，液晶显示器就必须加上一个带反光板的背光板，来提供一个亮度分布均匀的光源。光源采用发光二极管，通过导光板将光线分布到各处。如图 18.8 所示。

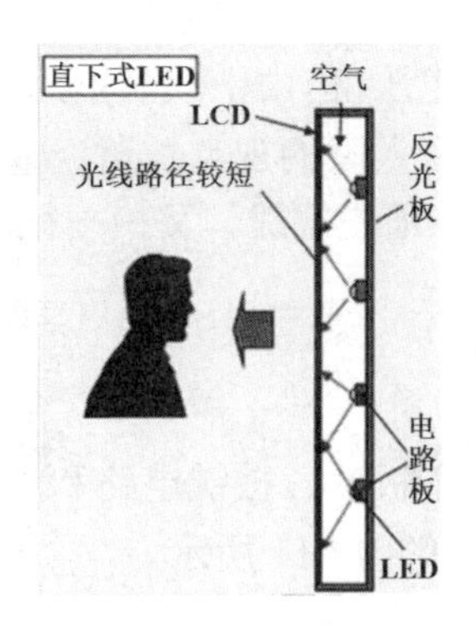

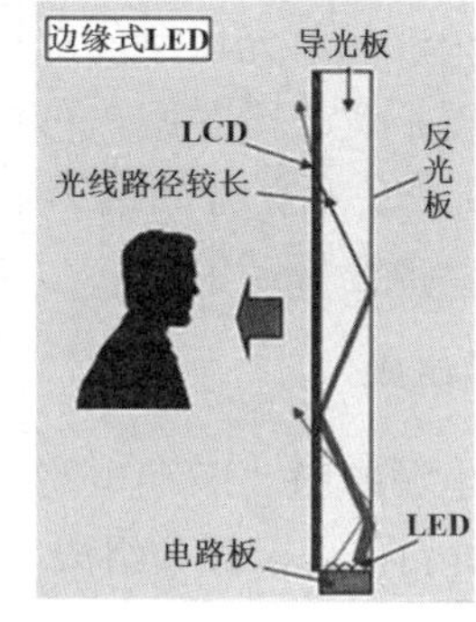

图18.8　LED背光板工作方式示意图

（3）NW 和 NB 液晶显示器显示原理（见图 18.9）。

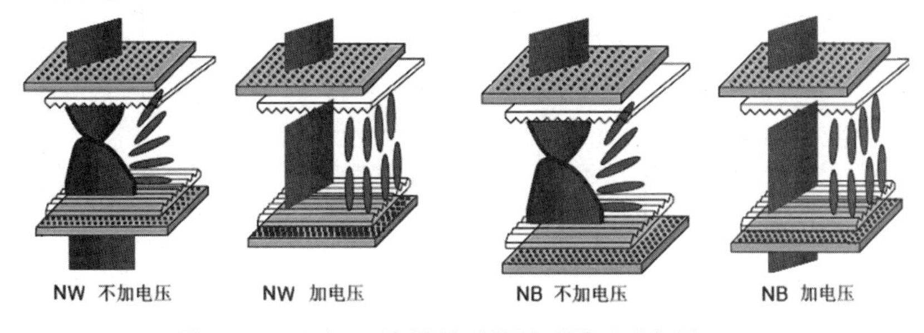

图18.9　NW和NB液晶显示器显示原理示意图

NW（Normally White）是指液晶板不加电压时，面板是透光的。而 NB（Normally Black）是指液晶板不加电压时，面板无法透光。通常计算机软件多为白底黑字，即亮点占大多数，使用 NW 比较方便。此外也因为 NW 的亮点不需要加电压，使用起来也会比较省电。

2. 彩色显像原理

（1）三基色原理。

彩色显像基于三基色原理。三基色是指 3 种互相独立的颜色，即红（R）、绿（G）、蓝（B）3 种单色，这 3 种单色按不同比例可以配出不同的颜色，如图 18.10 所示。

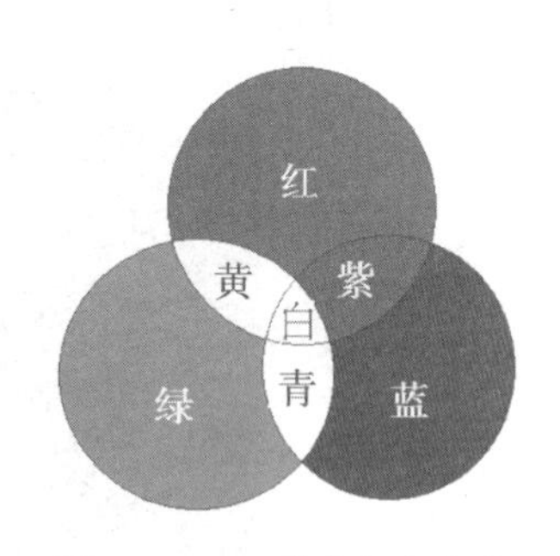

图 18.10　三基色相加混色

（2）混色法。

控制每个液晶的透光率，便能控制每组红、绿、蓝颜色的亮暗。当人离屏幕一定距离后，由于用肉眼无法分辨每一个小点发光的颜色，因此从视觉上看到的是这些点的色光混合生成的颜色，这种混色法又叫空间相加混色法。

（3）图像的形成。

如常见的 2K 屏，为 1920×1080 个像素，每个像素有三色，故有 1920×1080×3 个液晶单元，即有 1080 根扫描线和 5760 根数据线。首先给 1～1080 根扫描线按顺序加选通脉冲，如选中第十根扫描线，此线上的 TFT 管均导通，再给 1～5760 根数据线加选通脉冲，选中的液晶单元的亮度由数据线电压大小决定。然后顺序选下一根数据线（即选下一个液晶单元)。此时上一个液晶单元虽然没有加电压，但由于液晶单元上电容的作用(见图 18.5)，此液晶仍会保持亮度不变一段时间，再加上人眼的视觉暂留，人们看到上一个液晶单元仍是亮的。当一行全部扫完后，开始选第十一根扫描线，又扫一行，一直到所有行全部扫完，从而在视觉上形成一幅完整图像。

3. 液晶显示器组成

液晶显示器由电源电路、驱动电路（主板）、按键电路和液晶器件（液晶面板、寄存器与行列驱动和背光灯）4 个部分组成，如图 18.11 所示。

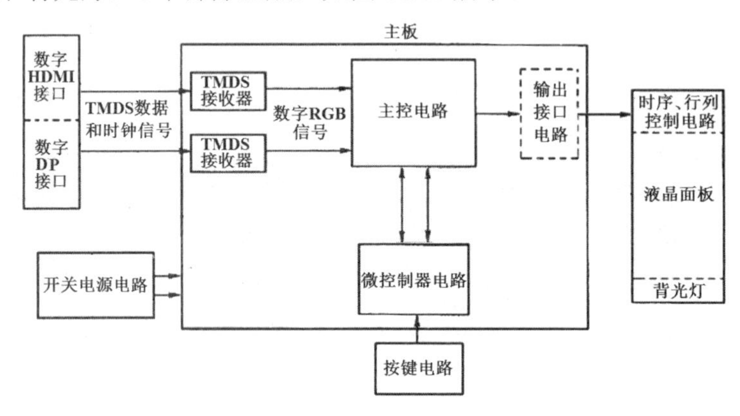

图 18.11 液晶显示器电路框图

（1）电源电路。

电源电路采用开关电源，如图 18.12 所示。开关电源将交流 220 V 转换成 5 V、3.3 V、2.5 V 等直流电压，供给驱动板和液晶面板等使用。

（2）驱动板。

驱动板是液晶显示器的核心电路，如图 18.13 所示，主要由输入接口电路、主控电路、微控制器电路、输出接口电路几个部分构成。

图 18.12 电源电路

图 18.13 驱动板

① 输入接口电路。DP 和 HDMI 接口用于接收显卡 TMDS（最小化传输差分信号）发送器输出的 TMDS 数据和时钟信号，接收到的 TMDS 信号经过 TMDS 接收器解码成 RGB 数字信号，才加到主控电路中处理。现在很多 TMDS 接收器都被集成在主控芯片中。

② 主控电路。主控电路的核心是一块大规模集成电路，称为主控芯片，其作用是 TMDS

接收器输出 RGB 数据和时钟信号进行缩放、画质增强等处理，再经输出接口电路送至液晶面板，由液晶面板的时序控制集成电路将信号传输至面板上的行列驱动集成电路。另外，在主控电路中，还集成有 OSD 电路（屏显电路）。

液晶显示器为什么要对信号进行缩放处理呢？这是由于一个面板的像素位置与分辨率在制造完成后就已经固定，但是影音装置输出的分辨率却是多元的，当液晶面板必须接收不同分辨率的影音信号时，就要经过缩放处理才能适合一个屏幕的大小。

③微控制器电路。微控制器电路主要包括 MCU（微控制器）、存储器等，其中，MCU 用来对显示器按键信息（如亮度调节、位置调节等）和显示器本身的状态控制信息（如无输入信号识别、上电自检和各种省电节能模式转换等）进行控制和处理，以完成指定的功能操作。存储器（这里指串行 EEPROM 存储器）用于存储液晶显示器的设备数据和运行中所需的数据，主要包括设备基本参数、制造厂商、产品型号、分辨率数据、最大行频率和刷新率等，还包括设备运行状态的一些数据，如白平衡数据、亮度、对比度、各种几何失真参数和节能状态的控制数据等。

目前的液晶显示器将存储器和 MCU 也集成在主控芯片中。

④ 输出接口电路。主控板与液晶面板的接口电路多采用低压差分 LVDS 接口。

（3）按键控制板。

按键电路安装在按键控制板上，如图 18.14 所示，指示灯一般也安装在按键控制板上。按键开关输出的开关信号送到主控板上的 MCU 中，由 MCU 识别后，输出控制信号，去控制相关电路完成相应的操作和动作。

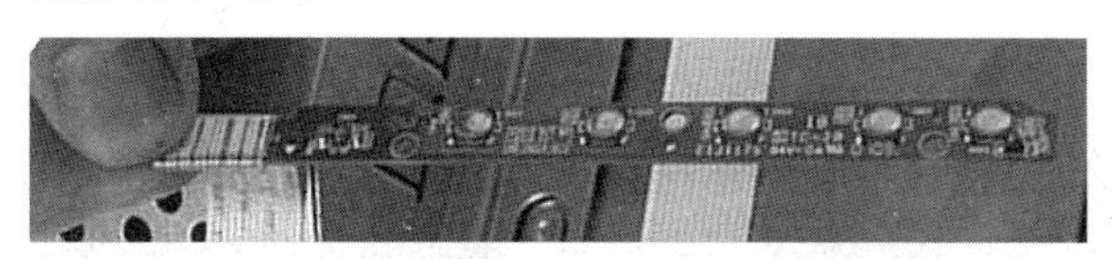

图 18.14　按键控制板

（4）液晶面板。

液晶面板是液晶显示器的核心部件，主要包含液晶屏、LVDS 接收器、驱动电路、时序控制电路和背光源。驱动电路输出行扫描电压和列模拟电压，模拟电压的高低，可改变选中的液晶单元的亮暗。

任务 18.2　液晶显示器的拆解与维修

任务提出

液晶显示器应如何拆解？拆解时应注意什么？液晶显示器的维修要点有哪些？

任务实施要求

小组成员对照教材的相关内容，进行液晶显示器的拆解和安装，对故障显示器进行故障分析判断和排除。

任务相关知识

1. 液晶显示器的拆解

拆解之前至少要准备十字螺钉旋具、一字螺钉旋具各一把，尖嘴钳一把，其中十字螺钉旋具主要用于拧螺钉，一字螺钉旋具主要用于撬卡扣，尖嘴钳主要用来拧螺母。

（1）拆除支架和后盖螺钉。

拆除前应观察支架的安装方式，如为螺钉紧固的，应先用螺钉旋具拧掉螺钉，再将支架拆除，如图 18.15 所示。然后拧下后盖所有的螺钉，如图 18.16 所示。

图 18.15　拆除支架

图 18.16　拆除后盖螺钉

（2）拆掉外部模具。

用一字螺钉旋具把前后模具连接处的卡扣撬开。注意撬的时候螺钉旋具向下用力，不要向上撬，否则不但拆不开，还会损坏模具。先拆上部卡扣，然后拆下部卡扣，如图 18.17、图 18.18 所示。

图 18.17　撬开上部卡扣

图 18.18　撬开下部卡扣

OSD 往往在下面，内部有连接线，因此先撬开其他位置，当拆到 OSD 部分时要相当小心，避免损坏。小心地撬开，就能够取下整个模具，但 OSD 部分还连接着。

（3）分离 OSD 按键。

需要先拧下 OSD 按键的螺钉，分离 OSD 按键，如图 18.19 所示。

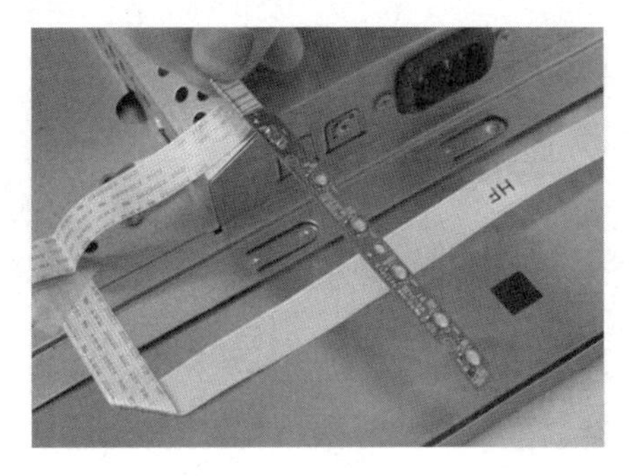

图 18.19　分离按键板

（4）拆解电路板盒。

拧下电磁屏蔽金属板下方的两个螺钉，并拧下电源插头的螺钉，如图 18.20 所示。

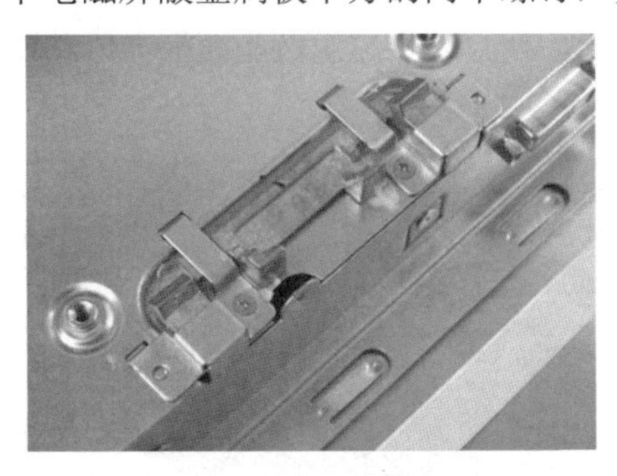
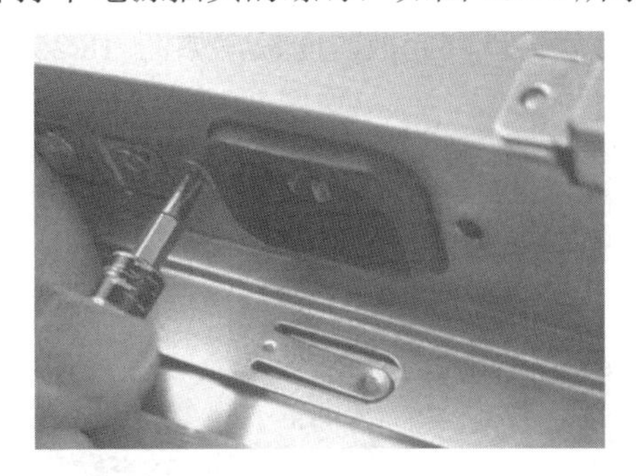

图 18.20　拆解电路板盒

（5）拔掉 OSD、信号处理单元连接线。

首先拔掉 OSD 连接线，然后拔掉信号处理单元连接线，此线需要按住线两边的卡扣才能拔出，如图 18.21 所示。

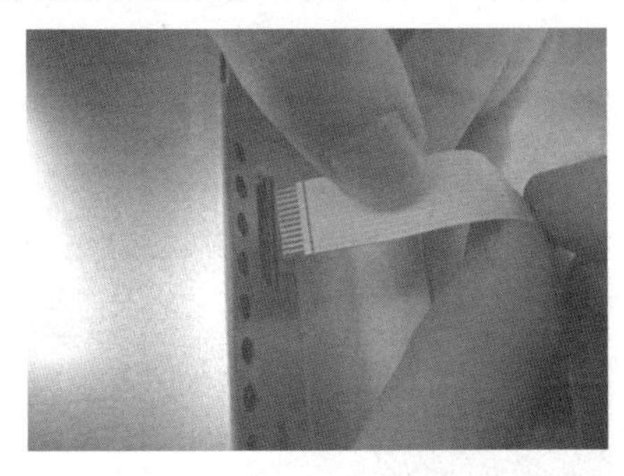
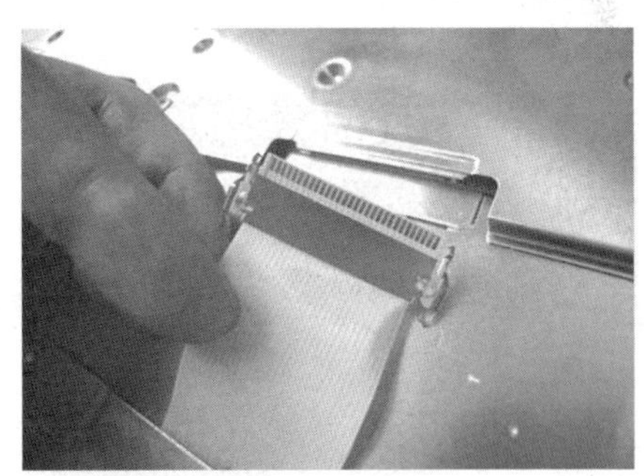

图 18.21　拔下 OSD、信号处理单元连接线

（6）拆解电路板。

拧下接口部分的螺母，如图 18.22 所示。确认与面板没有连接的部位后，把电路部分取下来，如图 18.23 所示。

图 18.22　拧下接口螺钉

图 18.23　电源电路、接口/驱动电路

（7）拆解面板。

电路部分拆解结束后，先查看面板内部结构。从面板的边缘撬下卡扣，如图 18.24 所示；然后就可以翻起液晶面板，如图 18.25 所示。翻起时要注意液晶面板上所粘贴的柔性电缆。

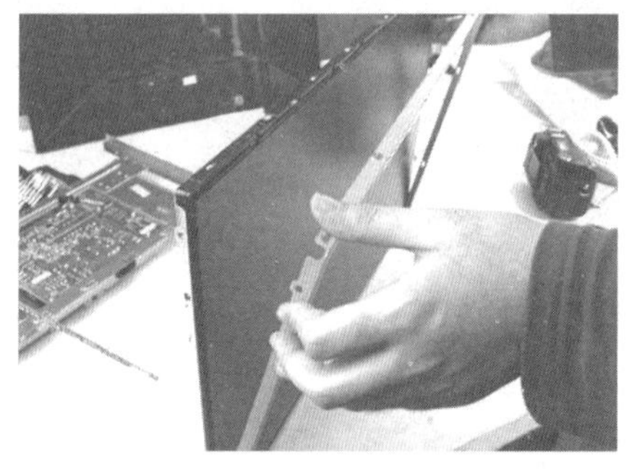

图 18.24　拆下液晶面板的边框架

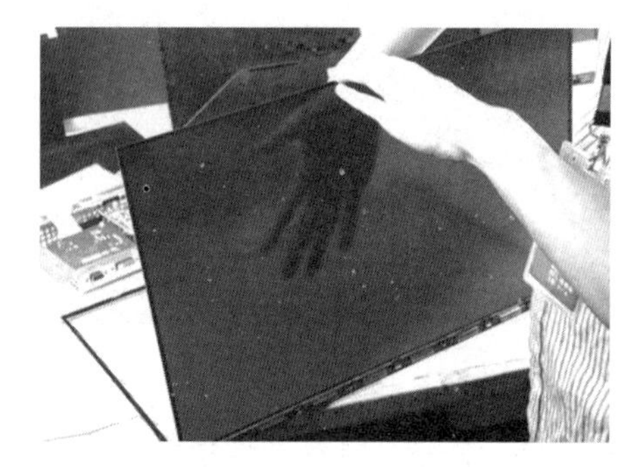

图 18.25　翻起液晶面板

然后翻起扩散板，如图 18.26 所示。中间最厚的部分是扩散板，扩散板将光线均匀扩散到屏幕各个像素点上。

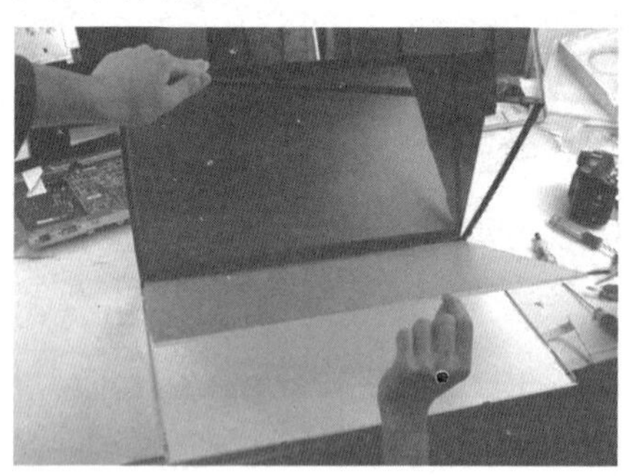

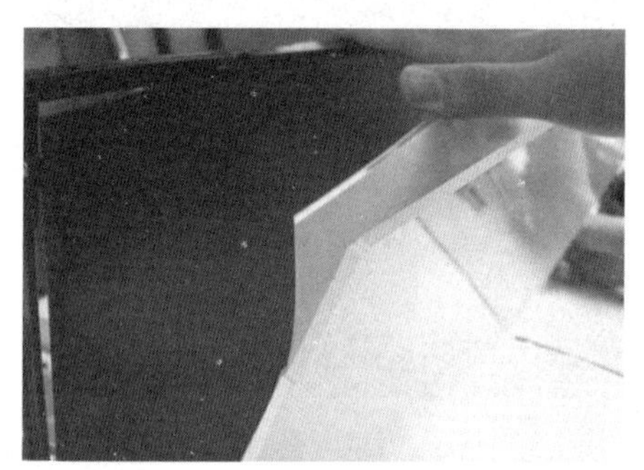

图 18.26　翻起扩散板

扩散板下面为保护膜、棱镜片和反射板，如图 18.27 所示。

液晶显示器的安装过程依照上述步骤反过来即可。

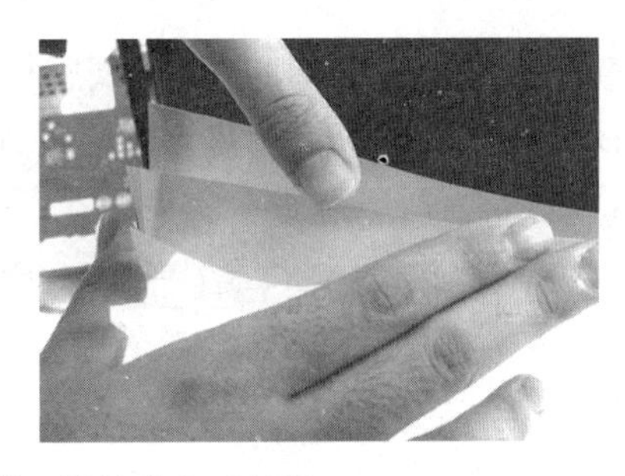

图 18.27　翻起保护膜、棱镜片和反射板

2. 液晶显示器的设置与维修

（1）液晶显示器设置。

① 巧设分辨率，获取最清晰效果。任何一台液晶显示器都有自己最佳的显示分辨率，此时显示汉字的一横或一竖，仅占用一行或一列液晶点（三基色组成的点），显示的汉字最清晰。另外，还要关注一下显示器的刷新频率，一般设为 60～85 Hz。

② 巧设亮度，让视觉更轻松。液晶显示器亮度的设置，应根据实际应用场景、工作环境以及个人爱好的不同而有针对性地进行设置。在常规的办公环境中，通常将液晶显示器的亮度设置得稍微低一些。在夜晚使用时，环境较暗，这时液晶显示器的屏幕亮度会设置得更低一些。白天可将液晶显示器的亮度调得稍微高一些。

（2）液晶显示器维修。

① 显示器整机无电，一般为电源故障。液晶显示器采用了开关电源，其易损一些元器件，如熔断器、整流桥、300 V 滤波电容、电源开关管、电源管理 IC，整流输出二极管和滤波电容等。

当开关电源无输出电压时，应重点检查熔断器中的熔丝。

- 熔丝熔断，且熔断器玻璃管严重发黑：说明电路存在严重短路，一般为交流滤波回路短路、整流二极管短路、直流滤波电容短路和开关管短路。
- 熔丝熔断，但熔断器玻璃管不发黑：为开机时的瞬间大电流冲击所致，如开机瞬间 300 V 直流滤波电容充电电流。只要换一只相同容量规格的延迟式熔断器即可使显示器恢复正常。
- 熔丝完好：此时应测量直流滤波电容上有无 300 V 电压，如无 300 V 电压，一般为充电限流电阻开路和电源进线有问题；如有 300 V 电压，则可能为启动电阻开路、电源管理 IC 损坏、产生了过压或过流保护等。

② 显示屏黑屏，无背光。电源灯显示黄灯，说明没有接收到信号。电源灯显示绿灯，说明背光灯电路有问题。

③ 屏幕亮线、亮带或者是暗线、暗带，一般是液晶屏的故障。亮线一般是连接液晶屏本体的排线出了问题或者某行或某列的驱动 IC 损坏。暗线一般是液晶屏的本体有漏电现象，或者 TAB 柔性板连线开路。出现以上两种问题的机器没有维修价值。

④ 花屏或者是白屏。换一台好显示器接入计算机，以辨别是否显卡有问题，若正常，则说明显示器有问题，一般是主控板有问题。

⑤ 偏色故障。一般可以进入工厂调整模式进行调整。

⑥ LCD 屏亮度低。应检查背光灯电路。

任务 18.3　显示控制原理和故障分析

任务提出

信息在屏幕上是如何显示的？显卡电路结构是怎么样的？对显示系统的故障应怎样进行分析和排除？

任务实施要求

小组成员对照教材的相关内容，了解显示控制情况，并查看显示各部分的结构，掌握故障的分析和处理方法。

任务相关知识

显卡的基本作用是接收 CPU 发出的显示信息并存放在显存中，然后再由视频子系统的硬件从这个显存中读取信息，并对它们进行必要的变换，以形成适合显示器用的图形点阵信息，如图 18.28 所示。

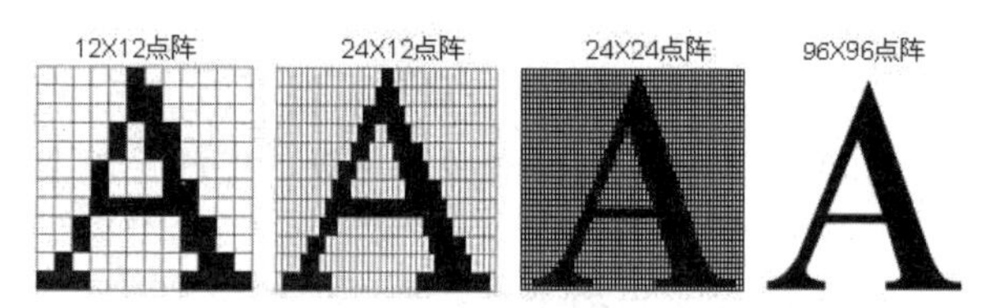

图 18.28　字符或图形的点阵显示

1. 显示原理

GPU 把要显示的图形信息送入显存，以存储位数的形式为每个像素的三基色保存信息，这些信息包括颜色信息和地址信息。屏幕上的每一个点对应着若干位存储位，其存储位的位数取决于显示器要求显示的颜色数、亮度和地址。如要使显示器显示 32 bit 真彩色，则需要 3 个 32 bit 二进制存储位（12 个字节）表示一个像素的颜色。然后通过像素在图像的地址码，用扫描的方式显示每一个像素的颜色点，从上至下扫完所有的行，由于液晶单元电容的存电和人眼的视觉暂留现象，人眼看到了一幅完整的图像。其显示过程如图 18.29 所示。

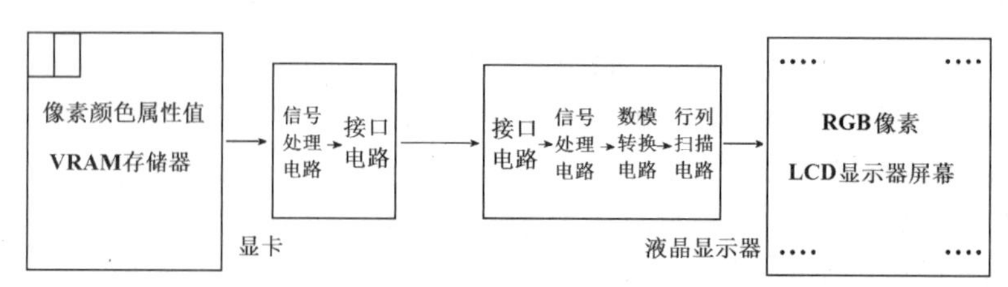

图 18.29　显示过程示意图

2. 显卡电路基本结构

显卡主要由 GPU、显示存储器、显示 BIOS、供电模块、接口等构成，如图 18.30 所示。

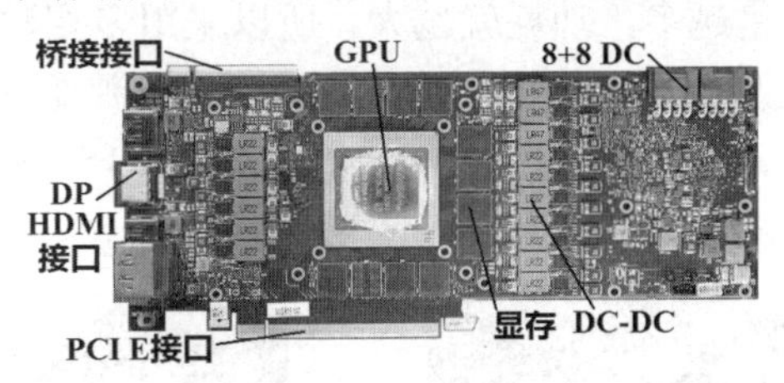

图 18.30　显卡结构

（1）图形处理器（GPU）。

GPU 是专为执行复杂的数学和几何计算而设计的，这些计算是图形渲染所必需的。某些最快速的 GPU 所具有的晶体管数甚至超过了普通 CPU。GPU 会产生大量热量，所以它的上方都安装有散热器和风扇。

GPU 的基本功能具体如下。

① 接收 CPU 发来的屏幕图像显示命令。

② 根据命令要求，产生需显示的图像每一个像素的彩色数字信号和地址码，并存在显存中。

③ 将显存存储的图像数字信号和地址码取出，经 GPU 处理，生成图形像素信号的并/串转换和移位，通过 DP 或 HDMI 接口送显示器显示。

例如，要在计算机上画一个圆，CPU 只需要告诉显卡“给我画一个圆”，剩下的工作就由显卡中的 GPU 来完成，不需要 CPU 再去计算如何画出一个圆，从而减少 CPU 的压力。不过这样的显卡要配上比较多的显示内存，存放需要显示的图像上各种信息。

GPU 有两个重要的数据通道，一个是 GPU 与 CPU 之间的系统总线数据通道，另一个是 GPU 与 VRAM 之间的数据通道，这两个数据通道的宽度是提高图形处理速度的重要因素之一。图形处理与系统总线间的数据通道宽度由显卡所采用的系统总线的标准来定。目前 GPU 与 VRAM 之间的数据通道宽度最高达到 4096 bit。

（2）显存（VRAM）。

GPU 在生成图像时，需要显存存放信息和已完成的图像。它用于存储有关每个像素的数据、颜色及其在屏幕上的位置。有一部分显存还可以起到帧缓冲器的作用，这意味着它将保存已完成的图像，直到显示它们。显存采取双端口设计，这意味着系统可以同时对其进行读取和写入操作。显存以非常高的速度运行，即性能至少同等于内存，甚至比内存的性能还高，如目前高档显卡显存已用到了 GDDR6。

显存容量的大小，直接影响显示器所能显示的颜色数和分辨率。屏幕上看到的图像数据都是存放在显存里的，显卡达到的分辨率越高，在屏幕上显示的像素点就越多，要求显存的容量就越大。

（3）显卡 BIOS。

显卡 BIOS 里包含了显示芯片和驱动程序间的控制程序、产品标识等信息，这些信息一般由显卡厂商固化在 ROM 芯片里。

（4）供电模块（DC-DC）（见图 18.31）。

GPU 集成的晶体管数量越多，功耗就越大，所以采用多相数字供电模块供电，每相可提供 40 A 电流。供电方式从由显卡插槽供电，发展到从电源通过接口直接供电给显卡，供电接口有 6P（提供 75 W）、双 6P（提供 150 W）、8P（提供 150 W）、6P+8P（提供 225 W）、双 8P（提供 300 W），如图 18.32 所示。

图 18.31　供电模块

图 18.32　双 8P 供电接口

（5）接口。

① PCI E 接口。PCI E 是第三代和第四代 I/O 总线技术。

② MIO 数字接口。有些显卡有此接口，两块显卡通过 MIO 连接起来，一起工作。

③ 输出接口。有 HDMI 接口和 DP 接口。

3. 显卡故障检测

（1）不显示或显示乱。

多为 PCI E 接口接触不良，如金手指氧化或有灰尘等。这种情况大多数在开机时有报警声提示，可将显卡重新拔插一下，或用橡皮将金手指上的灰尘和氧化层清除。

（2）开始显示正常，一段时间后显示不正常。

这与显卡散热有关，主要是 GPU 散热不良所致。比较常见的是散热风扇转动不灵活或风扇上有大量的灰尘。风扇转动不灵活可在其轴承处加润滑油。

（3）独立显卡不工作。

当添加一块独立显卡时要记住先到 BIOS 中将集成显卡相关项设为 Disabled，或用主板的跳线将集成显卡屏蔽，而后再安装独立显卡，以免发生冲突。

（4）显卡工作不稳定。

显卡是计算机中的用电大户，若电源功率不够，有可能使显卡工作不稳定，应更换一个功率大、质量好的电源。

习　题　18

一、填空题

1．显示存储器也称为_________，它用来存储_________所要显示的数据。

2．显卡主要由________、________、________、________和________等几部分组成。

3．彩色显示器的三基色包括：________、________、________3 种颜色。

4．显示器和电视机一样，用的是________混色法。

5．显示器的点距越小，显示图形越清晰、细腻，分辨率和图像质量也就越_______。屏幕越大，点距对视觉效果影响越_______。

6．目前流行的显卡与主板的接口是________接口。

7．VGA 最低的显示模式是________。

8．Windows 如未安装显卡的________，就只能显示________分辨率和________色。

二、选择题

1．计算机系统的显示系统包括________。

A．GPU 与显存　B．主机与显示器　C．主机与显卡　D．显卡与显示器

2．液晶显示器中 ADC 电路的作用是________。

A．模拟 RGB 转换成数字 RGB 信号　B．数字 RGB 转换成模拟 RGB 信号

C．模拟 RGB 转换成其他信号　D．数字 RGB 转换成其他信号

3．OSD 电路的作用是________。

A．控制画面的位置并提供内建字形的显示

B．接收显示器的按钮信号

C．传递信息给计算机的显卡

D．对 SCAER 发出适当的控制信号

4．下列可做液晶显示器背光灯的是________。

A．LED　B．白炽灯　C．日光灯　D．都可以

5．液晶显示器的坏点主要分为亮点和暗点。在检测亮点时，应该________。

A．让显示器显示为全白　B．让显示器显示为全黑

C．让显示器显示为全蓝　D．让显示器显示为全红

6．LCD 显示器在显示动画时有拖尾现象，说明________性能指标比较低。

A．高度　B．对比度　C．响应时间　D．刷新率

7．显示器上的 R、G、B 信号分别表示________。

A．红、黄、绿　B．红、绿、蓝　C．红、绿、紫　D．黄、绿、蓝

8．32 bit 的彩色深度是指同屏幕的最大颜色数为________。

A．65 536　B．256 K　C．16 M　D．4 G

三、判断题（正确的在括号中打“√”，错误的打“×”）

1．液晶具有规则的分子排列，又具有液体的流动。（　　）

2．偏光膜的滤光作用实际上是实现光线的同方向振动。（　　）

3．液晶不能发光，它具有阻碍光的作用。（　　）

4．一个液晶单元就组成了一个像素。（　　）

5．刷新频率指的是图像在屏幕上更新的速度，它以兆赫兹（MHz）为单位。（　　）

6．一般情况下，显卡的显存越大越好。（　　）

7．一台计算机连接两块显卡用来组成交叉火力对于游戏和3D图像处理有很大帮助。（　　）

8．LCD的分辨率与像素数严格对应，只有设置最高分辨率才能显示最佳图像。（　　）

9．液晶显示器属于一种被动式发光显示器件，不适于在强光照射下使用。（　　）

四、简答题

1．维修显示器要注意什么？

2．显示器电源电路一般采用何种电源电路？

3．简述液晶显示器的成像原理。

4．为什么LCD显示器会出现亮点？

5．为什么有的计算机只能显示16色？

实践18　显示系统故障维修

目的：掌握显示系统故障检修的基本方法。

步骤：

（1）启动一台显示系统有故障的计算机；

（2）查看显示器的显示情况；

（3）判断是主机问题，还是显示器问题；

（4）针对不同问题，对故障做相应判断。

项目19

打印机的维护与维修

项目分析

打印机是办公自动化设备中主要的输出设备之一，也是计算机系统中机械部件最多的外设之一。由于打印机的使用比较频繁，因而故障率也比较高。因此，有必要了解打印机的结构和工作原理，掌握打印机故障的分析和处理方法。

任务 19.1　了解喷墨打印机的组成及原理

任务提出

喷墨打印机由哪几部分组成？各有什么作用？了解喷墨打印机的工作原理。

任务实施要求

小组成员对照教材的相关内容，查看喷墨打印机的结构情况，了解喷墨打印原理。

任务相关知识

喷墨打印机主要由以下几大部分组成：打印机构、字车机构、进纸/走纸机构、供墨机构、机械支架、控制电路和机壳等，如图 19.1 所示。

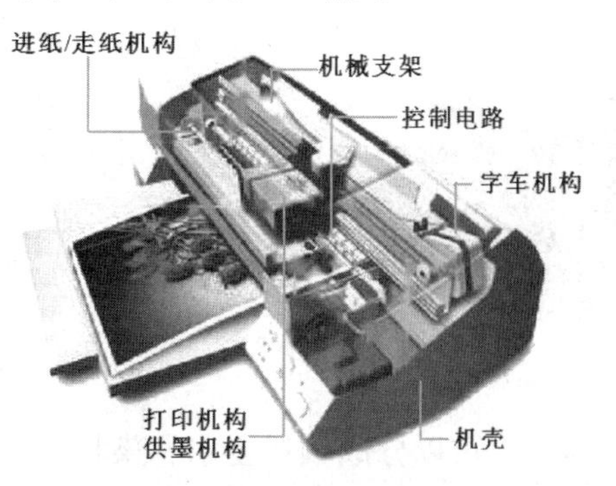

图 19.1　喷墨打印机组成结构

1. 打印机构

打印机构包括打印头组件和墨盒。打印头组件包括打印头、打印头驱动板和打印头温度传感器等，如图 19.2 所示。

（1）打印头组件结构（压电式）。

① 微压电器件，用来喷射墨水。

② 墨腔，用来积聚墨水。

③ 喷嘴基板，用来排列喷嘴。喷头如图 19.3 所示。

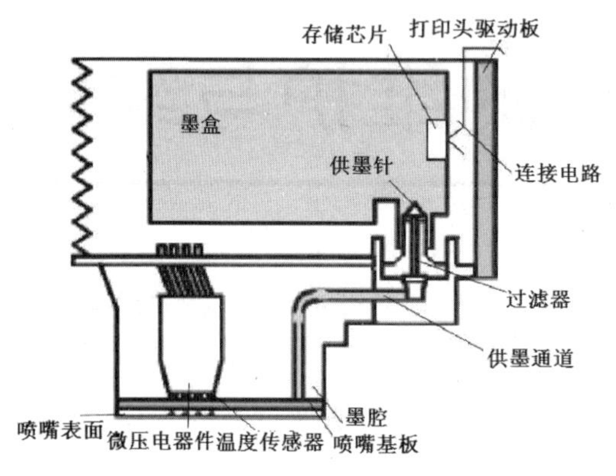

图 19.2　打印机构

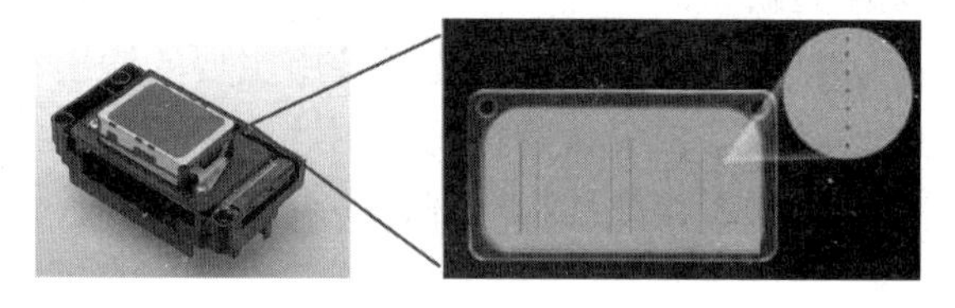

图 19.3　喷头

④ 供墨通道，将墨水从墨盒送到墨腔。

⑤ 打印头驱动板，用来驱动压电陶瓷。

⑥ 打印头温度传感器，用来检测打印头周围的温度并用来优化驱动电压。

（2）墨盒与墨水。

① 墨盒。喷墨打印机的墨盒和喷头组合可分为一体式墨盒和分离式墨盒。

一体式墨盒又叫墨头，如图 19.4 所示。更换墨盒的同时更换打印头，但这样也会使墨盒价格增高，增加了使用成本。一体式墨盒主要应用在气泡式喷墨打印机上。

分离式墨盒，如图 19.5 所示。更换墨水时不必更换打印头，可以降低使用成本。但它的缺点是喷头长期得不到更换，随着使用时间的增加，打印效果可能变差，如果使用过程中喷头堵塞了，无论是疏通还是更换，费用都比较高。

图 19.4　一体式墨盒

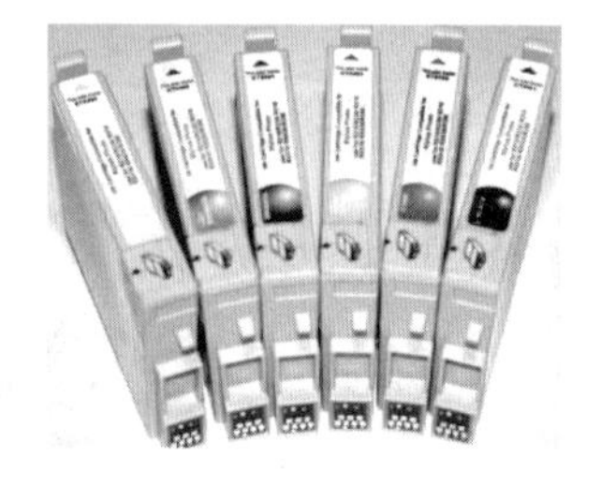

图 19.5　分离式墨盒

② 墨水。市场上常见的墨水可以分成颜料墨水和染料墨水两种。

颜料墨水色基由多个分子组成，直径比较大，不会溶解于溶剂。通常在颜料色材外面加上一层亲水性的聚合体，这样就可以将颜料色材吸附到溶剂中。

染料墨水色基是由单个分子独立存在的，可以溶解于溶剂中。这类色材的典型代表就是草木的汁液，渗透性比较好。

（3）喷墨技术。

喷墨打印机按打印头的工作方式可分为压电式喷墨技术和气泡式喷墨技术两大类型。

① 压电式喷墨技术是将许多小的压电陶瓷放置到打印头喷嘴附近，利用它在电压作用下会发生形变的原理。当把电压加到它的上面，压电陶瓷随之产生伸缩使喷嘴中的墨汁喷出，在输出介质表面形成图案，如图 19.6 所示。用压电喷墨技术制作的喷墨打印头成本比较高，为降低用户的使用成本，打印头和墨盒是分离的。因为可通过控制电压来有效调节墨滴的大小和使用方式，从而获得较高的打印精度和打印效果。

② 气泡式喷墨技术，如图 19.7 所示。在喷头的管壁上设置了加热电阻，将短脉冲电流作用于加热电阻上，在加热电阻上产生蒸汽，形成很小的气泡，气泡受热膨胀形成压力，压迫墨滴喷出喷嘴，喷到纸上墨滴的多少可通过改变加热电阻的温度来控制，从而达到打印图像的目的。气泡式喷墨技术成本低廉，由于喷头中的加热电阻始终受电解和腐蚀的影响，对使用寿命会有影响，所以打印喷头与墨盒做在一起，称作墨头。

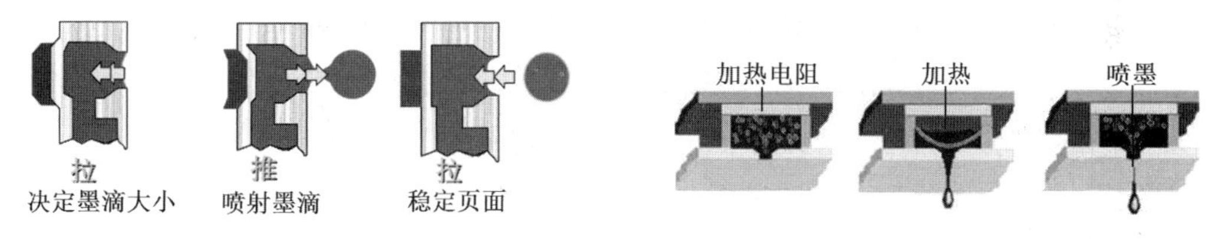

图 19.6　压电式喷墨原理示意图　　图 19.7　气泡式喷墨原理示意图

2. 字车机构

字车机构包括字车组件、字车步进电机、字车导轨、字车同步皮带，如图 19.8 所示。字车电机根据控制电路发来的命令，通过字车同步皮带带动字车组件做水平方向左右移动。

3. 进纸/走纸机构

进纸/走纸机构包含进纸、走纸、出纸机构，进纸/走纸过程，如图 19.9 所示。

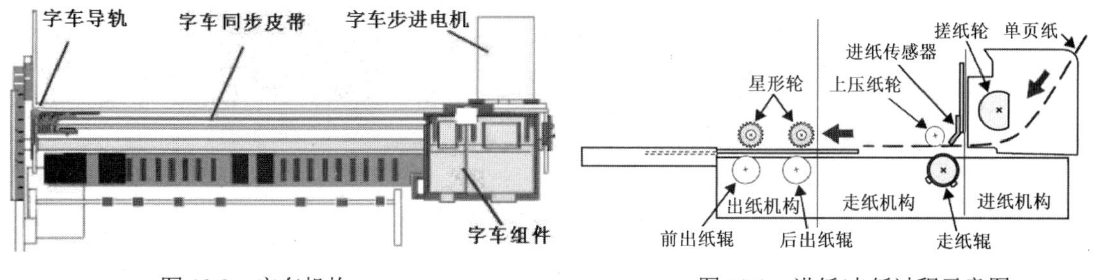

图 19.8　字车机构　　图 19.9　进纸/走纸过程示意图

（1）进纸机构。

进纸机构主要包括自动进纸器、传动齿轮、搓纸轮、自动进纸器电机等，如图 19.10 所示。进纸机构主要负责将纸张分开，并一张一张将纸送到走纸通道内。

（2）走纸机构。

走纸机构主要包括走纸电机、走纸辊、上压纸轮、走纸光栅盘、走纸光栅盘传感器和进纸传感器，如图 19.11 所示。目前大部分喷墨打印机都装有光栅盘和光栅盘传感器，用来确定走纸电机运转方向、速度。走纸机构主要负责将纸张送到正确打印位置。

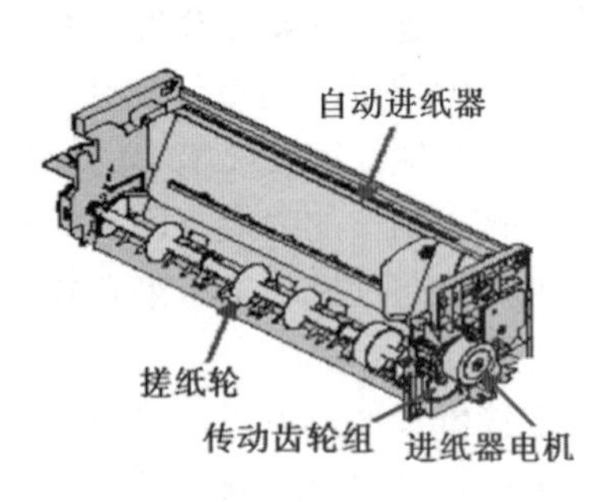

图 19.10　进纸机构

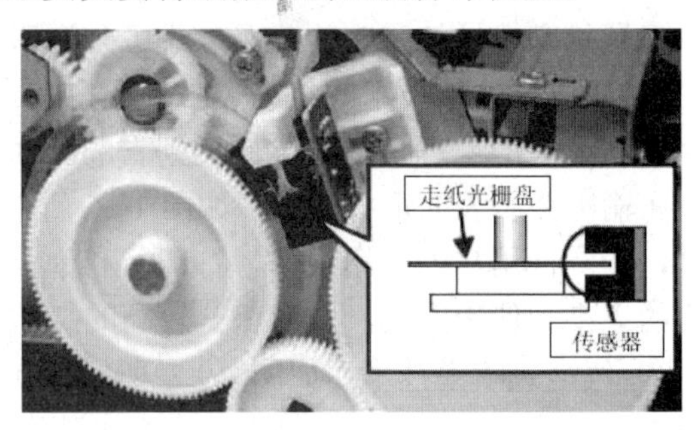

图 19.11　走纸机构

（3）出纸机构。

出纸机构包括出纸辊、星形轮，它负责将打印后的纸弹出走纸通道，如图 19.12 所示。

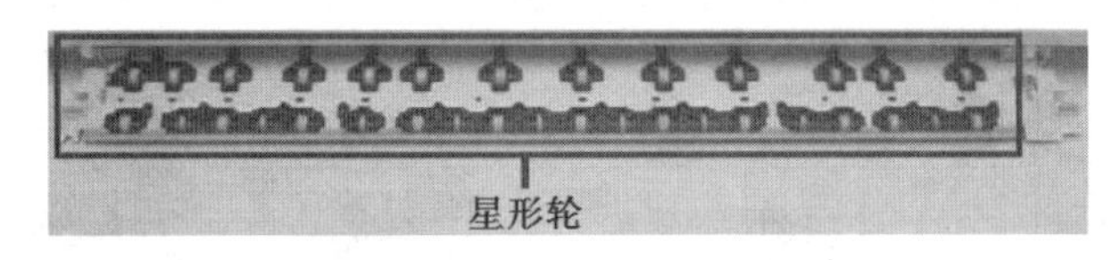

图 19.12　出纸机构

4. 供墨机构

供墨机构是通过墨盒和打印头进行吸墨和排墨的一个机械组件。供墨机构包括泵附件、泵组件、刮墨器、离合器、空气阀、废墨垫等，如图 19.13 所示。

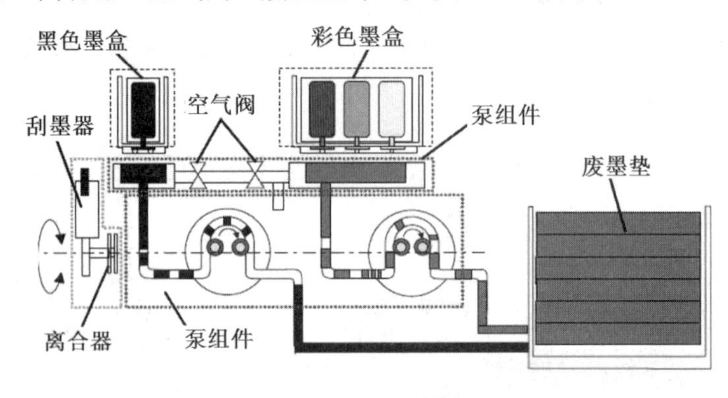

图 19.13　供墨机构

（1）泵附件。

泵附件是在打印头喷嘴表面覆盖的一个密封帽，这是为了防止喷嘴在打印停止时暴露在空气中导致墨水干燥，同时密封帽紧紧黏附于打印头的表面，通过泵组件的驱动产生的真空能够从打印头表面吸走不用的墨水，如图 19.14 所示。

（2）泵组件。

在充墨过程中或执行清洗操作时，泵组件将会通过紧贴在打印头上的泵附件，将废弃墨水从打印头中吸出并将其排放到废墨垫中，如图 19.15 所示。

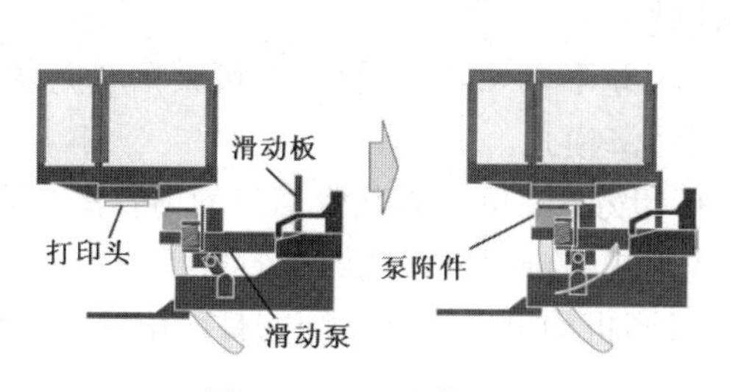

图 19.14　泵附件

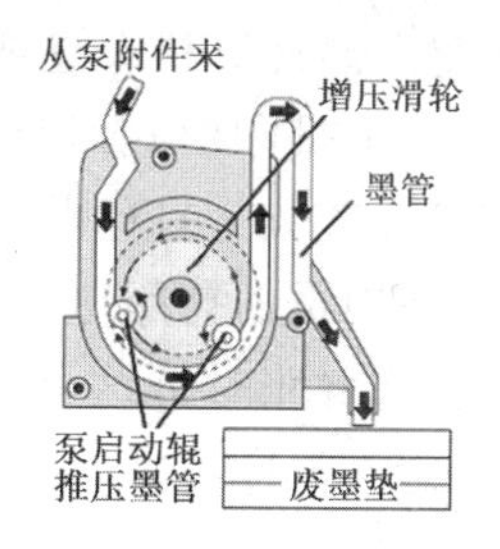

图 19.15　泵组件工作原理示意图

（3）刮墨器。

刮墨器上的清洁器清除喷嘴表面的墨水或污垢，将喷嘴恢复到正常喷墨状态。

（4）废墨垫。

吸收泵组件清洗打印头产生的废墨，一般安放在打印机下壳内。

任务 19.2　喷墨打印机的维护与故障维修

任务提出

喷墨打印机的维护应注意什么？如何进行灌墨？喷墨打印机遇到故障应如何处理？

任务实施要求

小组成员对照教材的相关内容，了解喷墨打印机的维护要求，掌握喷墨打印机故障的分析和处理方法。

任务相关知识

1. 喷墨打印机维护

（1）墨盒及墨水的维护。

① 墨盒应贮于密闭的包装袋中。温度以室温为宜，防止墨水冻结或墨水变质。

② 安装墨盒时注意避免灰尘混入墨水造成污染。

③ 为保证打印质量，应用与喷墨打印机相配的墨盒，墨盒一般不可注墨水重复使用。

④ 墨水具有导电性，应防止墨水溅到喷墨打印机的电路板上，以免出现短路。

（2）喷头的维护。

① 如喷墨打印机长时间不用，应将墨盒取下，用一个废弃墨盒，将内部的海绵取出洗净，注入蒸馏水，放入喷墨打印机中运行清洗程序，将喷头中的残墨清洗干净。已堵塞的喷头，可按上法进行清洗，再放入墨盒打印，看打印效果。若清洗达不到目的，只能更换喷头。

② 避免碰触喷嘴面，以防止喷嘴被杂物、油污等堵塞。

③ 不要在打印过程中关闭打印机电源，应在打印完成、喷头归位后方可关闭电源。

（3）喷墨打印机省墨方法。

① 集中打印。喷墨打印机每启动一次，都要清洗打印头和初始化喷墨打印机，对墨水输送系统充墨，显然这样会造成墨水的浪费。

② 使用经济打印模式。该模式可以节约差不多一半的墨水，并可大幅度提高打印速度，所以在打印样张或只是打印草稿时可选用经济模式。

③ 巧妙使用页面排版进行打印。该打印方式，可以将几张信息的内容集中到一页上打印出来。在打印样张时把这个功能和经济模式结合起来就能够节省大量墨水。

④ 自行定义打印方式。大多数喷墨打印机均可以选择不同的打印浓度，以节约墨水。

2．喷墨打印机故障维修

（1）不能正常打印（除第一点外，激光打印机和针式打印机也适用）。

① 喷墨打印机墨尽，一般墨尽时喷墨打印机面板上的墨盒指示灯都会给出提示。

② 计算机与喷墨打印机相连的电缆损坏。

③ 喷墨打印机或计算机的数据端口电路损坏。

④ 喷墨打印机无意中被设为暂停状态。

⑤ 喷墨打印机的打印输出端口选择错误。

⑥ 喷墨打印机的驱动程序安装错误。

（2）不进纸。

① 打印纸卷曲严重或有折叠现象。

② 打印纸的存放时间太长，造成打印纸潮湿粘连。

③ 打印纸的装入位置不正确，超出左导轨的箭头标志。

④ 有打印纸卡在打印机内未及时取出。

⑤ 墨尽指示灯闪烁或一直亮，提示墨水即将用完或已经用完，喷墨打印机将不能进纸。

（3）打印偏色、缺色。

打印正式文稿图片时，最好先对喷墨打印机做一次喷嘴检查打印，观察图案中线条是否完全出现，中间没有断线，才可以打印出正确的文稿图片。若喷墨打印机打出的图片中缺少某种颜色或偏色，就要检查一下墨盒是否某一种颜色的墨水没有了。如果更换墨盒后仍然缺色，一般说明打印头已经堵塞，应及时清洗打印头。

（4）出现严重的打印头撞击声，打印错位。

出现这种情况时，必须马上关闭打印机电源，然后检查打印头初始位置检测装置是否失效，喷墨打印机的导轨是否过于脏污等。

任务 19.3　了解激光打印机的组成及原理

任务提出

激光打印机由哪几部分组成？各有什么作用？了解激光打印机的工作原理。

任务实施要求

小组成员对照教材的相关内容，查看激光打印机的结构情况，了解激光打印原理。

任务相关知识

激光打印机由激光扫描系统、电子照相系统、搓纸系统和控制系统四大部分组成。激光扫描系统包括激光器、偏转调制器、扫描器和光路系统，它的作用是利用激光束的扫描形成静电潜影。电子照相系统由感光鼓、高压发生器、显影定影装置和输纸机组成，其作用是将静电潜影变成可见的影像。如图 19.16 所示。

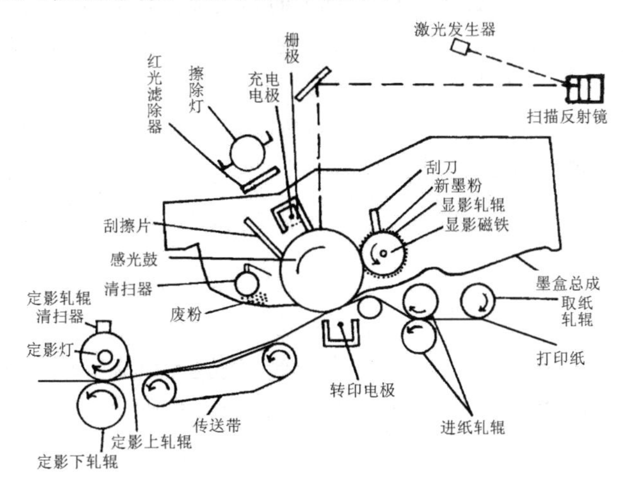

图 19.16　激光打印机结构示意图

1. 激光扫描系统

激光扫描系统的主要作用是将信号调制的激光束，在感光鼓表面曝光，形成静电潜影。激光扫描系统由激光部件、扫描棱镜、透镜组等组成。电机带动扫描棱镜高速旋转，把经过打印信号调制的激光束通过透镜和反射镜扫描在感光鼓表面，如图 19.17 所示。

2. 电子照相系统

激光打印机是利用电子成像技术进行打印的。电子成像过程分为充电、激光照射、显影、转印、加热定影和清洁等过程，如图 19.18 所示。

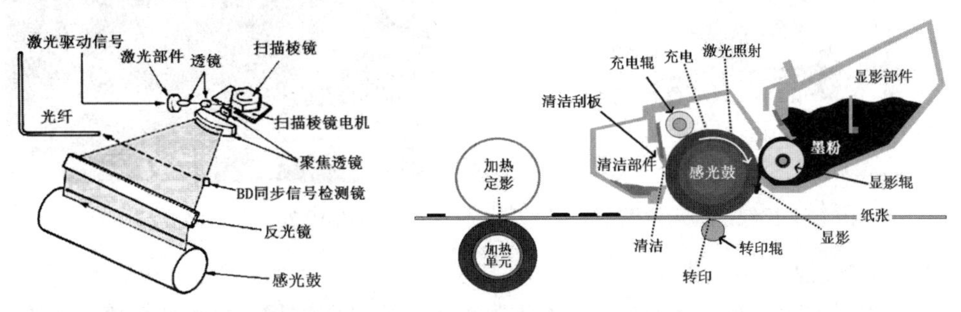

图 19.17　激光扫描系统示意图

图 19.18　电子成像过程示意图

① 充电。感光鼓经过充电辊，在感光鼓表面均匀充上负电荷。

② 激光照射。当被信号调制的激光照射在感光鼓上时，照射点处的电荷就被放掉。随着感光鼓连续不停地转动，一系列激光点就在感光鼓上形成静电潜影。

③ 显影。当感光鼓转动的时候，它还同时经过一个显影辊，这时被放电的点就吸收已带负电墨粉，其他地方因为墨粉电荷与感光鼓上的电荷极性相同，所以不会粘上墨粉形成图像。

④ 转印。进入打印纸后，打印纸和感光鼓经过转印电极，在转印电极相反电荷的作用下，将感光鼓上已经形成的墨粉影像复制到打印纸上。

⑤ 加热定影。图像从感光鼓上转印到纸上时，是吸附在纸面上的，并未被固定。当纸张从定影辊和压力辊之间经过时，受到定影辊内加热电极的加热和压力辊的挤压作用，使墨粉熔化渗入纸张纤维中，形成可永久保存的记录。

⑥ 清洁。转印过程中，墨粉从感光鼓表面转印到纸上时，鼓面上多少会残留一些墨粉，为了消除这些残留的墨粉，要用清洁刮板清除下来，并收集到废粉仓内。

3. 搓纸系统

搓纸系统分进纸和出纸两个部分，它由输纸导向板、搓纸轮、输出传动轮等一些传输部件组成，如图 19.19 所示。纸张在整个输纸路线的走动都依靠搓纸系统的工作，因为这一传送过程都有着严格的时间限制，超过了这个限制就会造成卡纸现象。通常在搓纸系统中，都会配置几个光电传感器，用来监控纸张存在与否的情况。

4. 彩色激光打印机

彩色激光打印机的基本结构与黑白激光打印机基本相同，彩色激光打印机采用 4 个感光鼓、4 束激光以及 C（Cyan，青色）、M（Magenta，品红）、Y（Yellow，黄色）和 K（Black，黑色）4 色墨粉进行打印，墨粉盒的排列形状为直线形，如图 19.20 所示。4 束激光可以对 4 个感光鼓同时进行曝光，感光鼓也可以同时从墨粉盒中吸附墨粉，纸张会一次性经过 C、M、Y、K 4 个感光鼓完成彩色打印。

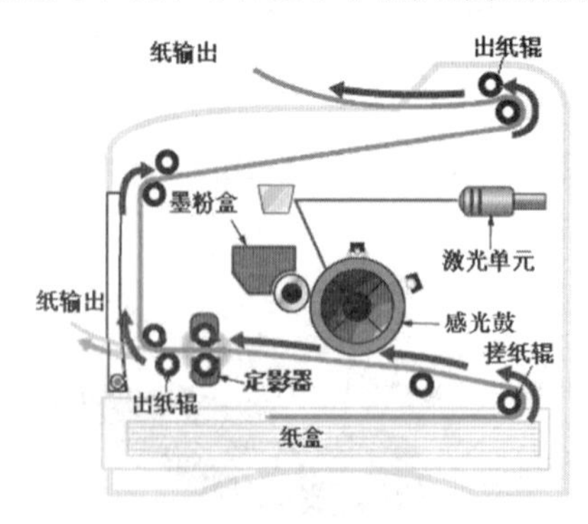

图 19.19　搓纸过程示意图

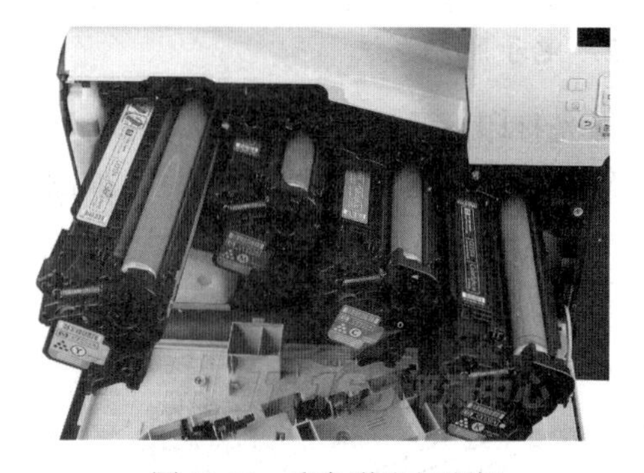

图 19.20　彩色激光打印机

（1）4 次成像。

一页内容的打印要经过 CMYK 的 4 色墨粉各 1 次打印过程，即感光鼓感光 4 次，分别将色墨粉转移到转印感光鼓上，转印感光鼓再将图像转印到打印纸上面，达到输出彩色图形的结果。

（2）1 次成像。

采用 4 个感光鼓、4 束激光以及 4 色墨粉进行打印，墨粉盒的排列形状也从以往的圆周形改为直线形。4 束激光可以对 4 个感光鼓同时进行曝光，感光鼓也可以同时从墨粉盒中吸附墨粉，纸张会一次性经过 C、M、Y、K 4 个感光鼓完成彩色打印。

任务 19.4　激光打印机的维护与故障维修

任务提出

激光打印机的维护应注意什么？如何进行灌粉？激光打印机遇到故障时应如何处理？

任务实施要求

小组成员对照教材的相关内容，了解激光打印机的维护要求，掌握激光打印机故障的分析和处理方法。

任务相关知识

1. 激光打印机维护

激光打印机比较娇贵，其中的墨粉和充电电极产生的臭氧对人体有一定的危害，如果使用不当，就可能引起打印机故障或造成环境污染。因此，在使用激光打印机时应加以注意。

（1）激光打印机的安放位置。

尽量避免在不通风的房间安放激光打印机，不要把打印机放在阳光直射、过热、潮湿或有灰尘的地方。

（2）使用中的注意事项。

① 不要触摸定影器。刚使用完的激光打印机，该部件的温度很高。

② 避免划伤、触摸或日照感光鼓表面。当从激光打印机中取出墨粉盒组件时，应把它放在一个干净、平滑的表面，要避免触摸感光鼓，不要在光线下长时间地暴露感光鼓。

③ 不要试图修理一次性的墨粉盒，这类墨粉盒不能被重新填充，否则在使用中会出现墨粉泄漏的现象。

④ 将墨粉盒从一个较凉的环境移到一个较暖的环境时，至少要在 1 h 内不使用它。

⑤ 要求用专门的激光打印纸或复印纸进行打印，不能用普通纸打印。

2. 激光打印机故障维修

（1）从软件发送打印作业时激光打印机无反应。

参见喷墨打印机相应故障的分析。另外，缺墨粉时也不会打印。

（2）打印出的纸上无图像。

① 感光鼓未正常转动。因感光鼓不转动，就不能正常曝光和显影。

② 显影辊上未加上直流电压，导致显影辊不能吸收墨粉；或由于感光鼓未接地，负电荷无法向地泄放，致使激光束不起作用，无法在感光鼓上形成潜影。

③ 激光束未正常地到达感光鼓。

（3）打印出的页面整版色淡。

① 墨粉盒内已无足够的墨粉。应更换墨粉盒或添加墨粉。

② 墨粉充足，但浓度调节过淡。重新调节打印墨粉浓度，使其浓淡适宜。

③ 激光强度变弱，使感光鼓的感光强度不够。重新调节感光强度，使感光充足。

④ 感光鼓加热器工作状态不良。检查感光鼓加热器工作状态，确保其工作良好。

⑤ 转印电晕器转印电压不足。应检查电极丝与固定架之间有无漏电现象。

（4）打印出的纸上有黑条或黑点。

一般为对应黑条或黑点处的感光鼓有磨损，应更换感光鼓。

（5）打印出的纸上有不规则的黑点。

一般为墨粉盒漏粉所致，应更换墨粉盒。

任务 19.5　了解针式打印机的组成及原理

任务提出

针式打印机由哪几部分组成？各有什么作用？了解针式打印机的工作原理。

任务实施要求

小组成员对照教材的相关内容，查看针式打印机的结构情况，了解针式打印原理。

任务相关知识

针式打印机主要用于需要打印多页压敏纸的部门，如税务、财务等。

1. 机械部分

针式打印机主要由打印头、传动系统、机架、外壳和控制电路等组成，如图 19.21 所示。

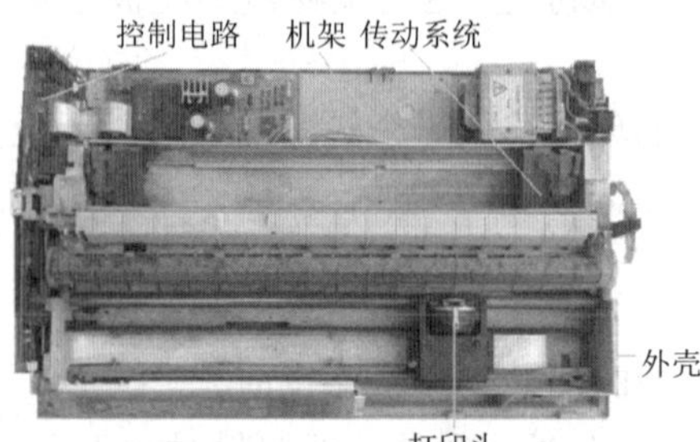

图 19.21　打印机结构

（1）打印头。

打印头用于印字，是针式打印机的关键部件之一。针式打印机就是依靠电路驱动打印针冲击色带，将色带上的油墨黏附在纸上而打印出点信息的。打印头基本结构如图19.22所示。

打印针针体与衔铁是焊成一体的，由于复位弹簧的作用，衔铁处于释放状态，从而使打印针离开色带。当打印头收到打印机主电路发来的打印驱动信号而产生的脉冲电流时，打印头线圈通电，产生磁场，使铁芯磁化，吸引衔铁，从而使打印针击打色带，色带在纸上印出一个墨点。当脉冲电流消失后，打印头线圈失去电流，铁芯失去磁性，衔铁又在复位弹簧的作用下将打印针缩回，处于待发状态。

24 针打印机的打印针采用双列排列，即单、双号针各排一列，针的圆心在相邻两号针连线的中点上，打印的点覆盖一部分相邻号针的点，这样使打出的笔画连续，如图 19.23 所示。

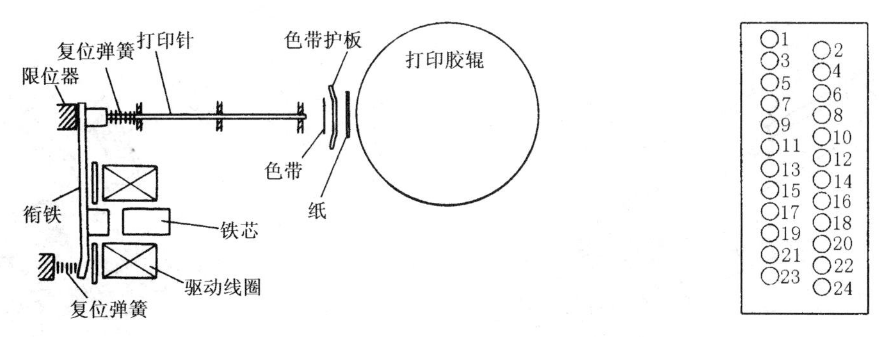

图 19.22　打印头结构示意图　　　　图 19.23　24 针打印针排列示意图

（2）传动系统。

传动系统由字车传动机构、走纸机构和色带驱动机构等组成。

① 字车传动机构以字车电机为动力，通过传动机构带动字车沿导轨做往返运动。字车传动机构由直流伺服电机、装有打印头和色带盒的字车、导轨、导向轮及齿型皮带等组成，如图 19.24 所示。直流伺服电机同轴装有一块光栅盘，光栅盘处装有光电检测器。当伺服电机通过齿型皮带带动字车往返运动时，光电检测器读取光栅盘信号而检测小车的位置。

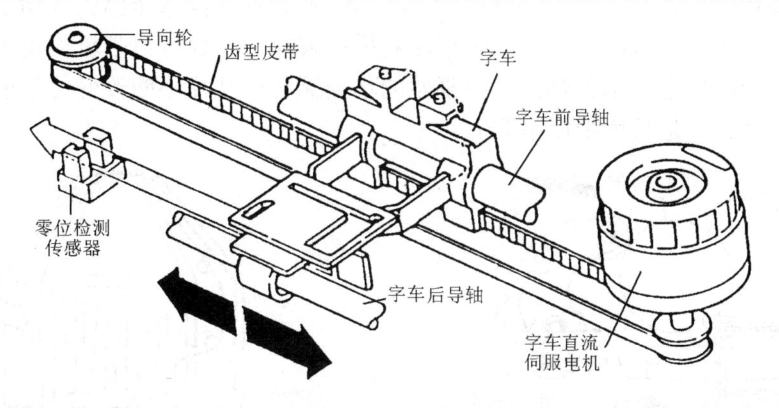

图 19.24　字车传动机构工作示意图

前导轨为偏心导轨，连接一个调节杆，调节此调节杆，可调节打印头与打印胶辊之间的距离，如是新色带或多层纸打印，打印头应调远些。打印头位置调节如图 19.25 所示。

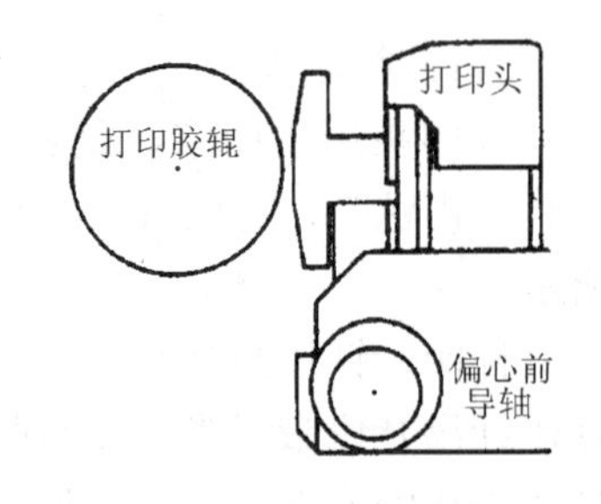

图 19.25　打印头位置调节示意图

② 走纸机构是使打印纸自动换行的机构，它以走纸步进电机为动力，通过走纸机构使打印纸按照规定的节拍向前或向后移动（打印时只能向前）。走纸机构由走纸步进电机、传动齿轮、摩擦胶辊和链轮等组成。走纸可分为摩擦走纸和链轮走纸两种，分别如图 19.26 和图 19.27 所示。24 针打印机的步进电机旋转 1 步（3.5°），使纸移动 1/120 in。走纸机构与字车机构的配合情况如下：字车机构运动时，走纸机构不动，打完一行后，再走纸。

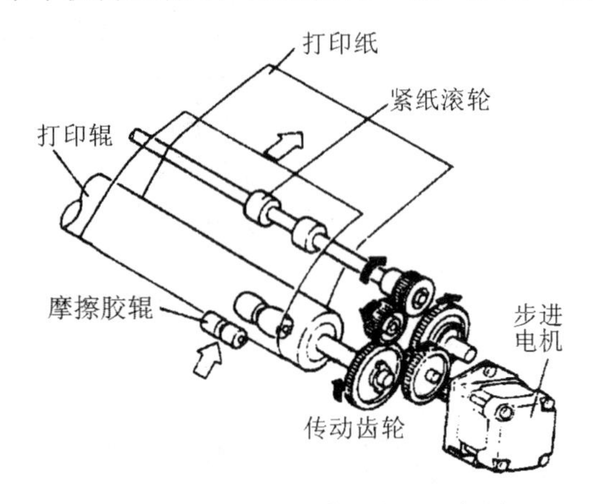

图 19.26　摩擦走纸（普通纸）示意图

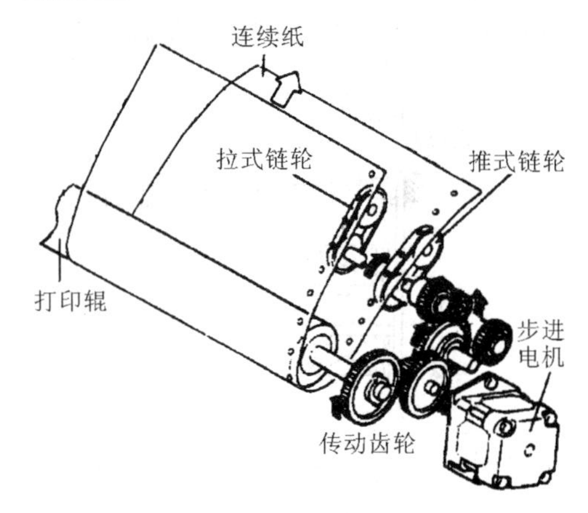

图 19.27　链轮走纸（标准连续打印纸）示意图

③ 压纸机构。纸保持器离开或靠近打印辊是通过压纸机构电磁铁的吸合与释放来控制的。当电磁铁吸合时，纸保持器张开，若打印机无纸，则打印纸自动卷入，接着电磁铁释放，纸保持器闭合，将纸压紧；若打印机有纸，纸保持器张开后将纸自动排出，然后电磁铁释放，纸保持器闭合，如图 19.28 所示。

④ 色带驱动机构是驱动环形色带做单向循环移动的机构，如图 19.29 所示，有机械驱动和电机驱动两种。在打印过程中，字车左右横向移动时，通过色带机构使色带驱动轴单向同步旋转，带动色带盒中色带做周而复始的单向循环，从而不断改变色带撞击位置，以保证色带均匀使用，延长色带使用寿命。

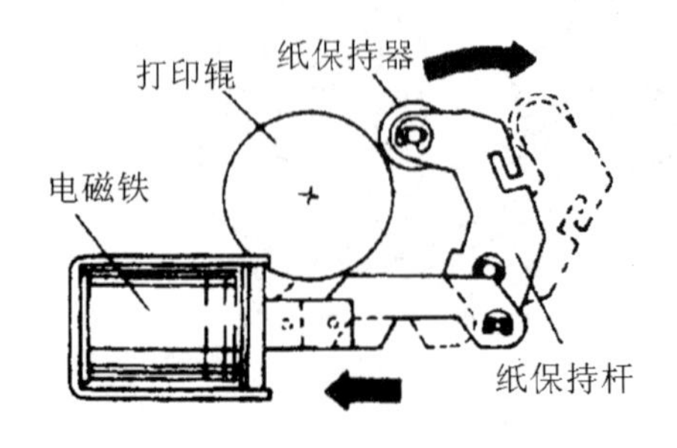

图 19.28　压纸机构工作示意图

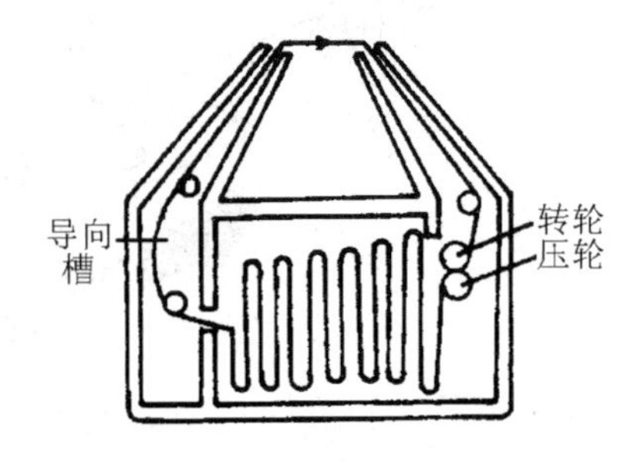

图 19.29　色带驱动机构工作示意图

色带的带基是用尼龙编织的，其质量高低直接影响着色带的使用寿命和油墨附着渗透的能力。好油墨颗粒很小，不会造成针孔堵塞，涂墨时吸附强、保湿性好、耐久打。

好色带的接口平整细窄，硬化程度很轻，打印的时候不挂针，接口强度较大，抗拉力也强。

色带分为窄带和宽带，为了提高使用寿命，宽带采用了莫比乌斯带，这种色带只用一个面，一根莫比乌斯色带可当两根使用。

2. 控制电路

控制电路一般由主电路板、操作面板、接口板、电源板和检测电路等组成。

① 主电路板包括主控电路、驱动电路、DIP 控制开关等。

② 操作面板上有联机、换页、换行、进纸/退纸、高速打印和单向打印等按键，还有电源、受令、缺纸、联机、高速打印和单向打印等指示灯。

③ 接口板电路决定与计算机连接的接口和信号。

④ 电源板输出+5 V、+12 V、−12 V 和+35 V 直流电源。

⑤ 检测电路用于检测针式打印机的若干状态，一般有以下 3 种检测装置。

❖ 字车初始位置检测。当针式打印机开机时，或接收到主机的初始化信号时，或打印过程中遇到回车控制命令时，或单向打印完一行时，或双向打印完两行时，字车都应返回左端的初始位置。初始位置的光电传感器就是用来检测在上述情况下字车是否每次都能返回初始位置。

❖ 纸尽检测。用来检测针式打印机是否已装好纸，或打印过程中发现纸用完时报告给主控电路。所用的传感器有反射型光电传感器和簧片机械开关等几种。

❖ 送纸状态杆位置检测。采用簧片开关，该开关的状态决定是摩擦走纸还是链轮走纸。

任务 19.6 针式打印机的维护与故障维修

任务提出

针式打印机的维护应注意什么？针式打印机遇到故障时应如何处理？

任务实施要求

小组成员对照教材的相关内容，了解针式打印机的维护要求，掌握针式打印机故障的分析和处理方法。

任务相关知识

1. 针式打印机维护

（1）针式打印机使用注意要点。

① 用户在使用打印机前，应仔细阅读针式打印机的使用说明书，搞清各部分的连接关

系以及使用注意事项。

② 各种针式打印机的使用方法不尽相同，如装纸、自检、换行和换页等操作。用户应搞清针式打印机的操作使用方法，尤其是要清楚操作面板上各种按钮及其指示灯的作用。

③ 应根据纸张和色带的情况合理地调节打印头距离，如果距离太大，则打印不清晰甚至打不出来；如果距离太小，会使打印针受力太大，易损坏色带和打印针。

④ 注意保持针式打印机的清洁，要经常清洁机械部分及电路板上的尘埃和污垢。

⑤ 更换色带时，要注意色带的质量。

⑥ 需要插拔针式打印机和主机的连接电缆时，应关闭主机和打印机的电源，在通电的情况下，切勿用手移动打印头，以防止针式打印机字车装置损坏。

⑦ 打印过程中，切勿用手强行转动走纸辊或撕打印纸，以免损坏打印针。

⑧ 字车机构的导轨应定期涂抹润滑油，确保字车移动灵活。

（2）更换色带。

色带用久了，打印的字迹会变淡，色带会破损，这就需要更换色带。色带更换步骤如下。

① 关闭打印机电源。

② 把打印头滑到针式打印机中间，取下色带盒。

③ 打开色带盒，取出旧色带。

④ 将新色带装入色带盒中，注意莫比乌斯带的 180° 反转处在色带盒中的位置。如新色带未散开，应先装色带盒的前部，最后将色带倒入色带盒中。如色带已散开，应先装色带盒的内部，再转动色带传动轮，将色带全部收入色带盒中。最后转动色带传动轮，观察色带运行是否流畅，避免绞带。

⑤ 重新将色带盒装在字车上，用一个尖一点的东西将色带推到打印头和色带导轨之间。

⑥ 盖上防尘盖，色带安装完毕。

延长针打色带的方法：准备两个色带盒，用颜色较黑的色带打印正式文稿，用颜色较浅（使用过的色带，但带基必须完好，否则会损伤针头）的色带打印非正式文稿。养成根据纸张厚薄调节打印头到纸张之间距离的习惯，原则是能大则大，只要打印效果合乎要求。

（3）打印头的清洗。

针式打印机使用久了，打印头会受到色带油墨、纸屑等物的污染，严重时会造成打印针滞针。这时应将打印头卸下，把打印头的针部在酒精中浸两三个小时，将脏物软化，再装入字车中进行打印，看打印效果，如不行再浸泡。

2. 针式打印机故障分析和处理

（1）打印头故障。

打印头的某一根针或某几根针不动作时，打印的字符会产生一条白线。

打印针在长期冲击的情况下，打印针头会出现磨损和折断。经常打印表格的打印机更容易发生打印针磨损的问题，如打印横线时，某一二根针（一般为 12、13 针）在每一个点的位置都要击打，致使这一二根针易磨损或疲劳折断。这就造成了打印的字符在固定位置总是缺点，形成白线。另外，当打印针孔中有脏物时，也易卡住打印针。

产生断针可能有以下原因：使用了劣质色带盒和色带；色带安装不合理；大量使用制表符打印表格；打印头与字辊之间的间隙过小，打印针打在字辊上的力量过大；在打印过程中，人为地转动字辊；打印时强行撕纸等。

打印针故障处理：取出打印头后，擦净打印头前面污墨，查看是否所有孔均有银白点，如个别孔无银白色，则为打印针磨损或断针；打开打印头后盖，压下所有打印针，如个别打印针未伸出，则为断针，此时要更换打印针。取出旧针，更换新针，再用斜口钳剪去新针的多余部分，再用油石将针顶端轻轻磨平即可。如个别打印针无法压下，则为打印针被卡住，应将打印头的头部在95%酒精中浸两三个小时，将脏物软化，再压打印针疏通。

每一根打印针由对应的一路驱动电路通过线圈产生的电磁力驱动。如果打印针驱动线圈断线、打印头电缆断线和驱动电路损坏，都会使打印头上某一根针或几根针不能产生打印动作，打印时字符就会产生白线。

（2）字车机构故障。

若经常出现打印行首错位，即为字车运行故障引起的。这是因为字车运行时，第一行行首位置正确，当字车返回时，不能返回到原始位置，第二行行首未能对上第一行行首。出现此故障一般是字车导轨太脏，可用煤油清洗后擦干，再抹上少许仪表油即可。字车传动机构的轴承、齿轮损坏或齿轮上有脏物，也会造成字车的起始位置改变。

（3）色带故障。

色带不能随字车而移动，会使色带某一处反复受到击打，导致整个色带报废，所以在打印过程中要注意色带的转动是否正常。

判断是否为色带盒的问题，可取下色带盒，用手转动色带盒上的色带驱动轮，看色带是否移动。如不移动，应将色带全部抽出，重新卷入色带盒；如果仍不移动，则可能是色带偏长或色带盒内压轮磨损。

（4）走纸机构故障。

走纸机构故障表现为不走纸、卡纸或走纸歪斜，有时还能听到噪声。当听到噪声时，要仔细判别噪声来源，走纸电机的噪声为“嗡嗡”声，并且产生抖动，则是由于电机缺相造成的；如果走纸机构的噪声为“咔咔”声，可能是传动齿轮磨损严重而发出的。对于摩擦胶辊变形，引起的走纸不畅或走纸歪斜的故障，则需要通过更换摩擦胶辊解决。

（5）接口故障。

接口故障特点是可以自检打印，但不能联机打印。主要原因是针式打印机接口电路芯片损坏，或打印机电缆损坏、打印机驱动程序破坏等。

（6）检测电路故障。

① 字车初始位置检测电路一般采用光电传感器，并在字车底部安装一个挡板，用于检测字车移动时是否返回到左端初始位置。例如，当挡板损坏时，字车会一直往左走，并撞击左边；当光电传感器损坏时，字车将无法移动。

② 纸尽检测电路最常见的故障为检测不到打印纸，如为光电检测器，多半为检测器表面有灰所致。

习　题　19

一、填空题

1．打印机分为________和________两大类。

2．若要中断目前正在打印的工作，更换打印纸，应使________指示灯处于熄灭状态。

3．激光打印机实质上是通过感光鼓利用________将墨粉转移到纸上进行成像的。

4．针式打印机通过打印针撞击________，在纸上打出字符图形点阵。

5．目前，打印机与计算机相连的接口主要是________________。

6．目前，打印头的喷墨打印技术主要有两种，一种是________喷墨打印技术，另一种是________喷墨打印技术。

7．喷墨打印机的打印头根据结构可分为________喷墨打印头和________喷墨打印头。

8. 激光打印机是将________技术和________技术相结合的非击打式输出设备。目前，市场上激光打印机主要分为________激光打印机和________激光打印机两种。

9．激光打印机由________、________、________和________四大部分组成。

10．激光打印机虽然外部结构和打印功能有所不同，但工作原理基本相同，一般都要经过________、________、________、________、________和________等过程。

二、选择题

1．以下打印机中打印成本最低的是________。

A．喷墨打印机　　B．针式打印机

C．激光打印机　　D．热敏打印机

2. 打印机的市电电源连接良好，如果打开电源开关，电源指示灯不亮，通常是________。

A．控制电路损坏　　B．字车机构损坏

C．电源电路损坏　　D．驱动电路损坏

3．一台打印机连接不同的计算机，有的能联机正常打印，有的联机后不能正常打印，一般导致这种现象的原因是________损坏。

A．打印电缆　　B．打印机接口电路

C．驱动程序　　D．计算机端口

4．激光发射窗口脏污会导致________现象发生。

A．打印效果浅　　B．卡纸

C．损坏感光鼓　　D．无不良

5．激光打印机的工作过程分成6个步骤，第3个步骤是________。

A．显影　　B．定影

C．转印　　D．形成静电潜影

6．针式打印机的机械传动机构主要由_________、色带机构、走纸机构和打印状态传感机构组成。

A．打印头机构　　B．进纸机构

C．字车机构　　D．转印机构

7．针式打印机中，色带在字车左右移动时，色带将_________。

A．左右移动　　B．上下移动

C．单向循环移动　　D．静止不动

8．喷墨打印机中清洗机构的主要作用是_________。

A．清洗打印纸　　B．清洗墨盒

C．清洗字车　　D．清洗喷头

9．激光打印机的核心部件是_________。

A．激光器和感光鼓　　B．激光器和转印辊

C．激光器和加热丝　　D．激光器和墨粉

10．彩色打印机中使用 CMYK 彩色模式，分别是指_________。

A．青色、品红、黄色、黑色　　B．青色、红色、黄色、黑色

C．蓝色、品红、黄色、黑色　　D．青色、品红、绿色、黑色

三、判断题（正确的在括号中打“√”，错误的打“×”）

1．针式打印机可以打印多层纸。（　　）

2．分辨率最高、打印质量最好的是针式打印机。（　　）

3．热敏打印机属于击打式打印机。（　　）

4．激光打印机的成像工作过程分成 5 个步骤。（　　）

5．激光打印机的定影系统需加热辊加热。（　　）

6．感光鼓的底基材料一般用铝。（　　）

7．显影是指上墨粉的过程。（　　）

8．色带失效会使针式打印机字符深浅不匀。（　　）

9．喷墨打印机常见的故障现象是喷头堵塞。（　　）

10．喷墨打印机的气泡式成像效果比压电式的好。（　　）

四、简答题

1．打印机上打印头远近调节杆的作用是什么？应如何调节？

2．针式打印机打印字符时出现一条白线是怎么回事？应如何处理？

3．激光打印机的工作原理是什么？

4．打印机自检正常，但不能联机打印，请分析故障范围。

5．激光打印机是怎样实现打印的？

实践 19　打印机的安装和使用

目的：掌握打印机的安装和使用方法。

步骤：

（1）启动一台带有打印机的计算机；

（2）加载打印机的驱动程序；

（3）设置网络打印机；

（4）观察打印机的使用过程。

项 20 目

计算机输入设备的维护与维修

项目分析

键盘、鼠标和摄像头是计算机主要的输入设备，由于使用很频繁，因此故障率较高。本项目在于了解这些输入设备的结构和工作原理，掌握它们的维护方法。

任务 20.1　键盘的维护与维修

任务提出

键盘由哪几部分组成？各有什么作用？掌握键盘的维护与维修方法。

任务实施要求

小组成员对照教材的相关内容，查看键盘的结构情况，并排除键盘的故障。

任务相关知识

1．键盘的类型

IBM PC/XT/AT 计算机为 83 键键盘，Windows 流行后，键盘逐步发展成为 101 键、104 键、107 键和多功能键盘。83 键、101 键、104 键和 107 键键盘如图 20.1 所示。107 键是在 101 键的基础上，增加了 3 个 Windows 快捷键和 3 个电源管理键，所以也称为 Windows 键盘。由于 107 键盘支持 ACPI 电源管理，因此关机后部分键盘的指示灯还是亮的。

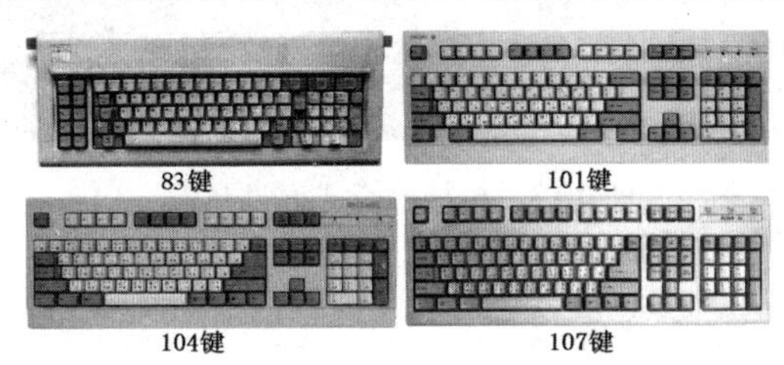

图 20.1　键盘

2. 键盘的组成

键盘可以分为外壳、按键区和电路板 3 部分。

（1）外壳。

键盘外壳用来支撑电路板。键盘外壳上有一些指示灯，用来指示某些按键的功能状态。

（2）按键区。

目前使用的键盘大部分为 107 键，它分为 5 个区域，最上面的一排称为“F 功能键区”，最左面的 Esc 键称为退出键。

键盘左下部分称为标准键盘区，它是由传统的英文打字机键盘遗传下来的。

键盘右上方的 3 个键称为键盘开机区。其中 Wake（挂起）键控制计算机进入一种节电模式，Sleep（睡眠）键是控制计算机进入另一种节电模式，Power（电源）键控制计算机的关机与开机。这些功能需要 BIOS、主板、电源和操作系统的支持。

键盘开机区下方称为编辑键区。其中，Print Screen SysRq（屏幕图像打印）键可在 Windows 环境下进行屏幕抓图，Scroll Lock（屏幕锁定）键目前一般废弃不用，Pause Break（暂停）键对于维修人员非常有用。

键盘开机区和编辑键区如图 20.2 所示。

图 20.2　键盘上的特殊功能键

键盘最右边部分称为小键盘区，它的所有键盘功能在标准键盘区都有，主要作用是方便用户进行数字输入。

（3）电路板。

电路板担任按键扫描识别、编码和传输接口的工作。电路板由逻辑电路和控制电路组成，逻辑电路排列成矩阵形状，每一个按键都安装在矩阵的一个交叉点上。控制电路由按键扫描电路、编码电路和接口电路等组成。

3. 按键开关

（1）有触点键盘开关。

有触点键盘开关分为机械触点式（见图 20.3）、薄膜式（见图 20.4）、导电橡胶式（见图 20.5）。

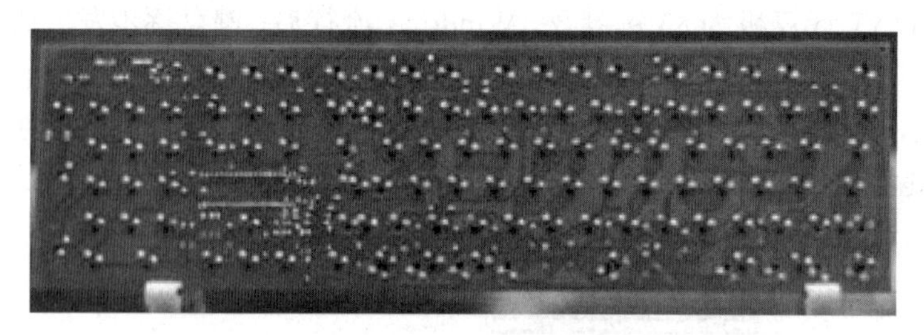

图 20.3　机械触点式键盘开关

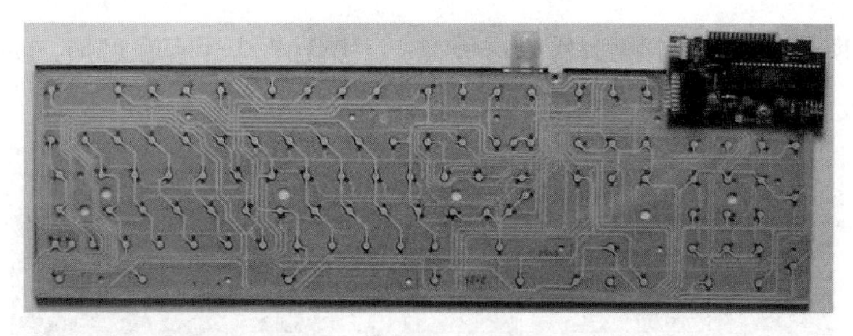

图 20.4　薄膜式键盘开关

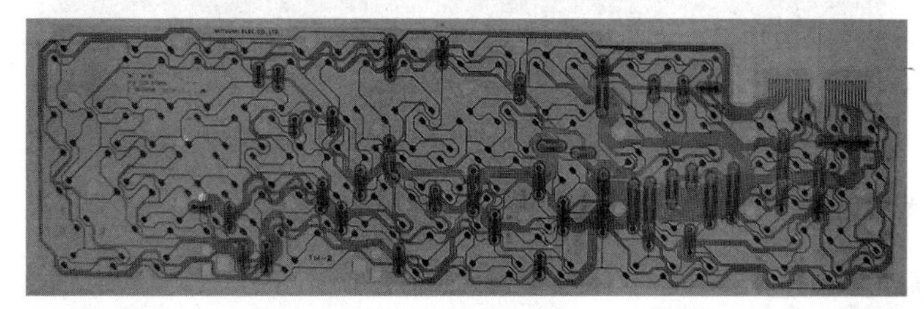

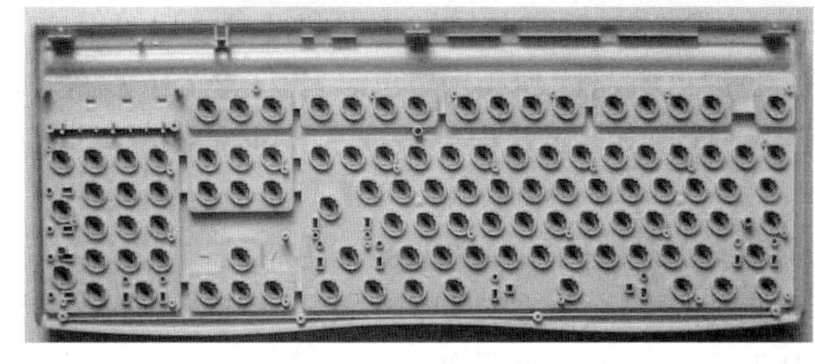

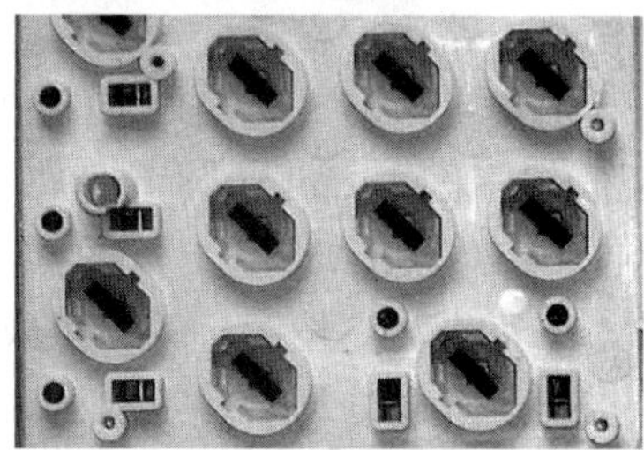

图20.5　导电橡胶式键盘开关

触点式按键由键帽、弹簧、立杆、金属片和电路板上的金属触点组成，如图 20.6 所示，其工作原理为：按键未按下时，两个金属触点没有接触，相当于开路。当按键被按下后，金属片使电路板上的两个金属触点导通，产生一个扫描信号。经过去抖动电路后，这个扫描码被送到键盘集成电路芯片进行处理。

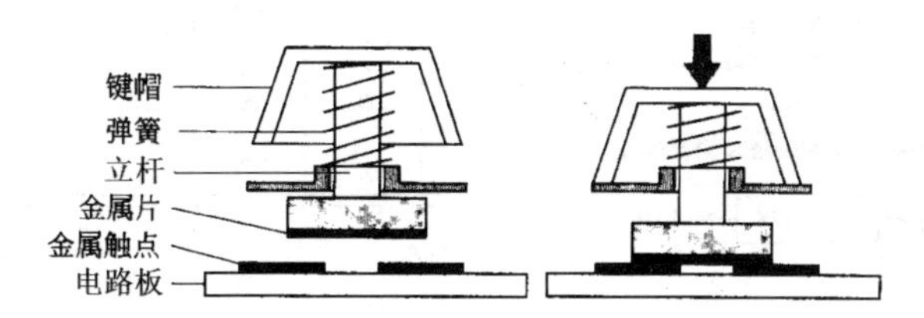

图20.6　触点式键盘开关工作原理示意图

（2）无触点键盘开关。

无触点式键盘开关是利用按键动作改变某些参数或利用某种效应，来实现电路的通断切换。无触点式键盘开关最常见的是电容式键盘开关（见图 20.7）。电容键盘利用了电容器电极之间距离的变化，导致电容容量变化，进行开关信号的检测。电容式按键由电容移动极板、电容固定极板以及驱动电路组成。当键被按下时，安装在立杆上的移动极板向两个固定极板靠近，极板之间的距离缩短，使来自振荡器的脉冲信号被电容耦合后输出，如图 20.8 所示。由于无接触，所以这种键在工作过程中不存在磨损、接触不良等问题，键盘的耐久性、灵敏度和稳定性都比较好。

图20.7　电容式键盘开关

4．键盘工作原理

（1）键盘电路结构。

键盘电路由键盘微处理芯片、键盘开关阵列、键盘时钟发生器和键盘接口等组成。

目前键盘电路一直沿用 IBM PC 机的键盘电路行列布局方式，称为键盘开关阵列。键盘内部电路采用 Intel 8048 单片微处理器进行控制，芯片内部集成了 8 bit 的 CPU、1 KB 的 ROM、64 B 的 RAM 和 8 bit 的定时器/计数器等。这个芯片除主要负责键盘阵列扫描、译码外，还负责消除按键抖动、生成扫描码、转换编码和检测卡键等功能。

根据单片微处理器特定的 I/O 电路，IBM 公司将键盘按键阵列定义为 8 行×16 列＝128 键。目前的标准键盘只使用了其中的 107 键，尚有 21 个阵列点未定义。

键盘电路开关阵列如图 20.9 所示，它由键盘按键开关和行、列两条线路组成。

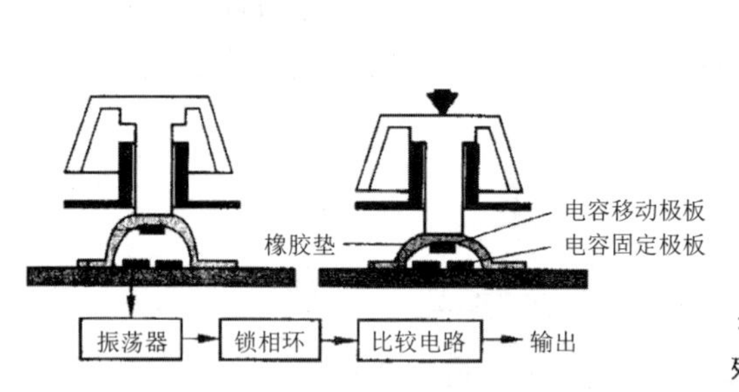

图 20.8　电容式键盘开关工作原理示意图

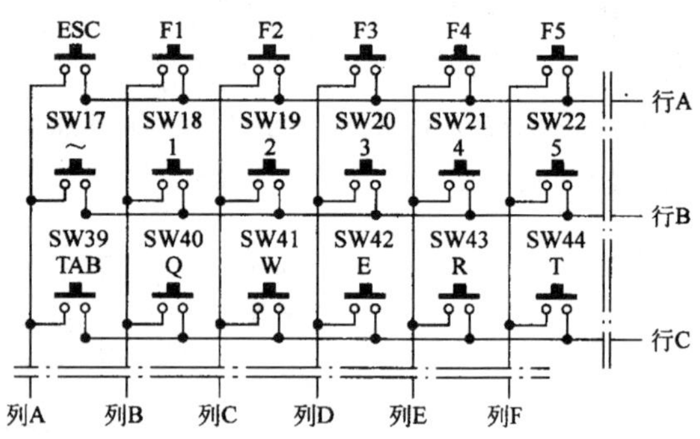

图 20.9　键盘电路开关阵列（部分）

（2）键盘工作原理。

键盘微处理器按照时钟频率，周期性地向键盘阵列的行或列、逐行或逐列发送扫描信号。当键盘上有一个键被按下时，若扫描到该键所在的行和列，键盘微处理器读取这个键码（7 位）后，在最高位添上一个 0，组成一个字节的“扫描码”。

在键盘微处理器检测到有键按下后，还要继续对键盘进行扫描，以发现该键是否释放。当检测到该键已经释放时，键盘微处理器在刚才读出的键码前面加上一个 1，作为“断开码”，以便和“扫描码”相区别。

键盘微处理器向主机发送中断请求。当键盘接口的时钟线和数据线都为高电平时，键盘可以发送数据；当时钟线为低电平时，禁止键盘发送数据。

5. 键盘故障分析

（1）键盘维修时应该注意的问题。

注意开机时键盘右上角的 Num Lock、Caps Lock、Scroll Lock 三个灯应该同时闪烁一下，如果不闪，则很可能是键盘接口、键盘线和键盘有问题。此时首先检查键盘接口是否接触不良，先将键盘线从机箱上拔下来，然后重新插回，再开机看故障是否消失。

判断主机接口有没有问题，可更换一个好键盘试一试。

（2）键盘故障分析。

①有的键按下后不再弹起，这种故障称为键盘的“卡键”，主要由以下两个原因造成：一个原因就是键帽下面的插柱位置偏移，使得键帽按下后与键体外壳卡住不能弹起而造成了“卡键”；另一个原因就是按键长久使用后，复位弹簧弹性变得很差而造成。

② 某个字符不能输入或按键按得较重才能输入，则可能是该按键失效，多为触点接触不良引起的。

③ 若有多个既不在同一列，也不在同一行的按键都不能输入，则可能是列线或行线某处断路，或者可能是逻辑门电路产生故障。

任务 20.2 鼠标的维护与维修

任务提出

鼠标由哪几部分组成？各有什么作用？了解鼠标的维护与维修方法。

任务实施要求

小组成员对照教材的相关内容，查看鼠标的结构情况，并排除鼠标的故障。

任务相关知识

1. 光电鼠标工作原理

（1）内部组成。

光电鼠标由光学处理芯片、光学透镜组、发光二极管等组成，其他部件有接口控制芯片、按键开关、滚轮、电路板和外壳等，如图 20.10 所示。

① 光学处理芯片。光学处理芯片是光电鼠标的核心部件，光学处理芯片能对前后两张图片做出判断。

② 光学透镜。光学处理芯片需要光学透镜配合工作。增加透镜的景深，可以提高摄取图像的清晰度。

③ 发光二极管。发光二极管发出的红光经透镜和桌面反射到光学处理芯片。

④ 接口控制芯片。常见的鼠标接口控制芯片组合了低速 USB 和 PS/2 外围控制器。部

分鼠标将接口控制芯片集成在光学处理芯片内部。

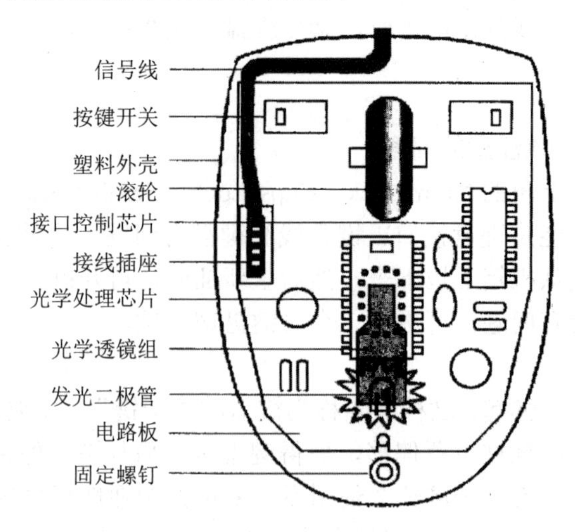

图 20.10　光电鼠标结构

⑤ 按键开关。用于左键、右键和滚轮的压下开关。

（2）工作原理。

光电鼠标工作时，从发光二极管中发出一束红色光线，通过透镜照亮了鼠标垫很小的一块接触面，同时鼠标垫会反射回一部分光线，反射光通过透镜在一个 CMOS 感光块（在光学处理芯片内）内成像，然后由光学处理芯片进行记录处理。当鼠标移动时，移动轨迹便会被记录为一组高速拍摄的连贯图像，经过鼠标内部一块专用的图像处理芯片（DSP），对移动轨迹上摄取的一系列图像进行分析处理，就能判断鼠标的移动方向和移动距离，从而完成光标的定位。光电鼠标光路部分及其工作原理如图 20.11 和图 20.12 所示。

图 20.11　光电鼠标光路部分

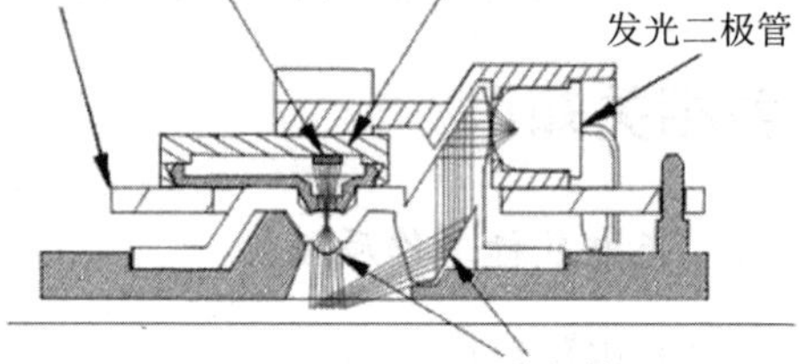

图 20.12　光电鼠标工作原理示意图

2. 光电鼠标主要技术性能

（1）CMOS 感光块的分辨率。

CMOS 感光块的分辨率单位是 dpi（像素/英寸），dpi 越大，CMOS 摄取的图像就越精确。

（2）鼠标分辨率。

鼠标分辨率是指鼠标的定位精度，单位是 dpi 或 cpi（采样点/英寸），指鼠标每移动一英寸能准确定位的最大信息数。分辨率越高，对光标的控制就越精确。

（3）采样频率。

采样频率是光学鼠标独有的技术参数，它说明了 CMOS 感光传感器每秒钟对采样表面拍摄图像的帧数和 DSP 芯片每秒钟能够处理图像的帧数。由此可见，采样频率与 CMOS 分辨率、CMOS 拍摄速度和 DSP 处理速度等参数有关。

（4）点按次数。

优质鼠标的每个按键开关正常寿命都不少于 10 万次点按。

3. 鼠标故障分析

（1）鼠标失灵。

表现为光标不动。多为鼠标信号电缆断线，一般断线故障发生在鼠标信号线引出端。拆开鼠标，将信号线从断线处剪断，把剪断处芯线铜丝剥出来，按信号线颜色对应接起来，最后用绝缘胶布将每一根芯线包好即可。

（2）按键失灵。

这是鼠标最常见的故障，多为微动开关接触不良，可更换一只开关或将不常使用的中键与左键交换，也可以拆开开关，清洁开关接触面。

（3）鼠标按键无法弹起。

鼠标按键无法弹起，可能是按键开关中的弹片断裂引起，更换开关即可解决。

（4）灵敏度变差。

鼠标灵敏度变差是一种常见故障，表现为移动鼠标时，光标反应迟钝。造成这种故障的原因有以下两种。

① 发光管或光敏元件老化，导致光线变弱或灵敏度变差，这时只有更换型号相同的发光管或光敏元件才可解决。

② 透镜通路有污染，使光线不能顺利到达。其原因是工作环境较差，有污染。处理方法是用棉球蘸无水酒精擦洗，擦洗包括发光管、透镜及反光镜和光敏元件表面。

任务 20.3　摄像头的维护与维修

任务提出

摄像头由哪几部分组成？各有什么作用？了解摄像头的维护与维修方法。

任务实施要求

小组成员对照教材的相关内容，查看摄像头的结构情况，并排除摄像头的故障。

任务相关知识

摄像头是一种视频和图像的数字输入设备，摄像头捕捉的影像转换成数字信号，通过 USB 接口传到计算机里。

1. 摄像头的结构

摄像头由镜头、感光芯片与主控芯片组成。

（1）镜头。

镜头（见图 20.13）由几片透镜组成，一般有塑胶透镜（P）或玻璃透镜（G），通常摄像头用的镜头构造有 1P、2P、1G1P、1G2P、2G2P 和 4G 等。透镜越多，成像效果越好，采用玻璃透镜成像效果比塑胶透镜好。

（2）感光芯片。

感光芯片也叫图像传感器，如图 20.14 所示，是一种半导体芯片，其表面包含几十万到几百万的光电二极管，光电二极管受到光照射时，就会产生电荷。图像传感器分为 CCD（电荷耦合器件）和 CMOS（互补金属氧化物半导体）两大类。

① CCD 的优点是灵敏度高、噪点小、信噪比大，但是生产工艺复杂、功耗高。

② CMOS 的优点是集成度高、功耗低、成本低，但是噪点比较大、灵敏度较低。

（3）主控芯片。

主控芯片（Digital Signal Processing，DSP）主要是通过数学算法运算，对数字图像信号进行优化处理，并把处理后的信号通过 USB 等接口传到计算机等设备，如图 20.15 所示。

图 20.13　镜头

图 20.14　感光芯片

图 20.15　主控芯片

2. 摄像头的工作原理

摄像头的工作原理大致为：景物通过镜头生成的光学图像投射到图像传感器表面上，然后转为电信号，经过 A/D（模/数）转换后变为数字图像信号，再送到数字信号处理芯片中加工处理，然后通过 USB 接口传输到计算机中处理，这时通过显示器就可以看到图像了。

3. 摄像头驱动程序安装

当将摄像头插入计算机后，Windows 系统会提示发现新硬件，然后安装驱动程序，安装完成后，摄像头即可使用。如驱动安装不成功，则要手动安装驱动程序，比较方便的方法是通过驱动精灵来安装驱动程序。

① 下载驱动精灵，然后安装驱动精灵。

② 运行驱动精灵，单击立即检测。

③ 驱动精灵显示检测结果，其中包含未驱动的设备和需升级的设备。

④ 找到未驱动的摄像头，单击安装即可。

4. 摄像头故障分析

（1）摄像头使用与维护应注意的问题。

① 不要将摄像头直接对着阳光，以免损害摄像头的图像感应器件。

② 避免摄像头和油、水汽、灰尘等物质接触。

③ 不要使用刺激的清洁剂或有机溶剂擦拭摄像头。

④ 不要随意打开摄像头碰触其内部零件，这样容易对摄像头造成损伤。

⑤ 平时应当将摄像头存放在干净、干燥的地方，防止镜头霉变。

（2）摄像头故障分析。

① 找不到摄像头。先尝试将摄像头接至其他的 USB 接口，再查看操作系统，是否装错了驱动程序或选错了设备，可查看系统设备并且再次安装驱动程序。

② 摄像速度慢。这种现象是由于计算机性能过低或计算机运行了过多的程序，可换台计算机试一下。

③ 预显图像的光线不正常。应该从使用环境及拍摄对象着手，如挪开亮光源或者增加物体的亮度，然后再调亮度及对比背景。

④ 摄像头连接到台式机能用，但连接到笔记本电脑上不正常。这种故障可能是摄像头与显卡冲突引起的，出现故障后，除要找摄像头自身原因外，还要查看显卡，试着降低图形显卡的速度。

习　题　20

一、填空题

1．按照按键开关的不同，键盘开关可分为________和________两类。

2．鼠标失灵的故障通常是由________损坏引起的。

3．鼠标按连接方式可分为________和________等。

4．有触点键盘开关可分为________、________和________等。

5．摄像头由________、________和________3 部分组成。

二、选择题

1．PS/2 鼠标通过一个________针微型 DIN 接口与计算机相连。

A．5　　B．6　　C．9　　D．25

2．107 键盘是在 104 键盘的基础上增加了与________有关的 3 个键。

A．字母　　B．数字　　C．方向　　D．电源管理

3．PS/2 鼠标通过________根导线与计算机相连。

A．5　　B．4　　C．3　　D．6

4．带有________键的键盘称为多媒体键盘。

A．字母键　　B．数字键　　C．方向键　　D．浏览键

5．摄像头一般通过__________接口与计算机相连。

A．USB　　B．PS/2　　C．串口　　D．并口

三、判断题（正确的在括号中打“√”，错误的打“×”）

1．PS/2 接口的键盘在 DOS 下不可以使用。（　）

2．PS/2 接口的键盘和鼠标可以在 Windows 系统启动完后插入计算机。（　）

3．USB 接口的键盘和鼠标可以在 Windows 系统启动完后插入计算机。（　）

4．摄像头的感光元件目前绝大多数用的是 CMOS 元件。（　）

5．薄膜式键盘开关是一种无触点开关。（　）

四、简答题

1．键盘在使用时应注意什么？

2．键盘出现好几个键无法输入，是怎么回事？如何维修？

3．为何光电鼠标在光滑的表面上移动，光标会移动不正常？

实践 20　鼠标故障维修

目的：掌握鼠标故障维修的方法。

步骤：

（1）启动一台无鼠标的计算机，进入 Windows 系统状态；

（2）插入不同接口的鼠标，查看故障情况；

（3）分析故障并进行处理。

习题参考答案

课件

参 考 文 献

[1] 丁强华. 计算机维护与维修[M]. 北京：清华大学出版社，2014.

[2] 丁强华. 计算机维护与维修[M]. 北京：煤炭工业出版社，2004.

[3] 文杰书院. 计算机组装·维护与故障排除基础教程（微课版）[M]. 3 版. 北京：清华大学出版社，2020.

[4] 夏魁良，于光华，李岩. 计算机组装与维护实例教程（微课版）[M]. 4 版. 北京：清华大学出版社，2019.

[5] 那君，金山，金照春. 计算机维护与维修[M]. 北京：清华大学出版社，2015.

[6] 赵兵. 计算机维护与维修辅导和典型习题解析[M]. 北京：人民邮电出版社，2003.

[7] 边奠英. 微机维护与维修实习指导与模拟试题[M]. 天津：南开大学出版社，2003.

[8] 易建勋. 计算机维修技术[M]. 北京：清华大学出版社，2005.

[9] 韩广兴. 计算机安装、调试与维修技能考试试题汇编[M]. 北京：电子工业出版社，2006.

[10] 张军. 主板维修从入门到精通[M]. 北京：北京科海电子出版社，2007.

[11] 腾龙工作室. 硬盘维修从入门到精通[M]. 北京：人民邮电出版社，2007.

[12] 神龙工作室. 新手学电脑急救与数据恢复[M]. 北京：人民邮电出版社，2007.